토목·건축
품질시험 기술사

토목 · 건축
품질시험 기술사

ⓒ 홍창기, 2020

초판 1쇄 발행 2020년 6월 1일

지은이   홍창기
펴낸이   이기봉
편집   좋은땅 편집팀
펴낸곳   도서출판 좋은땅
주소   서울 마포구 성지길 25 보광빌딩 2층
전화   02)374-8616~7
팩스   02)374-8614
이메일   gworldbook@naver.com
홈페이지   www.g-world.co.kr

ISBN   979-11-6536-454-0 (13530)

이 도서의 국립중앙도서관 출판예정도서목록(CIP)은 서지정보유통지원시스템 홈페이지(http://seoji.nl.go.
kr)와 국가자료공동목록시스템(http://www.nl.go.kr/kolisnet)에서 이용하실 수 있습니다. (CIP제어번호 :
CIP2020021970)

품질시험 기술사 합격을 위한 길잡이

토목·건축
품질시험 기술사

이론과 기출문제로 시험 방식 그대로
28년 품질관리업무 경험을 바탕으로 집필

홍창기 저

좋은땅

머리글

이 책은 품질시험 기술사 시험 준비를 위해 출간된 수험서입니다.

저자는 직장인으로서 출근을 병행하며 공부하기에는 시간이 많이 부족하므로 자료 수집 및 정리를 위한 효율적인 시간관리가 필요했습니다.

시중에 나온 교재를 이용해 시험을 준비하는 과정에서 본인이 준비하려는 기술사 시험을 종합적으로 다룬 적절한 교재가 없어 오랜 기간 동안 많은 고충과 어려움이 있었습니다. 이에 따라 본인이 걸어온 길과 같은 길에 서려는 수험자에게 저와 같은 시간 낭비를 줄이고 시간을 최대한 활용을 할 수 있도록 많은 지식과 정보를 전달할 수 있는 체계적인 구성으로 집필하려고 노력하였습니다.

본 교재의 기본적인 내용 구성은 용어, 논술, 토목, 건축, 품질관리로 이루어져 있으며 그중 시험에서 중요시하는 콘크리트 분야 중심으로 집필하였습니다. 기술사 시험에 따라 기출문제를 중심으로 면접까지 대비할 수 있도록 집필하였으니 본 교재의 내용과 더불어 수험자의 경험과 역량을 더한다면 기술사 시험에서 반드시 좋은 성과를 거두리라 생각됩니다.

책의 구성 중에 '도움자료' 코너를 마련하여 내용만으로는 이해가 어려운 부분에 대한 그림 및 도표를 간단하게 정리하여 품질시험 기술사를 준비하는 수험자의 이해를 돕도록 하였습니다. 따라서 본 교재를 기본서로 잘 활용하시고, 콘크리트 공학, 콘크리트표준시방서, 건축공사 표준시방서, 토목공사 표준시방서 내용 또한 추가적으로 학습하실 것을 권해 드립니다.

품질시험 기술사라는 수험서를 출간하면서 필자의 오랜 경험과 지식, 현장 실무에 대한 모든 내용을 수록하지 못했지만, 직장을 병행하며 퇴근 후 항상 부족한 시간을 그저 성실과 노력으로 채우면서 준비한 시험이 긴 시간을 참고 인내하면 좋은 결과가 있다는 것을 보여 드리고 싶었습니다.

많이 어렵겠지만 수험자분들도 목표를 꼭 성취하시기 바랍니다.

포기하지 않는 인내와 노력이 여러분에게 합격이라는 두 글자의 영광을 선물할 것입니다. 절대 포기하지 마십시오.

이 책의 출간을 위해 바쁘신 가운데 아낌없는 격려를 해주신 선후배님들께 깊은 감사의 말씀을 드리고 교재를 출판하시느라 수고하신 좋은땅 출판사의 편집부 관계자 여러분께 감사드립니다.

아울러 주말부부이면서 기술사 시험까지 준비하느라 비워진 가장의 자리를 항상 믿음으로 채워 주고 기다려 준 아내와 교재의 도움자료 작성을 돕고자 많은 시간을 내준 큰아들 유빈, 그리고 바쁜 아빠를 항상 응원하며 사랑을 준 막내아들 서빈에게 이 책을 빌려 고맙다는 말을 전하고 싶습니다.

용어

문제) 골재의 단위용적 중량시험

1. 개요
    1) 골재의 단위용적중량이란 1㎥ 속에 포함된 골재중량
    2) Con'C배합 설계 시 중량배합을 용적배합으로 고치는 경우
    3) 골재 용적을 중량으로 고치는 경우 사용

2. 골재의 단위용적 중량시험 방법
    1) 봉 다지기에 의한 경우 - 최대치수 40mm ↓
        가. 용기의 1/3씩 넣고 3층 다짐
        나. 마지막 3층 넘치게 넣고 다짐

    2) 충격에 의한 경우 - 최대치수 40~100mm ↓
        가. 용기 1/3씩 넣고 층마다 용기 한쪽 5cm 들어 올려 낙하
        나. 반대쪽도 같은 방법으로 낙하
        다. 전체적으로 50회 낙하

    3) 삽을 사용하는 방법 - 최대치수 100mm ↓
        가. 용기 윗면에서 높이가 50mm 넘지 않도록 채운다.
        나. 입도 분리주의, 곧은날로 고른다.

3. 시험횟수
    1) 2회 실시하여 평균값으로 결정한다.

4. 계산
    1) $T = M(kg) / V(\ell)$ T : 골재의 단위용적중량(kg/ℓ)
                                        V : 용기용적(ℓ)
                                        M : 용기 안의 시료 중량(kg)

    2) 시험값의 차이는 1% 이내

문제) 랜덤 시료 채취

1. 개요
    1) 랜덤 시료 채취는 전체 시료에 대한 재료의 평가가 될 수 있는 시료를 채취
    2) 요구 성능에 맞는 시료에 대한 평가 확인

2. 시료 채취 방법
    1) 고정식 배치 믹서 : 배출 지점의 중간에서 채취
    2) 포장용 믹서 : 배출 Con'C 각 부위에서 5개소 채취
    3) 회전 설비 : 3회 또는 규칙적 간격으로 채취
    4) 호퍼, 버켓 : 배출 지점의 중간에서 수개소 채취
    5) 덤프 : 배출 Con'C의 중간쯤 수개소 채취
    6) 손수레 : 중간 수개소 채취

3. 거듭비비기(Remixing)
    Con'C가 굳기 시작하지 않았으나 비빈 후 상당 시간이 지났거나 재료 변화가 생긴 경우 다시 비비기

4. 되비비기(Retempering)
    Con'C가 굳기 시작했을 경우에 물과 유동화제 등 혼화제를 첨가해서 다시 비비기

5. 결론
    1) 시료를 채취하면 Con'C공시체를 만들기 위해 되비빔을 해야 하고 15분 이내로 타설
    2) 즉 타설 전에는 햇빛이나 바람을 피하는 보호 보양조치가 필요하다.

문제) 실리카흄

1. 개요
   1) 실리콘, 페로실리콘, 실리콘 합금을 제조 시 발생되는 폐가스에 포함된 Sio2를
      집진한 산업 부산물
   2) 포졸란 반응으로 강도 증진 및 성능 개선 효과
   3) 중성화, 염소이온, 침투방지 효과

2. 실리카흄 특징
   1) 색상 : 일반적 회색
   2) 단위중량 : 150~300kg/㎥, 시멘트 1/4~1/8 정도
   3) 모양 : 구형, 입자 크기는 시멘트 1/25 정도
   4) 비표면적 : 150,000~250,000㎠/g, 보통포틀랜드 20~30배
   5) 입자 모양이 구형, 볼베어링 효과, 강도증진 효과

3. 실리카흄 용도
   1) 숏크리트, 초고층용 고강도 Con'C, 고성능 Con'C
   2) 시멘트 2차 제품
   3) 보수재료 적용

4. 실리카흄 사용 시 주의사항
   1) 한중 시 응경지연 방지
   2) 소성수축 균열 발생
      가. 블리딩 적어 내부 수면표면이동 곤란
      나. 초기양생철저
      다. 내 동해성 고려 - AE제 변형 높임

5. 실리카흄 개선방안
   1) 실리카흄의 국내 생산 안 됨 → 국내 인프라 구축
   2) 시공비의 증가에 따른 적용곤란

문제) 골재수정계수

1. 개요
   1) 공기량을 측정하는 데 있어 계산값에 적용해 주는 것으로서 골재에 포함되어 있는 공기량을 말한다.

2. 골재수정계수의 측정 방법
   1) 공기량 시험기 1/3 물을 채운 후 용기 안에 골재를 넣는다.
   2) 잔,굵은 골재를 혼입, 모든 골재가 물에 잠기게 한다.
   3) 잔골재를 추가시마다 다짐봉으로 10회 다진다.
   4) 골재를 용기에 채운 후 수면거품을 제거
   5) 공기량 시험기 덮개를 덮고 수주법으로 공기량 시험실시
   6) 실시 후 공기량의 눈금을 읽어 골재수정계수로 결정

3. 콘크리트 속에 포함된 공기량
   1) 계산

   겉보기공기량(%) - 골재수정계수(%) = 공기량(%)

4. 결론
   콘크리트속 공기량은 골재에 포함되어 있는 공기량을 포함하고 있기
   때문에 순수한 공기량은 전체(겉보기) 공기량에서 골재수정계수를 뺀 공기량이
   라 볼 수 있다. 비록 적은 양이지만 규격별 골재수정계수를 확인할 필요성이
   있다.

문제) 혼화재중 초지연제 및 급결제

1. 개요
   1) 급결제란 콘크리트의 응결 및 경화를 촉진시키는 혼화제
   2) 초 지연제는 급결제와는 반대 목적으로 콘크리트의 응결, 경화를 지연시키는
      혼화제로 사용

2. 초 지연제와 급결제의 용도
   1) 초 지연제
      가. 서중, Mass콘크리트
      나. Cold joint 방지
      다. 수화반응지연 및 타설시간 확대

   2) 급결제
      가. 조기강도 요구되는 공사
      나. 거푸집의 조기제거
      다. 숏크리트, 그라우트, 보수용

3. 초 지연제와 급결제의 영향

초 지 연 제	급 결 제
- 슬럼프 손실저감	- 초기강도 크나 장기강도 저하
- Con'C온도 상승억제	- 건조수축 작다
- 수축저감, 콘크리트 강도증진	- 동결융해 저항성은 보통 Con'C와 동일

4. 결론
   1) 지연제 사용 시 사전온도, 시공조건, 콘크리트 배합에 맞춘 시험비비기 실시
      후 첨가량의 효과 확인 후 사용
   2) 급결제 사용 시 급결성, 초기, 장기강도, 반발율 등 사전조사
   3) 사전 시험 통해 확인

문제) 고로슬래그 미분말

1. 개요
    1) 고온으로 철광석을 녹이면 철성분과 암석 성분인 슬래그로 분리 배출
    2) 슬래그는 화산 용암과 같이 생성, 냉각시키기 위해 물을 분사
    3) 급속냉각, 작은 입자를 시멘트 크기로 분쇄한 것

2. 고로슬래그 미분말의 배경
    1) 물과 반응하면 굳는 성질, 시멘트 대체 사용
    2) 철 제조 시 부산물로 발생, 석회석, 천연자원의 보존
    3) 시멘트 제조 시 연료절감 및 이산화탄소 배출저감, 친환경 재료
    4) 부산물이 원료, 매우 저렴한 경제적 재료

3. 콘크리트 적용 시 특징
    1) 유동성, 재료분리 저항성 향상
    2) 알칼리골재반응 억제, 내해수성, 약품성 크다.
    3) 수밀성 증대, 장기강도 크다(고강도)
    4) 저발열, 응결지연 효과(균열저감 효과)

4. 기대효과 및 향후계획
    1) 고로슬래그 미분말은 시멘트 대비 가격이 저렴
    2) 시멘트콘크리트용 혼화재료 적용 시 관련 콘크리트 생산 업체는 원가절감
    3) 사용량의 급격한 증대가 기대
    4) 향후 콘크리트 1,2차 제품제조용 시멘트 대체 재료의 활용성이 높아갈 것으로
       사료됨

문제) 굵은골재 최대치수

1. 개요
   1) 굵은골재는 5mm 표준망체를 중량으로 85% 이상 남는 골재
   2) 굵은골재 최대치수가 커지면 단위수량, 잔골재율은 감소하여 강도는 증가하나 시공연도는 나빠진다.

2. 골재의 구비조건
   1) 견고하며 모양이 구형에 가까울 것
   2) 밀도가 높고 물리적, 화학적 성질이 안정될 것
   3) 풍화되지 않고 시멘트 페이스트와 부착력이 좋을 것
   4) 내구성, 내화성이 클 것

3. 굵은골재 최대치수결정

구조물의 종류	굵은골재 최대치수
매시브한 콘크리트	80~100
어느 정도 매시브한 콘크리트	50~80
두꺼운 slab	40~50
slab, 기둥, 보, 벽	25
확대기초	40
지하벽 케이슨	50

4. 굵은골재 최대치수 콘크리트에 미치는 영향
   1) 굵은골재 최대치수 커지면 단위수량 감소, 콘크리트 강도 증가
   2) 굵은골재 최대치수 커지면 단위 시멘트량 감소, 건조수축 감소
   3) 굵은골재 최대치수 커지면 W/C 감소, 콘크리트 강도 증가
   4) 40mm 초과하면 콘크리트 부착강도가 저하된다.

■ 콘크리트가 중성화에 미치는 요인

⇨ 중성화에 미치는 요인

1. W/C비가 커질수록 중성화가 빨라짐
2. 시멘트와 골재의 종류
3. 혼화재료의 유무
4. 외적환경

" 성공의 비밀은
평범한 일을 비범하게 하는 것이다 "
– 존D. 록펠러

문제) 수화작용

1. 개요
   1) 시멘트에 물을 가하면 시멘트중 수경성 화합물과 화학반응을 일으켜 수화생성
      물을 생성
   2) 수화열은 수화반응시 발열하는 열
   3) 시멘트가 응결, 경화과정에서 발열

2. 수화반응
   1) $CaO + H_2O \rightarrow Ca(OH)_2 + Co_2 \rightarrow CaCo_3 + H_2O$
   2) 수화반응에 필요한 이론수량
      가. 결합수 : 25% 정도
      나. Gel 수 : 15% 정도

3. 수화열에 영향을 주는 요소
   1) 분말도, 시멘트 종류 및 화학조성
   2) 단위수량, 단위시멘트량, 물시멘트비
   3) 혼화재료 및 양생 조건

4. 수화열이 큰 경우 콘크리트에 미치는 영향
   1) 균열 발생
   2) 누수 원인
   3) 누수로 인한 철근 부식
   4) 내구성 저하

5. 수화열 저감 대책
   1) 저열시멘트, 분말도 낮은 시멘트 사용
   2) 단위 시멘트량은 적게, 적절한 혼화재료 사용
   3) 사전 Pipe cooling 등 적절한 양생 방법 적용

문제) 철근의 부착강도 - Con'C 부착강도

1. 개요
    1) 철근 Con'C 구조물은 항상 일체화되어 하중을 받아야 하므로 철근과 Con'C와의 부착강도는 충분한 하중에 견딜 수 있어야 한다.

2. 철근의 부착강도
    1) 부착 : Con'C 중 매설된 철근은 인발, pushing할 때 저항력
    2) 부착강도 : 철근 단위면적당 부착력

    $$\tau = P / \pi DL$$

            D : 철근직경
            L : 부착길이(정착길이), P : 하중

    3) 강도설계법에서 부착에 대한 사항을 정착길이 개념으로 일원화

3. 부착강도에 영향을 주는 요인
    1) 철근 종류
        가. 이형철근은 원형 철근 부착력의 2배
        나. 균열폭도 이형철근이 더 작다.
    2) 철근 매설 위치 및 방향
        가. 연직 철근 > 수평 철근
        나. 하부 철근 > 상부 수평철근
    3) 피복두께
        가. 피복두께가 클수록 부착강도 크다.

4. 결론
    1) 현장에서 철근 부착강도 증진 위해서는 피복두께를 유지하는 것이 중요
    2) 시공 직후의 균열은 피복부족이 원인이므로 품질 및 시공관리에 유의

문제) 골재의 유기불순물

1. 개요
    1) 콘크리트에 사용되는 모래 중 함유되어 있는 유기화합물 측정
    2) 모래(잔골재)의 사용 여부를 결정

2. 유기불순물 시험
    1) 모래 속 유기불순물의 영향
        가. Con'C 강도 저하 및 내구성 저하
        나. Con'C 경화불량(응결 경화지연)
    2) 시험 방법
        가. 표준용액제조
            - 10% 알코올 용액으로 2% 탄닌산 용액 제조(2.5ml)
            - 3% 수산화나트륨 97.5ml와 혼합 100ml
        나. 시험용액제조
            - 물 97% + 수산화나트륨 3% : 3% 수산화나트륨용액
        다. 모래를 시험 용액에 넣고 24시간 정치함
            (유리병 눈금 200ml가 되게 한다)
        라. 표준용액색과 비교하여 표준용액보다 연하면 합격

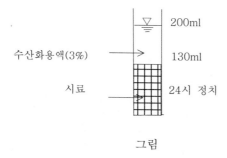

그림

3. 결론
    1) 모래 중 유기불순물 함유량 시험은 골재의 유해물 판정시험
    2) 골재에 기준량 이상 함유할 경우 Con'C 강도 및 내구성 저하
    3) 품질에 악영향을 미치므로 관리에 주의를 요한다.

문제) 시멘트 풍화

1. 개요
   1) 저장 중인 시멘트가 공기 중 수분을 흡수하여 수화반응을 일으키는 것
      형성된 $Ca(OH)_2$가 공기중 CO_2와 작용 $CaCO_3$와 물을 생성하는 작용
   2) 풍화도는 강열감량 시험의 결과 등으로 평가

2. 풍화된 시멘트의 문제점
   1) 비중감소
   2) 화학조성의 변화 – 강열감량 증가, 수경률 감소
   3) 이상응결 발생
   4) 강도발현의 지연

3. 풍화도의 시험
   1) 시험 방법
      가. 시멘트 1g을 백금 도가니에 넣는다.
      나. 900~1,000℃ 가열시킨다.
      다. 감량무게 측정한다.
   2) 감열감량 계산

   강열감량 = 감량(g) / 시료무게(g) * 100(%)

4. 풍화방지 대책
   1) 방습적 구조로된 silo와 창고에 보관
   2) 지상 30cm 이상 보관
   3) 적재높이 장기 – 7포 이하
              단기 – 13포 이하 보관
   4) 입하순으로 출하, 보관 3개월 이상 시 사전 품질시험 확인 후 사용

문제) 골재의 파쇄시험

1. 개요
   1) 파쇄시험은 점차 증가하는 압력 하에서 굵은골재의 저항성을 확인 위해
      파쇄값을 측정하는 시험

2. 시료 준비
   1) 13mm체를 통과하고 10mm체에 남는 골재
   2) 2회분 시료는 약 6.5kg

3. 시험 방법
   1) 시료를 3층으로 각층 25회 다진다.
   2) 다짐 높이는 시료면에서 50mm
   3) 골재표면은 수평을 만든다.
   4) 면 위에 수평으로 플랜저를 올린다.
   5) 플랜저를 10분 동안 총 하중 400kN에 도달할 때까지 재하
   6) 하중 제거 후 시료를 2.5mm체로 체가름 실시한다.
   7) 체를 통과한 무게 측정한다.
   8) 시험은 2회 평균값으로 한다.

4. 계산
   1) 골재파쇄값(%) = 2.5mm체 통과한 질량(g) / 표건상태질량(g) * 100
   2) 파쇄값 30% 이상의 경우 파쇄값이 7.5~12.5 범위 내 적당히 하중조절한다.

   10%파쇄하중 = 14 × 재하하중 / 2회 시험에서 생긴 세립평균 백분율 + 4

5. 결론
   1) 2회 결과 평균값에 가까운 정수를 골재의 파쇄값으로 한다.
   2) 10% 파쇄하중은 100kN 또는 그 이상은 정수로 기록한다.
   3) 100kN 이하에 대하여는 5kN 단위로 기록한다.

문제) 폴리머콘크리트

1. 개요
   1) 폴리머콘크리트는 결합재로서 시멘트를 전혀 사용하지 않고 액상수지를 사용하여 골재를 결합시킨 것. 일반적으로 강도, 내구성 등이 우수
   2) 제조 비용이 비싼 것이 단점이다.

2. 폴리머콘크리트의 특성
   1) 고강도
   2) 경화속도 빠르다.
   3) 내 약품성 크다.
   4) 온도에 따라 역학적 성질이 변한다.
   5) 내화성이 시멘트 콘크리트보다 작다.
   6) 경화수축이 크다.

3. 폴리머콘크리트의 용도
   1) 도로 등의 포장재
   2) 저수탱크 등 방수제
   3) 신 구 콘크리트의 접착제
   4) 화학공장 바닥 등의 방식제
   5) 보수제 및 공장제품 등

4. 맺음말
   1) 폴리머콘크리트의 적용성은 점차 확대되고 있는 추세
   2) 폴리머콘크리트는 용도에 따라 요구되는 성질이 다르므로 이에 대한 지속적인 연구와 각종 품질관리에 대한 규정도 계속적으로 재정되어야 할 것이라 사료됨

문제) 콘크리트 배합설계에서 시멘트 강도 K값

1. 개요
   1) 시멘트 강도는 시멘트 성질 중 가장 중요
   2) Con'C의 강도와 직접적인 관계가 있다.

2. 시멘트 강도와 Con'C 강도와의 관계
   1) $\partial = K(AX + B)$ ∂ : 28일 Con'C 강도   K : 시멘트 강도

                                     AB : 정수   X : w/c비
   2) 보통시멘트 $\partial 7$ = 조강시멘트 $\partial 3$ = 초조강시멘트 $\partial 1$

3. 시멘트 강도에 영향을 주는 요인
   1) 시험적 영향
      가. 배합비(Con'C)
      나. 재하속도 및 공시체 모양과 크기
   2) 화학적 구성비 영향
      가. C3S, C3A가 많을수록 조기강도 큼
      나. C2S, C4AF가 많을수록 장기강도 큼

4. 시멘트 강도 시험 방법
   1) 강도 시험목적
      품질검사 Con'C 강도 추정, 배합설계(w/c비)사용
   2) 시험 방법
      가. 강도변화방지-표준사 사용
      나. 공시체 크기 : 50 * 50 * 50mm
      다. 배합비
         시멘트 : 표준사 = 1: 2.45   w/c = 48.5%(보통시멘트)

      라. ∂계산 = P / A = 최대파괴하중 / 단면적 (kg/cm2)

5. 보통포틀랜드 시멘트 규정 강도
   1) $\partial 3$ = 13Mpa
   2) $\partial 7$ = 20Mpa
   3) $\partial 28$ = 29Mpa 이상

■ 콜드조인트 (Cold Joint)

⇨ 정의

- 응결하기 시작한 콘크리트에 새로운 콘크리트를 이어치면 콘크리트의 일체화가 저하하여 생기는 시공 불량의 이음부

⇨ 방지법

- 충분한 다짐을 통해 콘크리트의 일체화
- 시공공정의 충분한 계획 수립
- 필요할 경우 응결지연제 사용
- 타설시간 및 타설높이 준수

" 자신이 하는 일을 재미없어 하는 사람치고
성공하는 사람을 보지 못했다 "

– 데일 카네기

문제) 슬래그의 종류 및 특성

1. 개요
   1) 슬래그란 재를 의미, 포졸란계로서 산업부산물
   2) 자체수경성은 없고 시멘트 화합물과 반응, 경화하는 잠재수경성
   3) 미세 입자로 시멘트, 물과 수화작용에서 발생되는 수화열의 저감효과
   4) 초기강도는 낮고 장기강도는 증가

2. 슬래그의 종류 및 특성
   1) 고로슬래그
      가. 고로방식의 제철소에서 발생되는 용융상태의 슬래그를 물, 공기 등으로 급냉. 미분쇄한 것
      나. 잠재수경성
      다. 수화열저감, 동결융해저항성 낮고 초기강도 낮고 장기강도 증가
   2) 플라이애쉬
      가. 화력발전소 등 연소보일러에서 집진 회수된 부산물
      나. 입도가 시멘트 입자보다 미세
      다. 볼베어링 작용, 단위수량 낮추고 블리딩 감소
      라. 초기강도 낮고 장기강도 우수
   3) 실리카흄
      가. 실리콘 제조 시 발생하는 초미립자의 규소부산물
      나. 초미립자 관계로 콘크리트 단위수량 증가하는 문제점
      다. 고성능 감수제 사용이 필요
      라. 시멘트 입자 사이의 빈 공극을 채워 고강도 고내구성 콘크리트를 구현

문제) 고유동 콘크리트

1. 개요
   1) 고성능 콘크리트는 high performance Con'C라하며 다짐이 불필요할 정도로 유동성 좋고 상당한 강도를 얻을 수 있는 Con'C

2. 고유동 콘크리트 타설 목적
   1) 타설 다짐 조건에 영향 없이 시공 가능
   2) 철근 배근 복잡구역도 시공 가능
   3) 시공성 탁월, 고도기술 요하지 않음
   4) 고품질, 고강도 Con'C 생산

3. 고유동 콘크리트 특징
   1) 시공 부위
      가. 복잡배근 구조물, 소형구조물, 역타공법 등 다짐곤란 부위
      나. 타설 방법은 주로 펌프공법 배관 이용
   2) 제조 방법에 따른 분류
      가. 분체형 : 고로슬래그, 플라이애시 미분말혼입. 낮은 w/c비로 Con'C 형성
      나. 증점제형 : w/b는 낮지 않고 재료분리 방지
      다. 병용형 : 위 두 가지 type 병용
   3) 배합 특징
      가. 높은 유동성
      나. 재료분리 저항성(분리저감제 사용)
      다. AE고성능 감수제 사용

4. 결론
   - 고유동 콘크리트는 사용하는 혼화제 및 시멘트 제조 방법에 따라 차이 발생 이에 대한 해결책은 연구 중 차후 건설공사의 신소재로 사용될 것이다.

문제) 팽창콘크리트 분류 및 특성

1. 개요
   1) 팽창제를 시멘트, 물, 골재를 혼합. 경화 후 체적 팽창을 일으키는 콘크리트
      종류는 수축보상용, 화학적 프리스트레스용, 충전용으로 구분

2. 팽창 콘크리트 분류
   1) 수축보상용 Con'C
      가. 건조수축, 균열감소
      나. 건조수축에 의한 인장응력 상쇄
   2) 화학적 프리스트레스용 Con'C
      가. 수축보상용 Con'C보다 더 큰 팽창력 요함
      나. 외력에 의한 인장응력 저항력 확보
   3) 충전용 Con'C
      가. 팽창력 이용에 의한 충전 효과를 주목적
      나. 프리팩트 Con'C 등에 사용

3. 팽창콘크리트의 적용 및 용도
   1) 적용
      가. 현장타설 Con'C의 수축보상용 Con'C
      나. 내부 공간 충전용 프리팩트 Con'C
      다. 교량 받침부 하부충전 – 무수축 몰탈 사용
   2) 용도
      가. 수축에 의한 균열방지가 주목적인 곳
      나. 지수역할 구조물

4. 결론
   1) 팽창콘크리트는 수축보상, 화학적 프리스트레스, 충전용으로 사용
   2) 소요강도 및 팽창성능 확보, 품질은 팽창율 및 압축강도 값으로서 확인
   3) 기타 내구성, 수밀성 및 품질변동이 적어야 한다.

문제) 골재의 실적률

1. 개요
   1) 실적률이란 골재단위용적 중에서 실적 용적률을 백분율로 나타낸 값
   2) 실적률은 골재의 입도, 입형에 따라 다르다.

2. 골재의 실적률
   1) 골재가 차지하는 실제용적의 비율

$$d = w / p * 100\% \qquad d : 실적률 \qquad w : 단위용적질량$$
$$p : 비중$$

   2) 기준 : 55% 이상
   3) 실적률에 비례되는 사항(실적률이 크다는 것은 공극이 작다는 뜻)
      가. 시멘트량 감소(경제성)
      나. 단위수량 감소로 건조수축감소 → 수화열 감소
      다. 내구성, 수밀성 증가

3. 골재의 공극률
   1) 단위 용적 중 골재가 차지하는 부피를 제외한 나머지 체적
   2) prepacked Con'C 설계에 이용
   3) 공극률이 작을수록 실적률에 비례되는 사항과 동일
   4) 공극률 : 100 - 실적률(%)

4. 결론
   1) 실적률은 경제적인 Con'C 제조를 위해 중요한 요소
   2) Con'C의 내구성, 수밀성, 경제성에 상당한 영향
   3) 실적률이 높은 골재를 사용하는 것이 양질의 Con'C를 제조할 수 있다.

문제) 콘크리트의 백태현상

1. 개요
   1) 콘크리트가 양생 중 수산화칼슘 등이 물에 녹아 석출되어 공기 중 탄산가스와 화합한 것

2. 백태현상의 발생 원인
   1) 환경적 요인
      가. 양생 중 습도가 주요원인
      나. 양생온도, 바람, 열과 같은 환경적인 조건
   2) 계절적 요인
      가. 동절기의 동결로 인한 균열
      나. 하절기의 균열 발생은 Con'C 2차 백태발생에 영향 미침
   3) 재료적 요인
      가. 시멘트, 골재, 물이 염분을 포함하고 있는 경우
      나. 시멘트 성분 중 알칼리 유리석회량, 분말도 등

3. 특징
   1) 시공 후 1~3개월 후 가장 빈번하게 발생
   2) 종류
      가. 1차현상 : Con'C 타설직후, 초기재령에서 발생
                   블리딩수를 따라 Con'C 표면에 균일하게 발생
      나. 2차현상 : 재령이 오래된 구조물에서 발생
                   균열로 인한 물이 침입하여 생성물이 표면으로 운반
                   되어 석출되는 경우 미관뿐 아니라 내구성에도 영향

4. 대책
   1) 환경적 요인
      가. 기온이 낮거나 습도가 높을 때는 시공 자제
      나. 저온 시 충분한 양생기간
   2) 적정한 시공
      가. 시공법 준수
      나. 시공자만이 아닌 감리, 건축주도 관심 가질 것

문제) 섬유보강 콘크리트

1. 개요
    1) 섬유보강콘크리트는 보강용 섬유를 Con'C내 균일투입하여 인장, 휨, 균열저항, 인성, 전단강도 등을 강화시킬 목적으로 제조한 Con'C

2. 사용효과 및 사용처
    1) 사용효과
        가. 인장, 휨, 피로강도 개선
        나. 균열감소 효과
        다. 내구성, 인성증대
        라. 전단강도, 내충격성 증가
        마. 부재단면 축소효과
    2) 사용처
        가. 도로, 활주로
        나. precast Con'C 제품
        다. 터널 라이닝 Con'C
        라. 각종 구조물 보수제

3. 강섬유의 조건
    1) 부착성, 인장강도 좋을 것
    2) 경제적일 것
    3) 탄성계수는 시멘트 탄성계수의 1/5 이상
    4) 내구성, 내후성, 내열성이 우수할 것

4. 시공 시 주의사항
    1) 섬유 균일분산
    2) 과다 혼입주의 - 재료분리, 블리딩, 단위수량, s/a증강
    3) 다짐철저

5. 결론
    섬유보강 Con'C는 숏크리트 등 인장강도를 보강하기 위해 주로 사용하지만 섬유 과다 투입되면 역효과가 생기므로 제조 및 시공에 주의를 요한다.

문제) 폴리머 합침 콘크리트(PIC)

1. 개요
1) 결합재로서 시멘트를 전혀 사용하지 않고 액상수지 사용하여 골재를 결합시킨 콘크리트
2) 강도, 내구성 우수하지만 제조 비용이 고가이다.

2. 폴리머 합침 콘크리트 특성
1) 고강도, 강도 향상
2) 경화 속도가 빠르다.
3) 수밀성, 내약품성 증진
4) 중성화에 대한 저항성 증진
5) 내마모성 향상
6) 별도의 합침 장비 필요

3. 폴리머합침 콘크리트의 용도
1) 외벽 등 테라조패널
2) 교량의 보, 고속도로 상판 slab
3) 공장바닥, 부식방지 공사
4) 지붕slab, 방수공사

4. 결론
1) 폴리머콘크리트 적용성은 점차 확대
2) 용도에 따라 요구 성질이 다르므로 이에 대한 지속적 연구와 각종 품질관리에 대한 규정도 계속적으로 제정되어야 할 것으로 사료됨

■ 블리딩 및 침하의 영향요인

- w/c가 클수록, 컨시스턴시가 클수록 증대

- 골재 최대치수가 클수록 감소

- AE제, 감수제 사용 – 블리딩 및 침하 저감

- 타설높이 높을수록 침하의 절대량은 커지나, 침하량 비율은 작아짐

" 오늘은 과거일 뿐, 내일은 새로운 시작이다 "

문제) 공시체의 크기 및 형상과 강도관계

1. 개요
    1) 공시체는 콘크리트의 가장 중요한 물리적 성질중 강도시험을 하기 위해 제작하는 시험체
    2) 즉 압축강도 시험용 시편

2. 공시체의 모양
    1) 원주형공시체 : 한국, 일본, 미국 등 주로 사용
    2) 입방형공시체 : 독일, 영국 등 30, 20, 15, 10cm 입방체 사용
    3) 공시체의 형상이 원주형보다 입방공시체일 때 압축강도가 높음
    4) 공시체의 표면상태
        가. 가압면은 평활도 유지
        나. 캡핑 두께는 2~3mm 적당
        다. 캡핑에 흑연분말 사용 경우 강도 낮게 측정

3. 공시체 크기에 따른 강도 관계
    1) 공시체 크기가 작을수록 강도값은 높게
    2) 공시체 길이 / 직경비가 클수록 강도값은 낮아짐
    3) 직경 높이비가 2일지라도 치수가 클수록 압축강도 값은 낮아짐

4. 시험 시 재하속도
    1) 재하속도는 초당 0.6 ± 0.4N/mm²로 하중 가함
    2) 가압속도 빠를수록 압축강도 결과 높아짐
    3) 재하 방법 – 변형속도, 응력증가를 일정하게 재하

5. 시험 시 공시체의 온도
    1) 공시체의 온도가 높을수록 강도는 낮게 측정
    2) 표준시험은 20℃ 전후가 적당하다.

문제) Cold Joint

1. 개요
    1) Cold Joint란 응결하기 시작한 Con'C에 신 Con'C타설 시 일체화 되지 않아 생기는 이음부
    2) 특히 서중 콘크리트 타설 시공 시 발생 우려

2. Cold Joint 원인
    1) 운반 및 대기시간의 장기화
    2) 구 콘크리트 표면의 관리 소홀
    3) 타설계획의 미비
    4) 타설시간의 지연
    5) 하절기 콘크리트 타설계획 미비

3. Cold Joint 대책
    1) 1일 타설계획 수립
    2) 비비기로부터 타설까지 시간한도 엄수
        가. 외부온도가 25℃ ↑ → 90분 이내
        나. 외부온도가 25℃ ↓ → 120분 이내 타설종료
    3) 타설 구획과 순서의 엄수
    4) 지연형 유동화제 사용
    5) 구 콘크리트 표면처리
        가. Chipping
        나. 수분흡수
        다. 레이턴스 제거

4. 결론
    Cold Joint는 계획되지 않은 이음부로 강도, 내구성 저하 등 문제점 발생되므로 시공관리, 품질관리에 각별한 주의를 요한다.

문제) 고성능 감수제와 유동화제의 사용목적에 따른 차이점

1. 개요
    1) 고성능 감수제는 분산감수 효과가 크고 w/c비를 낮춰 고강도 Con'C 생산 가능
    2) 유동화제는 콘크리트 강도 변화 없이 slump를 일시적으로 증대시켜 시공연도
       를 향상시킨 혼화제

2. 기능
    1) 보통 콘크리트와 같은 작업성을 갖고 w/c비 저감기능
    2) 유동화제
       가. 동일 w/c비, 작업성 향상
       나. 일시적인 유동성 증대로 시공성 증대

3. 특징
    1) 굳지 않은 콘크리트

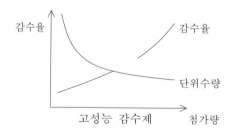 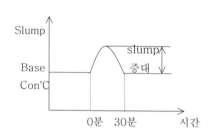

그 림

    2) 굳은 콘크리트
       가. 강도, 내구성 증대
       나. 건조수축 감소
       다. 중성화 감소

4. 유동화제 사용상 문제점
    1) 기간경과에 따라 유동성 급격히 저하
    2) 시공 및 품질관리가 철저히 요구
       가. 사용량
       나. 혼합시간
       다. 타설시간 고려함이 중요

문제) 골재의 체분석시험

1. 개요
    1) 골재의 체가름 시험은 골재의 각각 크기의 균형(조립율, 입도)을 확인하기 위한 것
    2) 즉 입도별 혼입되어 있는 정도 확인
    3) 골재의 최대치수를 확인 목적

2. 골재의 체가름 시험 방법
    1) 잔골재, 굵은골재를 4분법, 시료분취기로 채취
    2) 채취시료 105 ± 5℃ 건조
    3) 체 분석에 필요한 시료준비, 최소무게
        가. 잔골재 - 500g
        나. 굵은골재 25mm - 10kg

    4) 표준망체 준비
    5) 체가름 시험기에 넣고 체가름 시험실시
    6) 각 체에 남는 시료무게 측정

3. 계산
    1) 각 체 통과하는 시료 중량을 전 중량에 대한 백분율로 표시
    2) 각 체 잔류하는 시료 중량을 전 중량에 대한 백분율로 표시
    3) 골재의 최대치수 및 골재의 조립율 계산
    4) 조립율 : 체눈이 큰 것부터 각 체에 남는 누적분으로 계산
        가. 굵은골재 FM = 40+ 20+ 10+ No4+ 8+ 16+ 30+ 50+ 100 / 100
        나. 잔골재   FM = 10+ No4+ 8+ 16+ 30+ 50+ 100 / 100
    5) 잔골재 조립율 : 2.3~3.1
    6) 굵은골재 조립율 : 6~8 적당
    7) 조립율의 범위 벗어난 경우 대책
        가. 2종 이상의 잔골재를 혼합하여 입도 조정
        나. 배합설계 시 조립율 0.2 이상 변화 시 배합 변경

문제) 콘크리트의 탄산화(중성화)

1. 개요
    1) 콘크리트는 타설 직후 강한 알칼리성을 나타내어 철근을 보호하는 방청 역할
    2) 시간의 경과함에 따라 콘크리트가 탄산화 되면서 중성에 가까워 철근 부식,
       내구성 및 내화력을 상실, Con'C 성능이 저하되는 현상

2. 중성화의 원인
    1) 재료에 의한 요인
        가. 시멘트 - 조강시멘트 : 중성화 느림   혼합시멘트 : 중성화 빠름
        나. 골 재 - 천연   :   -   경량   :   -
        다. 혼화제 - AE제, 감수제는 중성화 느림
    2) 배합적 요인 : w/c비가 적으면 중성화 느림
    3) 시공적 요인 : 다짐, 양생 및 철근 피복 두께는 중성화에 영향
    4) 환경적 요인 : 옥외는 옥내보다 탄산가스농도 낮기 때문에 중성화 늦다.

3. 중성화 억제 대책
    1) 재료적 측면
        가. 보통포틀랜드 조강시멘트 사용
        나. 양질골재, 유해물 함유량 적을 것
        다. 적절한 혼화제 사용
    2) 시공 측면
        가. 충분한 다짐과 초기양생기간
        나. Con'C 피복두께 확보
        다. 철근 코팅실시(에폭시)

4. 결론
    Con'C 중성화는 철근 부식 그 팽창에 의해 Con'C 파괴를 유발한다.
    따라서 적절한 중성화 억제 대책 수립으로 Con'C내구성을 증가시켜야 한다.

문제) 비비시험

1. 개요
   1) 굳지 않은 콘크리트의 반죽질기 시험
   2) 워커빌리티가 낮은 Con'C로 최대 굵은골재 치수가 40mm 이하인 경우 적용
   3) Con'C 워커빌리티를 측정하는 방법 중 하나

2. 비비시험 시험기구
   1) 용기 : 밑판두께 7.5mm인 원통형 금속재
   2) 몰드 : 슬럼프 콘 모양
   3) 원판 : 투명판 원판
   4) 진동대 : 고무제 완충기에 지지
   5) 다짐봉 : 지름 16mm, 길이 600mm
   6) 스톱워치 : 0.5초 측정가능

3. 시험 방법
   1) 반죽질기 : 측정기를 수평으로 하고 용기를 너트로 진동대 교정
      몰드를 용기에 넣고 깔때기를 몰드 위에 놓는다.
   2) 시료를 다짐
   3) 몰드를 들어 올리고 원판 위 시료를 진동
   4) 진동을 가하여 진동기 밑 원판에 모르타르가 전면 접촉할 때까지 시간 체크

4. 결론
   1) Con'C의 반죽질기를 본 비비시간이 5초 미만 또는 30초 초과할 경우 적절하지
      못한 시험
   2) 기록은 비비시간과 슬럼프치를 측정해 기록한다.

문제) MDF(Macro Defect Free)

1. 개요
    1) MDF시멘트는 시멘트에 수용성 폴리머 혼합하여 시멘트 경화체의 공극 채우고
       압출 사출 방법으로 성형, 건조상태로 양생
    2) 수용성 폴리머는 시멘트 내구성을 저하
    3) 수분에 대한 저항성을 높이는 방법의 검토가 요구

2. MDF특징
    1) 콘크리트 내부 공기추출 : 강도증진
    2) 주입제 충진보강 효과
    3) 표면경도증가
    4) w/c비 1% 정도 감소효과
    5) 건조수축 균열감소

3. MDF적용대상
    1) ENG콘크리트(고강도 콘크리트)
    2) 공업용 선반 plate
    3) 건축용 Tile, 창문 Frame
    4) 건축구조재 - PC제품
    5) 지하수면 아래 시공 구조물(지하구조물)
    6) 해수작용이 있는 해야 구조물
    7) 하중이 크거나 진동, 충격이 발생되는 곳

4. 주의사항
    1) 혼화제 사용
    2) Clinker 효과
    3) w/c비 유지
    4) slump치 120 이하 유지
    5) 골재의 강도 확보

■ 배합의 순서 및 방법

배합강도 결정

슬럼프

물시멘트비

단위수량

단위시멘트량

잔골재율

공기량

혼화재료 사용량

굵은골재 최대치수

" 우리의 인생은
우리가 노력한 만큼 가치가 있다 "
– 모리악

문제) 에코시멘트(Eco Cement)

1. 개요
   1) Eco Cement란 도시 각종 쓰레기 소각물, 회수오물, 산업폐기물 등을 원료로
      해서 제조, 환경부하를 감소시키는 시멘트

2. Eco Cement 분류
   1) 제조 시 환경부하 저감
      가. 가연성쓰레기 소각 시 발생되는 열을 이용해 시멘트 제조
      나. 폐열을 이용해 시멘트 원료를 소성
   2) 부산물 이용한 시멘트
      가. 쓰레기 소각 시 발생한 재나 산업 부산물 등을 성분 조성하여 그대로 시멘트
         제조 원료로 사용
   3) 재활용(Recycling Cement)
      가. 콘크리트 구조물 노후화되어 철거 과정 중 발생한 폐 콘크리트를 분쇄
      나. 큰 입자는 재생골재화 미세분말은 시멘트 원료로 해서 제조한 시멘트

3. Eco Cement효과
   1) 폐기물 감소(폐기물 처리공간, 비용감소)
   2) 자원재활용
   3) 환경파괴감소, 환경보전
   4) CO_2 배출량 감소
   5) 골재, 석회자원의 보존
   6) 에너지 효과적 이용

문제) 리사이클 콘크리트(Recycle Con'C)

1. 개요
   1) 재생콘크리트는 수명이 다한 폐 콘크리트를 분쇄하여 재생골재를 활용해 제조
      한 콘크리트

2. 재생콘크리트의 내용
   1) 골재의 재활용
      - 자갈과 모래 등을 분쇄한 뒤 재사용
   2) 미분말의 재활용
      - 미세분말은 Eco Cement 제조 시 사용
      - 충전재(filler)로 사용
   3) 철근의 재활용

3. 재생콘크리트의 문제점
   1) 콘크리트 품질 저하
      가. 콘크리트 강도 저하 (30%)
      나. slump 저하 (흡수율 증가)
      다. 건조수축 증가
   2) 재활용 system 미비
   3) 낮은 재활용 비율

4. 재생콘크리트의 효과
   1) 자원의 재사용
   2) 자연환경보전, 환경파괴 감소
   3) 폐기물 처리 용이, 폐기물 저감
   4) Co2 감소
   5) 석회석, 골재 자원 보존
   6) 생태계와의 조화 및 공생

문제) 식생형 콘크리트

1. 개요
    1) 식생형 콘크리트란 지구환경의 부하저감에 기여, 생태계와의 조화 또는 공생을 기하며 환경을 창조하는데 유용한 Con'C를 말한다.

2. 콘크리트 주원료인 시멘트 제조시 환경공해
    1) 시멘트 제조시 많은 에너지원 소비와 이산화탄소 발생
    2) 시멘트 1톤 제조시
        가. 중유 100ℓ 소요
        나. 전력 120kwh 소요
        다. CO_2 870kg 배출

3. 식생콘크리트
    1) 도로변 경사면, 터널입구, 건물, 옥상 등에 설치
    2) 수분유출 억제 및 차음, 흡음, 방화 효과 기대
    3) 환경보전과 경관향상 및 지구환경 부하의 저감

4. 결론
    1) 식생형 콘크리트는 향후 시공범위 점차 확대할 전망
    2) 환경보전에 관심이 많아지는 추세에 식생형 콘크리트를 제조 연구를 한다면 더불어 생태계와 조화를 이룰 것으로 사료됨

문제) 시멘트의 비표면적(분말도)

1. 개요
    1) 분말도란 시멘트 1g이 가지고 있는 전체 입자의 총 표면적
    2) 즉 입자의 가는 정도를 뜻함 (㎠/g)

2. 시멘트의 분말도에 따른 특성
    1) 분말도가 큰 경우
        가. 수화작용이 빠르다.
        나. 조기강도 크다.
        다. Bleeding이 작다.
        라. 균열, 풍화, 내구성 저하 우려
    2) 분말도가 작은 경우
        가. 수화작용이 낮다.
        나. 조기강도 작다.
        다. 강도 저하
        라. 수밀성 저하

3. 시멘트 종류별 분말도

규 격	종 류		비표면적(Blain방법) ㎠/g
KS L 5201	포틀랜드 시멘트	보 통	2,800 ↑
		중용열	2,800 ↑
		조 강	3,300 ↑
		저 열	2,800 ↑
		내 황산염	2,800 ↑
KS L 5204	백색포틀랜드 시멘트		3,000 ↑

4. 결론
    1) 분말도가 높은 시멘트는 수화열이 높고 초기강도가 커진다.
    2) 풍화하기 쉬우므로 관리에 유의
    3) 분말도는 시멘트의 품질 및 종류 평가에 이용된다.

문제) 포졸란 반응

1. 개요
   1) 혼화재의 일종, 그 자체는 수경성이 없으나 Con'C속의 물에 융해되어있는 수산화칼슘과 화합해서 불용성 화합물을 만들 수 있는 Silica질 물질을 함유하고 있는 미 분말 상태

2. 포졸란 종류
   1) 천연적인 것 : 화산재, 규산백토, 규조토 등
   2) 인공적인 것 : 점토, 혈암을 재처리한 것(Flyash)

3. 포졸란 반응
   콘크리트 속의 물과 반응하여 불용성의 화합물을 만들어 경화하는 반응

4. 포졸란 사용한 Con'C 특징
   1) 워커빌리티 개선, 블리딩, 재료의 분리 감소
   2) 수밀성 우수
   3) 초기강도 작아도 장기강도 크다.
   4) 발열량이 적다(Mass, 댐, 수리구조물 등에 사용)
   5) 해수 등 화학적 저항성 크다.
   6) 인장강도, 신장능력이 크다.

5. 결론
   1) 혼화재료는 반드시 품질확인 후 사용
   2) 혼화재료는 사용목적에 적합한 것 사용
   3) 혼화재료는 정확한 계량 실시 후 사용

문제) 슈미트해머

1. 개요
   1) Con'C 구조물의 압축강도 판정을 위한 비파괴시험 중 가장 널리 이용
   2) 슈미트해머법은 사용이 간단, 휴대하기 편리한 장점
   3) 구조물의 상태에 따른 값의 차이가 있어 정확도가 떨어진다.

2. 슈미트해머 종류
   1) N형 : 보통 Con'C용 - 15~16Mpa
   2) NR형 : 보통 Con'C용 - N형에 기록장치 부착
   3) M형 : Mass Con'C용 - 60~100Mpa
   4) L형 : 경량 Con'C용 - 10~60Mpa
   5) P형 : 저강도 Con'C용 - 5~15Mpa
   6) 형별로 강도 측정범위 구분되어 있음

3. 해머의 검교정
   1) 시험 전 Test Anvil로 측정 후 보정 실시
   2) R_0 = 80 ± 1 표준 (80 ± 2 허용)

4. 측정 중 주의사항
   1) 타격면 준비 : 도장제거, 연마석으로 표면 평활화
   2) 타격점 선정
      가. 1개소에서 20점 표준 (신뢰도98%)
      나. 타격위치에서 종, 횡방향 격자 구성
      다. 타격점 간격은 3cm
   3) 타격 방법
      가. 슈미트해머 타격면은 직각
      나. 공극, 굵은골재, 피복두께 미확보 위치는 피한다.
5. 추정공식
   - 일본재료학회   Fc = 13R_0 - 184

문제) 레디믹스트 콘크리트의 회수수

1. 개요
   1) 회수수란 레미콘차량, 플랜트믹서, 콘크리트배출, 호퍼등을 세정한 배수외 되반
      입되는 콘크리트를 세정할 때 나오는 물
   2) 배출물에는 자갈, 모래 등 자원이 포함, 재활용하는 것이 바람직

2. 회수수의 분류와 처리 방법
   1) 회수수의 분류
      가. 회수수 – 슬러지(sludge)수와 상징수 구분
      나. 슬러지수 – 씻고 난 배수에 골재 분리수거한 물
      다. 상수(상징수) – 슬러지수에서 고형분 제거, 맑은 상태의 물

   2) 회수수의 처리 방법
      가. 중화처리
         – ph가 높은 물을 산성과 혼합, 중화처리 후 방류 – 환경오염방지
         – 침강잔재는 건조 후 폐기물로 매립처리
      나. 재사용(Eco Con'C 제조)
         – 상징수 : 레미콘운반차량, 골재회수장치, 시설물 세정시 사용
                     sludge수 농도 조절용
                     콘크리트 배합, 비빔용으로 재사용(사용량 적정범위)
         – 슬러지수 : 분쇄된 미세분말, 시멘트원료재사용(Eco Con'C 제조)
         – 골재 : 재사용 골재화, 자원재활용 효과

3. 재활용 시 콘크리트 품질확보
   1) 회수수의 수질 : 시멘트 응결시간, 압축강도에 영향을 주지 않아야 한다.
   2) 슬러지고형분 품질 : 부용잔분 모래분 함유량 25% 이하
   3) 회수수 제한농도 : 비율이 시멘트 중량 3% 이하 유지
   4) 회수수검사 : 일상농도 검사실시
                    고형분 3% 이하 유지

■ 공기량

→ **종류**

- 연행공기 - AE제 또는 AE감수제에 의한독립 공기포

- 갇힌공기 – 콘크리트 내에 존재하는 공기포
  비교적 큰기포로 0.5 ~ 2 % 함유

→ **콘크리트의 공기량 – 3 ~ 6 % (KS F 2509, 2421규정)**
      4 ~7%
      (건축공사, 콘크리트 표준시방서)

" 사실 전…
다른 사람의 좋은 습관을
내 습관으로 만들어요 "
– 빌 게이츠

문제) 콘크리트 폭열

1. 개요
    1) 콘크리트 폭열현상이란 화재 시 콘크리트 구조물에 물리적, 화학적 영향을 주어 파괴시키는 현상

2. 화재에 대한 콘크리트손상
    1) 100℃ : 자유수 방출
    2) 100~300℃ : 물리적 결합수 방출
    3) 400℃↑ : 화학적 결합수 방출

3. 콘크리트에 영향을 미치는 요인
    1) 화재의 강도, 지속시간
    2) 콘크리트의 고강도, w/c비 낮을 때
    3) 콘크리트 혼입물질(PP섬유), 횡방향구속(메탈라스)
    4) 화재시 발생하는 가스 영향
    5) 골재종류(내화성), 3% 이상 함수율

화 재 지 속 시 간	파 손 깊 이(mm)
80분 (800℃)	약 5
90분 (900℃)	약 25
180분 (1,100℃)	약 50

4. 콘크리트 폭열 특성
    1) 강도, 경제성, 내화성이 우수한 재료선정
    2) 고강도, 고성능 콘크리트 화재 시 폭열 발생 및 내화성능 저하문제

5. 폭열 종류
    1) 파괴 : 여러 개의 큰 파편 비산
    2) 국부 : 작은 파편 비산
    3) 단면정진 : 단면 단계적으로 파괴
    4) 박리 : 중력에 의해 박리

문제) 콘크리트용 잔골재의 실적률과 잔골재율

1. 실적률 개요
    1) 단위 용적 중에서 실적용적률을 백분율로 나타낸 값
    2) 골재의 입도, 입형에 따라 다르다.

2. 골재의 실적률
    1) d = w/p * 100%   d : 실적률   w : 단위용적중량   p : 비중
    2) 공극률 v = 100 - d(%)

3. 골재 실적률이 콘크리트 배합에 미치는 영향
    1) 실적률이 크면 시멘트 페이스트량 감소, 내구성 커짐
    2) 건조수축, 단위수량 감소
    3) 수밀성 증가, 투수성, 흡수성은 작아진다.
    4) 경제적으로 유리

4. 잔골재율 개요
    1) 잔골재량의 전체 골재량에 대한 절대 용적비를 백분율로 나타낸 것

5. s/a이 Con'C 미치는 영향
    1) 배합 설계 시
        가. 경제성
        나. s/a작으면 동일 slump의 단위수량 감소
        다. s/a작으면 단위 시멘트량 감소
    2) 굳지 않은 콘크리트
        가. 워커빌리티 - s/a 작으면 작업성 불량
        나. 성형성 - s/a 커지면 성형성 불량
        다. 반죽질기 정도 - s/a가 작으면 동일 w/c비 반죽질기 양호
        라. 마감성 - s/a작으면 불량.

6. 결론
    1) s/a 적게 하면 거칠어지고 재료분리발생, 두 가지 상반되는 조건 만족
    2) 적당한 s/a 찾는 방법은 시험실에서 슬럼프 시험을 통해 슬럼프 값을 확인해야
       한다.

문제) 골재의 조립율

1. 개요
    1) 조립율이란 표준망체 80, 40, 20, 10, No4, 8, 16, 30, 50, 100번 체를 1조로
       하여 체가름 시험을 하였을 때 각체에 남는 누계량의 전 시료에 대한 중량 백
       분율의 합을 100으로 나눈 값을 말한다.

2. 조립율(FM) 계산

    FM = 각체에 남는 중량 백분율의 합(가적잔유율합계) / 100

3. 조립율의 특성
    1) 조립율이 큰 값일수록 굵은 입자가 많이 포함
    2) 조립율만으로 골재의 입도를 나타낼 수 없다.
    3) 1개의 조립율값은 무수히 많은 입도를 나타낼 수 있다.
    4) 잔골재의 조립율이 Con'C 품질 특성에 영향을 준다.

4. 사용 골재의 적합성 판단
    1) 조립율의 범위
        잔골재 : 2.3~3.1
        굵은골재 : 6~8
    2) 조립율의 범위를 벗어난 경우 대책
        가. 2종 이상의 골재를 혼입하여 입도 조정
        나. 배합 설계 시 가정한 조립율에 비해 0.2 이상 변화 시 배합을 변경

문제) 골재의 함수

1. 개요
   1) 골재의 함수상태는 콘크리트의 품질관리상 매우 중요
   2) 콘크리트 배합에서는 골재의 표면건조포화상태를 기준

2. 골재의 함수상태

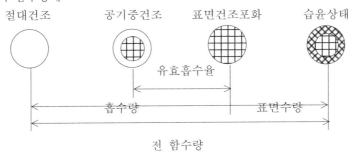

   1) 절대건조 상태
      - 110℃ 정도의 온도에서 24시간이상 골재를 건조(절건상태)
   2) 공기중건조 상태
      - 골재의 표면과 내부의 일부 건조된 상태(기건상태)
   3) 표면건조포화 상태
      - 표면은 건조, 내부는 함수상태(표건상태)
   4) 습윤상태
      - 골재 내부, 외부 물로 채워진 상태
   5) 골재표면수율
      - 골재표면수량의 표면건조상태의 골재 중량의 대한 백분율
   6) 골재 함수율
      - 골재표면 내부에 있는 물의 전 중량의 절건상태의 대한 백분율
   7) 골재흡수율
      - 표면건조상태의 경량골재에 함유되어있는 전수량의 절건상태의 골재 중량의 골재중량에 의한 백분율
   8) 골재의 유효흡수율
      - 공기 중 건조상태 골재가 표면 건조포화 상태까지 흡수되는 수량의 절건 상태의 골재중량에 대한 백분율

문제) 콘크리트 염해 및 중성화

I. 염해
1. 개요
1) Con'C내 정량 이상 염화물이 존재하면 철근 부식
2) 구조물의 조기 열화하는 현상, 구조물의 내구성, 수밀성 저하
3) 염화물, 염화칼슘, 나트륨, 마그네슘, 칼륨 등으로 존재

2. 염해 발생 원인
1) 미 세척해사, 해수작용
2) 경화촉진제로 염화칼슘사용
3) 제설재로 염화칼슘사용
4) 화학 약품으로부터의 침입

3. 염해방지 대책
1) 내,외부로부터 Con'C 구조물 염화물 확산, 침투 차단하는 것이 최선
2) 대책공법 - 표면도장공법, 에폭시 도막철근사용, 전기방식

II. 중성화
1. 개요
1) 시멘트 경화체의 알칼리성이 저하하는 현상
2) 중성화 진행되면 철근 부식 진행
3) 콘크리트의 균열 및 탈락현상이 발생

2. 대책
1) 내구성 큰 골재 사용(양질골재)
2) 수밀한 콘크리트 생산 위한 배합
3) 저발열 시멘트 사용억제
4) w/c, 공기량 낮게
5) 다짐철저, 충분한 초기양생, 피복두께 확보
6) 표면 마감제 사용(에폭시 - 레진모르타르)

문제) Belite Cement

1. 개요
    1) 보통포틀랜드 시멘트의 광물조성을 조정, 벨라이트(C2S)성분을 늘리고 알루미네이트를 줄여 낮은 수화발열의 시멘트 제조
    2) 고분말형(고강도형), 저분말도형(저발열형)으로 구분 생산

2. Belite Cement 성질
    1) 저발열과 장기강도 증가
        가. 벨라이트는 단기보다 장기강도우수
        나. 수화발열량이 적은 화합물
        다. 알라이트는 단기, 장기에 걸쳐 강도 발현성 우수. 수화발열량이 큰 화합물

    2) 고유동성
        가. 입자의 형성
            - 벨라이트는 혼합수량이 줄고 유동성 향상, 슬럼프로스 감소 기능
        나. 유동화제의 흡착
            - 혼화제의 분산효과 향상
        다. 안정성
            - 양생 온도에 따른 품질변동 적고 중성화 저항성 우수
        라. 내화학성 증대
            - 내화학성, 염해, 동해저항성 우수

3. Belite Cement 용도
    1) 댐, 대형교각 같은 매스 콘크리트용
    2) 초고층, RC구조물, 해중연속벽 공사
    3) 고유동 콘크리트 등 고강도, 고유동의 특성을 요구하는 구조물에 이용

문제) 알칼리 골재반응

1. 개요
    1) 굳지 않은 콘크리트에서 반응성 골재가 시멘트속의 알칼리 성분과 수분을 만나 팽창성 압력이 발생하는 현상

2. 알칼리 골재반응 형태
    1) 알칼리 – 실리카 반응
    2) 알칼리 – 탄산염 반응
    3) 알칼리 – 실리게이트 반응

3. 알칼리 골재반응의 발생조건
    1) 수분 – 콘크리트가 다습, 습윤상태
    2) 반응성 골재 사용
    3) 시멘트의 알칼리 성분

그림

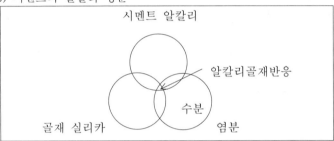

알칼리골재반응 조건

4. 알칼리 골재반응의 대책
    1) 골재 사용 시 반응성 여부 조사
    2) 전 알칼리성을 0.6% 이하로 규제
    3) 콘크리트 1㎥당 알카리 총량은 Na2O당량 3kg 이하
    4) 양질의 포졸란 반응
    5) 콘크리트 표면에 방수성의 마감재료 피복

5. 알칼리 골재반응 진단 반응
    1) 육안관찰 : 콘크리트 변형 성상
    2) 편광 현미경 관찰
    3) 반응성 골재시험

■ 온도상승 방지대책

- 중용 열, 저열시멘트 사용

- 혼화재료 첨가

- 굵은골재 최대치수 가능한 크게 하여 시멘트량 줄임

- 재료 및 콘크리트의 냉각, 수축줄눈, 적당한 타설속도

" 습관이란 인간으로 하여금
그 어떤 일도
할 수 있게 만들어 준다 "
– 도스토예프스키

문제) P.S Con'C / pre stress con,c

1. 개요
   1) PS Con'C는 재하 하중에 의해 발생되는 인장응력을 감소하기 위해 인장축에
      미리 압축응력을 도입
   2) 인장응력 감소 및 균열억제 효과 얻기 위한 Con'C

2. pre stress 방식
   1) pretension 방법(공장생산방식)
      가. PC강선에 인장력 가하고 Con'C 타설
      나. 경화 후 인장력 서서히 풀면서 Con'C와 강재의 부착력에 의해 prestress 도입
      다. 공장제품 등 소규모 제품 사용
      라. long line방식이 대표적

   2) post tension방식(현장생산방식)
      가. 거푸집 내 강선배치(쉬스관 내 강선삽입)
      나. Con'C 타설 및 경화 후 PC강재 인장력 가함
      다. 쉬스관 그라우팅 실시
      라. PC강재와 Con'C 부착력 발생
      마. 대형제품사용

3. P.S콘크리트의 특징
   1) 균열 적으므로 내구성 우수
   2) 큰 스팬의 구조물 가능
   3) 공장생산기능, 공기가 단축
   4) 거푸집 가설비가 절감, 장비비 증가
   5) 높은 강도 재료 사용으로 단가상승
   6) 설계, 시공에 경험을 요하고 엄격한 품질관리가 요구

문제) POP-OUT현상

1. 개요
   1) pop out 현상이란 콘크리트 속의 수분이 동결융해 작용으로 인해 콘크리트 표면의 골재 및 모르타르가 팽창하면서 박리되는 현상
   2) 미국콘크리트학회에서 처음 발견, pop out현상의 방지 대책으로 AE제 발명
   3) 콘크리트속에 공기층을 두어 수분이 동결되어 팽창하는 힘을 흡수

2. pop out 발생 원인
   1) 콘크리트 동결융해
      가. 콘크리트 속 수분 동결되어 팽창(약 9%의 부피팽창)하면서 발생
   2) 알칼리 골재반응
      가. 콘크리트 중 수산화 알칼리와 골재중 알칼리 반응성 물질과의 화학반응으로 표면의 골재가 팽창하면서 박리되는 현상

3. pop out 문제점
   1) 강도, 내구성, 수밀성 저하
   2) 콘크리트 균열 발생 촉진
   3) 누수로 인한 철근의 부식

4. pop out 방지 대책
   1) AE제 사용 : AE제 첨가, Ball Bearing 작용으로 팽창력 흡수
   2) 동결융해방지 : w/c비 적게, 물침입 방지
   3) 알칼리 골재반응방지
      가. 단위시멘트량 적게, 저알칼리 시멘트 사용
      나. 포졸란, 고로슬래그, 플라이애시 혼화재 사용
      다. 강자갈 골재를 세척 사용

문제) 콘크리트 혼입용 구체 방수제

1. 개요
    1) 콘크리트 구조물의 성능개선목적으로 콘크리트 혼합사용
    2) 콘크리트 구체를 치밀화시켜 콘크리트 방수성(수밀성)을 향상시키는 구체방수공법
    3) 콘크리트 타설로서 콘크리트 구조체공사와 동시에 방수공사를 완성하는 방수제

2. 특성
    1) 혼입 시 비산먼지 미 발생, 환경오염저감
    2) 염해 강하며 콘크리트 구조물 강도, 내구성, 내식성 향상
    3) 수화열에 의한 균열 발생 억제
    4) 중성화 억제, 철근 부식 방지, 구조물의 수명연장
    5) 균일배합, 방수, 내구성, 시공성 우수

3. 적용
    1) 지하층 기초방수
    2) 옹벽, 저수, 하수처리장시설
    3) 주차장구조물
    4) 기반시설 및 건축외벽마감, 노출콘크리트

4. 결론
    1) 콘크리트 혼입용 구체 방수제는 타설전 방수제 투입 시공함으로써 콘크리트 품질(내구성, 방수성)의 향상, 시공성 향상
    2) 시공성 향상으로 공기단축, 공사비 절감의 효과를 기대

문제) 재생골재

1. 개요
    1) 자연골재의 과다한 채취에 따른 환경파괴와 자연훼손의 문제로 재생골재 사용
       이 널리 보편화 되어가고 있지만 재생골재를 사용한 콘크리트의 품질에 대한
       연구는 많이 부족한 현실

2. 재생골재의 특성
    1) slump 감소
    2) 공기량의 증가
    3) 흡수율 증대
    4) 불순물 함유량 증가
    5) 건조수축 증가
    6) 압축강도 30~40% 감소
    7) 비중 20~30% 감소

3. 재생골재의 문제점
    1) 콘크리트 품질 저하
    2) 재생골재의 수급 부족
    3) 낮은 재활용 비율 및 제도적 지원 미비

4. 재생골재의 품질개선 대책
    1) 시공성 향상 위해 AE감수제 사용
    2) 완전 세척
    3) 살수하여 표면건조포화상태로 사용
    4) 자연골재와 혼합사용
    5) 등급별로 분류 사용용도 제한
    6) 제도개선 – 품질 인증제도 실시

문제) 초기콘크리트(Fresh Con'C)성질 4가지

1. 개요
   1) Fresh Con'C는 비빈 직후부터 거푸집에 콘크리트를 타설, 다짐 후 소정의 강
      도를 발휘할 때까지의 콘크리트

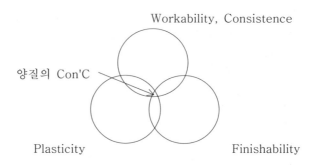

그림   양질의 콘크리트 조건

2. Fresh Con'C의 성질
   1) consistency : 반죽의 되고 진 정도
   2) workability : 작업의 난이 정도
   3) plasticity : 성형 정도
   4) finishability : 마무리 정도
   5) pumpability : 펌프콘크리트 워커빌리티 판단

   반죽질기에 따라 변동

3. Fresh Con'C 성질 파악 방법
   1) slump, flow test
   2) 다짐계수, vee-bee test

4. Fresh Con'C의 요구되는 성질
   1) 작업의 용이
   2) 반죽질기, 점도 및 워커빌리티가 양호
   3) 골재분리 및 블리딩, 레이턴스가 적어야 한다.
   4) 재료 변형이 적어야 한다.

문제) 온도철근

1. 개요
   1) 온도철근(Temperature bar)이란 온도변화와 콘크리트 수축에 의한 균열 발생을 최소화하기 위해 배근하는 보강철근
   2) 구조용 용접 철망을 사용

2. 온도철근의 간격
   1) slab두께의 5배 이하
   2) 40cm 이하

3. 온도철근의 배근 목적
   1) 콘크리트 수축에 의한 균열저감
   2) 온도변화에 의한 콘크리트 균열저감

4. 온도철근을 조립철근 내부에 설치하는 이유
   1) 콘크리트 온도 상승이 내부가 높음
   2) 온도응력(인장응력)은 콘크리트 내부로 갈수록 커짐
   3) 콘크리트의 구속정도(내부, 외부구속)에 따라 다를 수도 있다.
   4) 온도철근은 내부에 설치하는 것이 유효하다.

문제) 메스 콘크리트의 프리쿨링(pre-cooling)

1. 개요
    1) pre-cooling란 메스 콘크리트 또는 서중 콘크리트 타설 시 콘크리트의 타설온
       도를 낮추기 위해 콘크리트용 재료를 냉각시키는 것
    2) 또는 타설 전에 콘크리트를 냉각시키는 것

2. 사전냉각이 필요한 이유
    1) 콘크리트온도 상승방지
       가. 골재 저장 중 상승된 온도 저하
       나. 운반 중 콘크리트 온도사전 저하
       다. 운반 중 온도증가로 수분증발 발생되면 slump 저하
       라. 시멘트의 빠른 응결로 급속시공
    2) 균열방지
       가. 타설 후 콘크리트 표면 급속히 건조
           - 소성수축균열 발생
       나. 수분 급격한 증발로 건조수축 발생
       다. 경화 시 수화열에 의한 온도상승률의 증가
           - 온도균열 발생 우려

3. 재료 냉각 시 콘크리트 온도변화
    1) 골재 : 온도 ± 2℃
    2) 물 : 4℃
    3) 시멘트 : 8℃에 콘크리트 온도 ±1℃ 변화

4. 사전 냉각 시 주의사항
    1) 각 재료의 냉각은 비빈 콘크리트 온도가 균등하게 시행
    2) 얼음은 콘크리트 비비기가 끝나기 전 완전히 녹아야 한다.
    3) 비벼진 온도는 외기온도보다 10~15℃ 낮게
    4) 얼음은 물의 양 10~40% 정도

■ 콘크리트 분류

⇨ 질량에 따른 분류

- 경량 콘크리트(1.6~2.0 t/m^3)
- 보통 콘크리트(2.3 t/m^3전 후)
- 중량 콘크리트(3.0 t/m^3 이상)

⇨ 경화 정도에 따른 분류

- 굳지 않은 콘크리트
- 경화 콘크리트

" 작은 성공부터 시작하라
성공에 익숙해지면 무슨 목표든지
할 수 있다는 자신감이 생긴다 "

\- 데일 카네기

문제) 고강도 콘크리트 배합 설계 시 재료적 고려사항

　1. 개요

　　1) 고강도 콘크리트의 설계기준강도는 일반적으로 40Mpa 이상

　　2) 부재단면 축소가능, 내구성, 수밀성 증대, 시공능률의 향상을 기할 수 있으나
　　　품질관리에 특히 유의

　2. 배합설계 시 고려사항

　　1) 물-시멘트비 : 소요강도, 내구성 고려결정

　　2) 단위시멘트량 : 소요 warkability 및 강도를 얻을 수 있는 범위 내 가능한 적
　　　게, 수화열 발생 고려

　　3) 단위수량 : 180kg/㎥ 이하, 소요 warkability 범위 내 가능한 적게

　　4) slump값

　　　가. 일반적 : 15cm 이하

　　　나. 유동화 : 21cm 이하

　3. 재료적 고려사항

　　1) 혼화재의 사용

　　　가. 고성능감수제

　　　나. 유동화제

　　　다. silica fume 사용

　　2) 적합한 골재 사용

　　　가. 경고, 내구적, 입형 양호할 것

　　　나. 입도 분포 양호

　　　다. 알루미나 쿨링커 골재 사용

　　　라. 인공 코팅 골재 사용

　4. 결론

　　콘크리트 고강도 위해서는 지속적 재료 개발과 품질관리 방안의 개선

　　고강도 콘크리트 설계기준설정 등에 관한 지속적 영구 필요

문제) 철근 콘크리트 구조물의 비파괴 시험

1. 개요
   콘크리트 비파괴 시험은 육안조사, 콘크리트 구조체인 강도평가 및 결함조사 방법으로 널리 활용

2. 비파괴시험의 구분법
   1) 강도평가 비파괴시험
      - 반발법, 공진법, 음속법, 복합법, 인발법, 숙성도법, 관입저항법
   2) 결함조사 비파괴시험
      - 육안조사, 방사선법, 자분탐사법, 약물침투탐상법, 초음파법

3. 비파괴시험의 종류
   1) 반발경도법(슈미트해머)
      - 콘크리트 표면을 슈미트해머로 타격하고 그 반발 경도로 강도를 구하는 방법
   2) 음속법
      - 결함발견, 콘크리트 균일성판정, 품질변화조사
   3) 관입저항법, 인발법
      - 관입시험기사용, 콘크리트에 핀을 압력관입, 관입 깊이 측정
   4) 성숙도법
      - 타설 후 수화열을 누적한 적산온도 강도 추정
   5) 복합법
      - 2종 이상 비파괴 시험치 병용(반발경도법 + 초음파속도법)

4. 결론
   콘크리트의 열화증상으로는 균열, 백화, 들뜸, 박락 등으로 나타나며 대부분의 열화는 균열동반, 콘크리트 건정성 평가 시 균열조사는 필수적인 조사항목이다.

문제) 시멘트 비중시험

1. 개요
   1) 비중은 이론상 단위중량개산, 배합설계 등에 필요하고 시멘트의 풍화정도 종류 판단의 목적으로 사용
   2) 보통포틀랜드 시멘트의 비중은 3.14~3.16 정도

2. 비중시험으로 판정되는 항목
   1) 시멘트 품질 및 종류
   2) 풍화 정도 및 분말도
   3) 이물질 혼입 정도
   4) 쿨링커 소성 상태 및 급냉 상태

3. 비중에 영향을 주는 요인
   1) C2S, C4AF가 많을수록 비중이 큼
   2) 조강시멘트는 비중 작다, 저열시멘트는 비중 크다.
   3) 풍화 시 비중이 작다.
   4) 혼합재료 사용 시 작다.
   5) 쿨링커 소성 불충분 시 작아진다.
   6) 분말도에 반비례

4. 시멘트 비중시험 방법(르샤틀리에 비중법)
   1) 르샤틀리에 비중병에 광유를 채운다(0~1ml, 광유20±0.2℃)
   2) 항온수조에 넣고 30분~1시간 후 눈금측정(A)
   3) 비중병에 시멘트 64g을 넣고 기포제거
   4) 그 상태의 비중병 눈금 읽음(B)
   5) 비중 = 64(g)시멘트 무게 / B-A(ml)cc
      - 광유 사용 이유 → 시멘트 경화방지

문제) 콘크리트의 단위수량

1. 개요
   1) 단위수량은 가능한 동일 조건하에서 적게 사용해야 slump값의 저하를 기대
   2) 단위수량에 영향을 주는 요소로서는 굵은골재 최대치수, 입도와 입형(실적률), 콘크리트의 종류, 공기량 등 시험 통해 단위수량 결정

2. 단위수량 감소에 따른 영향
   1) 단위시멘트량 감소
      → 경제적 Con'C 제조 가능
   2) 건조수축감소(균열감소)
   3) 수밀성구조체(강도, 내구성우수)
   4) 블리딩, 공극률 감소
   5) 수화열 감소
   6) 돌결융해 저항성 우수

3. 단위수량 감소 방법
   1) AE, AE감수제, 고유동화제 사용
      → 가장효과적임
   2) 굵은골재 최대치수 크게, S/A 작게
   3) 입도, 입형 양호한 골재 사용
   4) slump 측정해 가면서 각 재료량 조정

4. 결론
   Con'C 배합에 있어 단위수량은 W/C비에 직접적 영향을 주며 이로 인한 품질 저하가 가장 큰 요인, 충분한 시험, 양질의 재료 사용하여 경제적이면서 내구성을 갖춘 Con'C 생산이 필요할 것으로 사료됨

문제) 콘크리트 타설 전 현장레미콘의 품질시험

1. 개요
    1) Con'C의 요구조건은 소요강도 확보, 내구성, 수밀성 확보, 경제성 등 만족해야
       만 양질의 Con'C를 얻을 수 있다.
    2) 따라서 Con'C 생산 및 타설 전 Con'C 시험이 중요, 시험에 철저를 기해야 한다.
2. 품질시험항목
    1) 슬럼프 시험
        가. 목적 - 굳지 않은 콘크리트의 반죽질기 측정
                   워커빌리티 정확하게 판단, 작업의 난이도, 골재의 분리 정도
        나. 빈도 - 150㎥당 1회 실시

기 준 치(mm)	허 용 치(mm)
25↓	±10
50~65	15
80~180	25
210↑	30

    2) 공기량 시험(AE제 특성)
        가. 목적 - 워커빌리티 향상
                   내구성, 수밀성 향상
                   단위수량 감소
                   과다투입 시 강도 저하, 부착력 감소
        나. 빈도 - 150㎥당 1회 실시

구 분	기 준 치(%)
고강도 콘크리트	3.5 ± 1.5
일반 콘크리트	4.5 ± 1.5
경량 콘크리트	5.5 ± 1.5

    3) 온도측정(5~35℃)
        가. 150㎥당 1회 실시
        나. 수화열에 의한 온도상승대비
        다. 온도균열 대책강구
    4) 공시체제작 및 강도측정(450㎥당 4조 제작)
        가. 종류 : 압축, 휨, 인장강도
        나. 재령 : δ7, δ28, 6개월 등
        다. 규격 : ∅10 * 20
3. 결론
    - Con'C 생산 전 투입될 재료에 대해 선정시험 후 합격재료로서 Con'C생산하고
      관리시험도 철저하게 이루어져야 양호한 품질의 Con'C 구조물을 만들 수 있다.

문제) PS강재의 손실

1. 개요
    1) PS강재에 준 인장응력이 PS강재와 sheath관 사이의 마찰 Relaxation 등의
       원인으로 감소하여 prestress손실현상

2. PS강재손실 Flow
    그 림

3. PS강재의 손실이 교량 거동에 미치는 영향
    1) 구조적 : PS손실에 따른 교량처짐 발생
                → 균열 → 내구성 저하
    2) 비구조적 : 교량유지보수 비용증가

4. PS강재 손실에 영향을 주는 요인
    1) PS정착단에 연결부 불량(정착부)
    2) PS강선의 인장강도 부족(인장부)
    3) 내부 Grouting상태불량(내부)

5. PS강재 손실의 시공 시 및 설계 시 대책
    1) 시공 시
       가. 대칭긴장준수
       나. 수축균열, 온도균열 대책 마련
       다. camber, contral, creep 해석
    2) 설계 시
       가. 충분한 응력
       나. 변형의 검토

문제) 스마트콘크리트

1. 개요
   1) 기능성 캡슐 및 광촉매제를 혼입
   2) 외부자극에 대응하여 다양한 기능을 수행하는 콘크리트

2. 스마트 콘크리트의 분류

구 분	능 동 형	수 동 형	비 고
기 능	자기치유	자기진단	
유지관리	적 음	큼	
시 공 성	양 호	보 통	
공 사 비	고 가	상대적 저렴	

비고란 그래프: 세로축 f(mpa), 가로축 K(cm/sec), Smart Con'C, 일반 Con'C

3. 스마트 콘크리트의 재료관리 방안
   1) 기능성 물질담은 캡슐사용, 광촉매제 혼입
   2) 내 황산염, 저열시멘트사용, 양질골재 사용

4. 스마트 콘크리트 배합관리 방안
   1) W/B : 45%, S/A작게
   2) Gmax 적정 범위 내

5. 스마트 콘크리트 시공관리 방안
   1) 타설 전 시험시공
      → capsule 광촉매결정
   2) 타설 중
      가. 다짐관리 철저
      나. capsule 광촉매 품질관리 철저
   3) 타설 후
      가. 양생관리 철저
      나. 적기유지 관리

■ 강도에 따른 분류

- 고강도 콘크리트
    - 보통 고강도 콘크리트 40MPa 이상
    - 경량 고강도 콘크리트 27MPa 이상

- 보통콘크리트
    - 보통 콘크리트 18~35 Mpa
    - 경량 콘크리트 18~24MPa
- 초고강도 콘크리트 (60MPa 이상)
- 저강도 콘크리트 (15MPa 이하)

" 승리하면 조금 배울 수 있고
패배하면 모든 것을 배울 수 있다 "
– 크리스티 매튜슨

문제) 한중 콘크리트

1. 개요
   1) 일평균기온 4℃ 이하에서 응결지연으로 콘크리트가 동결될 우려가 있을 때 시
      공되는 콘크리트

2. 한중 콘크리트 재료관리 방안
   1) 동결 또는 빙설혼입된 골재 사용 금지
   2) 혼화제 사용 : AE제, 방동내한제

3. 한중 콘크리트 배합관리 방안
   1) AE콘크리트 시공
      → 기포연행 → 내동해성향상
   2) 단위수량 최소화
      → Bleeding 감소
      → 온도저하 방지효과
      → 응결지연방지

4. 한중 콘크리트 시공관리방안
   1) 타설 전 : 보온성이 좋은 거푸집 사용
   2) 타설 중
      가. 철근, 거푸집 빙설 부착금지
      나. 타설시 온도 5~20℃, 최소 10℃ 확보
      다. 다짐철저
      라. 이음부 처리 철저(지수판 설치)
   3) 타설 후 : 양생관리
      1) 소요강도 5Mpa까지 최소 5℃ 이상 유지
      2) 보온양생
         → 습윤유지로 Con'C 건조 유지
      3) 5Mpa 도달 시 2일간 0℃ 유지
         - Con'C 표준시방서

문제) Mass Con'C 온도 균열

   1. 개요

     1) Mass Con'C 구조물에 수화열 발생 → 온도상승 → 온도응력 발생
       → 온도균열 발생되어 내구성 저하 문제점

   2. Mass Con'C 온도균열 Mechanism

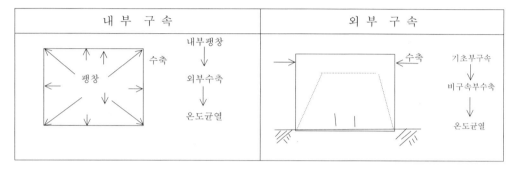

내 부 구 속	외 부 구 속

   3. Mass Con'C 온도균열의 문제점
     1) 구조적 : 온도균열 → 열화 → 내구성 저하
     2) 비구조적 : 보수, 보강에 따른 LCC 증가

   4. Mass Con'C 온도균열의 원인
     1) 주원인
       가. 수화열 발생, 온도증가
       나. 온도응력발생
     2) 부요인
       가. 부재단면
       나. 시멘트
       다. 혼화재료

   5. Mass Con'C 온도균열에 대한대책
     1) 온도균열 지수관리 : 시공법배합 → 온도균열검토
                          → 계측정리 → cooling method
     2) 온도균열제어
       가. 적극적 : 섬유보강, 철근 → 인장강도증가
       나. 소극적 : 재료 및 cooling method

문제) Polymer cement Con'C(폴리머시멘트 콘크리트)

1. 개요
    1) 시멘트 콘크리트 혼합 시 수용성 또는 분산형 폴리머를 평행투입하여 제조되는
       콘크리트, 경화중 폴리머 반응이 진행

2. 폴리머 시멘트 콘크리트 요구조건 및 특성 그래프
    1) 고강도 발현
    2) 수밀성, 내약품성
    3) 중성화 저항성
    4) 내마모성

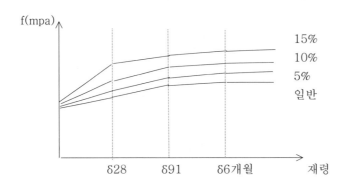

3. 폴리머 콘크리트 재료관리 방안
    1) 시멘트 : 폴리머 시멘트, 혼합시멘트, 알루미나 시멘트
    2) 혼화제 : 시멘트 혼화용 폴리머디스퍼젼
                자유화형 분말수지

4. 폴리머 콘크리트 배합관리 방안
    1) W/B : 30~60%
    2) 폴리머시멘트 : 5~30%
    3) Polymer Dispension : 공기연행 방지 → 소포제 사용

5. 폴리머 콘크리트 시공관리방안
    1) 타설 전 : 현장 배합 → 고품질 확보
    2) 타설 중 : 콘크리트 다짐 및 이음부 처리 철저
    3) 타설 후 : 초기 1~3일 습윤 양생 후 기건 양생

문제) 순환골재 콘크리트

1. 개요
   1) 폐 콘크리트, 아스팔트 등 건설폐기물을 순환골재 품질기준에 적합하게 처리한 골재를 사용한 콘크리트

2. 순환골재 콘크리트의 재료품질 및 배합기준
   1) 재료품질(순환 굵은골재)

구 분	기 준
절대건조밀도	2.5 이상
흡수율(%)	3.0 % 이하
마모감량(%)	40 % 이하
이물질 함유량(%)	1.0 % 이하

   2) 배합기준
      가. Fck 21Mpa 이상 27Mpa 이하 시
         총 골재용적 30% 치환
      나. Fck 21Mpa 미만 시 굵은골재용적의 30% 치환

3. 순환골재 콘크리트 재료관리 방안
   1) 순환골재품질 KS F 2573 규격 만족
   2) 알칼리 골재반응 무해한 것 사용

4. 순환골재 콘크리트 배합관리 방안
   1) 설계기준 압축강도 : 27Mpa 이하
   2) 순환골재 콘크리트 공기량 : 보통골재 사용보다 1% 크게
   3) 순환골재의 최대 치환량 : 30%

5. 순환골재 콘크리트 시공관리방안
   1) 시공 전 : 시공계획, 공급원 승인
   2) 시공 중 : 이음부처리, 다짐, 양생관리
   3) 시공 후 : 적법 폐기물처리, 강도확인, 유지관리

문제) 방사선 차폐 Con'C

1. 개요
    1) 주로 생명체 방호를 위하여 X선, Y선 및 중성자선을 차폐할 목적으로 중량골재를 사용하여 시공하는 Con'C

2. 방사선 차폐용 콘크리트 요구조건 및 재료적 특성

요 구 조 건	재 료 적 특 성
- 수밀하고 이음부 적을 것	- 방사선 차폐 성능은 중량에 비례
- 열팽창율 적고 열전도율 크다	- 비중 3.0 이상, 중량골재 사용
- 방사선 투과 후 유해물 발생 무	- 골재는 자철광, 갈철광, 중정석

3. 방사선 차폐용 콘크리트 재료관리 방안
    1) 시멘트 : 중용열, 내 황산염, 포틀랜드시멘트 사용
    2) 혼화제 : AE제 사용금지, Flyash 사용

4. 방사선 차폐용 콘크리트 배합관리 방안
    1) slump : 150mm
    2) 단위용적중량 : 2,500~6,000kg/㎥
    3) 단위시멘트량 : 260kg/㎥
    4) 굵은골재최대치수 : 40~50mm
    5) Flyash 중용열 시멘트 사용 시 원자로 차폐벽

5. 방사선 차폐용 콘크리트 시공관리 방안
    1) 타설 전 : 배합설계를 통한 고품질 기준 마련
    2) 타설 중 : 가. 다짐철저, 재료분리 방지로 수밀구조물 시공
               나. 이음부 및 단면변화, 최소화
    3) 타설 후 : 양생철저 → 방사선 유출검사

문제) POP OUT

1. 개요
    1) 콘크리트 내에 흡수율이 큰 다공질 골재 존재 시 골재 내 수분 동결로 체적팽창
       되어 표면층이 박리되는 현상

2. pop out Mechanism
    1) 콘크리트가 물흡수
    2) 흡수율이 큰 쇄석흡수 포화한 것
    3) 동결하여 체적팽창 압력 발생
    4) 표면 부분 박락

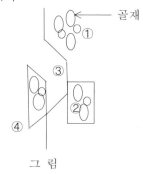

골재

그 림

3. pop out 문제점
    1) 구조적 : pop out → 표면결함 → 내구성 저하
    2) 비구조적 : 보수보강에 따른 LCC 증가

4. pop out 원인

주 원 인	부 원 인
1. 흡수율 큰 골재 사용	1. W/C 과다
2. 골재동결 → 팽창	2. 알칼리골재 반응

5. pop out에 대한 대책
    1) 재료 : 양질골재 사용, 저알칼리 시멘트 사용
    2) 배합 : W/C 저감(60% 이내)
              AE제, 감수제 사용
    3) 시공 : 콘크리트 표면 과도한 다짐주의
              밀실한 Con'C 시공, 타설 후 단열, 가열 양생

문제) Air pocket

1. 개요
   1) 물이나 공기가 거푸집 부근에 모여서 생기는 곰보형태로 부적절한 배합, 불충분한 다짐, 박리제처리 불충분이 원인임

2. Air pocket 발생 Mechanism

   - 타설 시 기포 물방울 → 부재표면 → 태양 빛 가열 → Air pocket

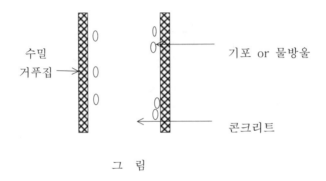

   그 림

3. Air pocket 발생의 문제점
   1) 구조적 : Air pocket → 환경 영향 극심 → 내구성 저하
   2) 비구조적 : 보수 보강에 따른 LCC 증가

4. Air pocket 발생의 원인
   1) 시공적
      가. 거푸집과 콘크리트 접합부 공기제거 불량
      나. 콘크리트 다짐 불충분
   2) 관리적
      가. 적절치 못한 박리제 도포
      나. 배합미흡

5. Air pocket 대책
   1) 저감 대책
      가. 시공 및 배합 - 다짐철저, AE제 사용
      나. 설계 및 재료 - 내구설계, 투수성 거푸집
   2) 처리 대책
      가. 폴리머 시멘트, 모르타르 충전

■ 콘크리트의 정의

시멘트 페이스트 (Cement paste)	• 시멘트 + 물
모르타르 (Mortar)	• 시멘트 페이스트 + 잔골재 • 모르타르도 넓은 의미의 콘크리트
콘크리트 (concrete)	• 시멘트 +물 + 잔,굵은골재+혼화재료 • 수화반응에 의해 굳어지는 성질

" 행운이란 100퍼센트
노력한 뒤에 남는 것이다 "
– 랭스턴 콜만

문제) 알칼리 골재반응

1. 개요
   1) 시멘트 중의 알칼리성분(R2O)와 골재중의 반응성인 수용성 실리카(SiO2)가
      반응하여 팽창성 균열 발생

2. 알칼리 골재반응의 Mechanism 및 Pessimum percentage
   1) Mechanism
      가. SiO2 + R2O → Rin 형성
      나. 실리카겔이 물 흡수
      다. 팽창 → 균열 → 열화
   2) Pessimum percentage
      가. AAR반응으로 팽창이 최대가 될 때 반응성 골재의 비율

3. 알칼리 골재반응이 구조물 내구성에 미치는 영향
   1) 구조적 : AAR → 팽창함 > 인장강도 → 균열 → 열화 → 내구성 저하
   2) 비구조적 : 보수 보강에 따른 비용증가

4. 알칼리 골재반응에 영향을 주는 요인 처리 대책
   1) 재료적 : 반응성골재(SiO2)
   2) 시공적 : 다짐불량(과소, 과대다짐), 양생미흡
   3) 처리 대책
      가. 저알칼리 시멘트 사용, W/C맞게 배합
      나. 물, 침입방지 → 치밀한 콘크리트 시공
      다. 다짐철저, 양생관리, 주기적 보수 보강

문제) 복합열화

   1. 개요
     - 염해, 동해, AAR, 황산염, 침식 등의 복수로 작용하여 복합적으로 발생하는 염
      화로 내구성 저하의 문제 발생

   2. 복합열화 발생 Mechanism

그림

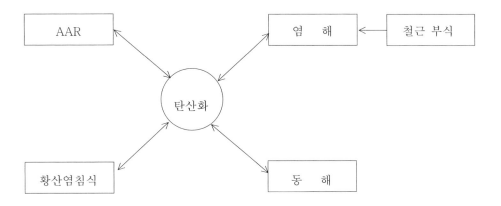

   3. 복합열화가 콘크리트 구조물 내구성에 미치는 영향
     1) 구조적 : 복합열화 → 열화가속 → 내구성 저하
     2) 비구조적 : 보수 보강에 따른 LCC 증가

   4. 복합열화에 영향을 주는 요인
     1) 내적 : AAR 반응, 철근 부식
     2) 외적 : 황산염, 침식, 염해

   5. 복합열화 발생 저감 대책
     1) 시공적
       가. 다짐철저(과소, 과다 다짐주의)
       나. 양생철저
     2) 재료적
       가. 분말도 높은 시멘트
       나. 혼화재료 사용

문제) 열화원인

1. 개요
    1) 당초 Con'C가 가지고 있던 성능이 물리적, 화학적, 생물학적 요인에 의해서 내구성이 저하되는 현상

2. 열화 Mechanism (콘크리트 염해중심으로)
    - 해수, 해사, 하수Cl⁻침입
        → 부동태피막파괴 → 팽창
        → 균열 → 부식가속화
        → 내구성 저하

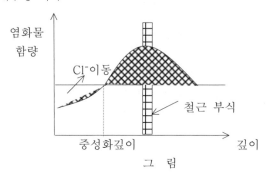

그 림

3. 열화의 문제점
    1) 구조적 : 열화 → 균열확대 → 열화지속 → 내구성 저하
    2) 비구조적 : 보수 보강에 따른 LCC 증가

4. 열화의 원인
    1) 내적
        - 알칼리 : 골재반응, 철근 부식
    2) 외적
        가. 물리적 : 기상, 진동, 충격, 마모, 열, 습도, 동해
        나. 화학적 : 염해, 황산염 침식, 해수
        다. 설계 : 배근 잘못 구조물 용도 변경
        라. 시공 : 다짐, 양생불량

5. 열화에 대한 대책
    1) 방지 대책
        가. 재료 : 양질 골재, 배합수 사용
        나. 배합 : W/C 적게
        다. 시공 : 다짐, 양생, 이음철저, 염해방지 도장
    2) 처리 대책
        가. 보수, 보강, 교체(재시공)

문제) 콘크리트 비파괴검사

1. 개요
   1) 구조물의 기능이나 형상을 변화시키지 않고 재료의 물리적 성질을 이용
   2) 파괴 없이 내구성, 건전성, 수명예측법 파악하는 검사

2. 콘크리트 비파괴 검사의 분류
   1) 강도변형 추정
      가. 순수비파괴
         - 타격법
         - 초음파법
         - Maturity법
      나. 부분파괴
         - pall out
         - pall off
         - break off
   2) 내부검사
      - 철근위치, 두께 및 내부결함(방사선법, 전자법)

3. 콘크리트 비파괴 검사의 목적
   1) 품질관리
   2) 압축강도 추정
   3) 구조물 내부관찰

4. 콘크리트 비파괴 검사의 활용성
   1) 구조물 내부 결함판독
   2) 구조물의 품질관리 → 압축강도 추정
   3) 구조물 결함부 발생 시 조치 → 보수, 보강

5. 콘크리트 비파괴 검사의 한계성 및 검사 시 주의사항
   1) 한계성
      가. 내부 정확한 구조적 결함 파악 곤란
      나. 부분파괴 검사 시 품질 저하 우려
   2) 비파괴 검사 시 주의사항
      가. 타격법은 조건에 따른 보정시행
      나. 초음파법은 강도 추정 시 타격법과 병행 시행

문제) 거푸집 측압

1. 개요
   1) 콘크리트 타설 시 수화반응에 의한 팽창적 발생으로 거푸집에 가해지는 측압으로 타설 시 동바리 변형에 주의 요함

2. 거푸집 측압과 타설속도 높이와의 관계

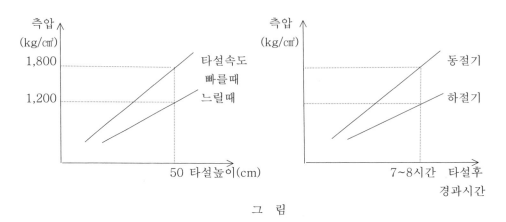

그 림

3. 거푸집 측압이 동바리 안정성에 미치는 영향
   - 거푸집 측압 → 7~8시간 최대 → 연결부 응력집중 → 휨발생
     → 작용력 > 지지력 → 변형 → 붕괴

4. 거푸집 측압에 영향을 주는 요인
   1) 주요인
      - 타설속도, 높이, 응결시간, 자동다짐
   2) 부요인
      - 철근량, 혼화재의 종류, 단면치수

5. 거푸집 측압에 대한 대책
   1) Mock up Test통한 측압계산
   2) 구조 계산상 1회 타설 높이 준수
   3) 타설속도 → 급 타설 금지
   4) 동바리 간격준수, 지지철저

문제) 레미콘의 품질검사

1. 개요
   1) 공장에서 생산 운반된 레미콘 제품에 대하여 육안, 송장, Lot시험에 의한 품질
      확인
   2) 콘크리트의 품질확보 검사

2. 레미콘 현장 반입 시 품질검사 항목
   1) slump test : 8~15cm, ±2.5cm
   2) 공기량 테스트 : 4.5±1.5%
   3) 염화물함유량 : 0.3kg/㎥ 이하
   4) 콘크리트 온도 : 5~35℃ (일반적으로 10~30℃ 관리)
   5) 공시체 제작 : 150㎥당 1조 (450㎥를 1Lot)

3. 레미콘 품질검사 Flow
   - 레미콘 반입 → 송장확인 → 육안검사 → Lot채취 → 시험 →
      합격 시 : → 압축강도 시험용 몰드 제작 → 강도시험
      불합격 시 : → 불량 레미콘 처리 / 회차, 폐기물 처리

4. 레미콘 현장 반입 시 품질시험 기준을 벗어난 경우
   1) 처리 : 반품 → 폐기확인서 확인 → 발주처 보고
   2) 불법 사용 시 처리 : 타설 부위, 재시공 원칙

5. 책임 기술자로서 고품질 확보를 위한 레미콘 품질관리
   1) 반입 전
      - 공장검수, 골재, 시멘트 보관 상태
   2) 반입 시
      가. 운반시간 준수
         - 하절기 : 1.5hr 이내 / 25℃ ↑
            동절기 : 2.0hr 이내 / 25℃ ↓
      나. 반드시 송장 확인
         - 시공 전 slump, 공기량, 염화물, 온도 확인
   3) 시공 시
      가. 현장 타설 시 가수금지, 운반시간 준수
      나. 타설 시 타설속도, 높이, 다짐기준 준수

문제) 콘크리트의 블리딩(Bleeding) 및 레이턴스(Laitance)

1. 개요
    1) 블리딩 : 재료분리의 일종으로 재료의 비중 차이로 시멘트 및 골재침강
        → 물의 상승현상
    2) 레이턴스 : Bleeding시 시멘트 및 골재 중 미립자가 표면에 부상하여 가라앉는
        미세먼지

2. 콘크리트의 블리딩 및 레이턴스의 Mechanism

그림

3. 콘크리트의 블리딩 및 레이턴스가 콘크리트 품질에 미치는 영향
    1) 직접 : 블리딩, 레이턴스 크면 → 강도 저하 → 수밀성, 내구성 저하
    2) 간접 : 보수 보강에 따른 Lcc 증가

4. 콘크리트의 블리딩 및 레이턴스에 영향을 주는 요인
    1) 주요인
        가. 물-결합재비, 굵은골재 최대치수
        나. 타설 시간, 타설 높이
    2) 부요인 : 기후 (여름, 겨울철), 환경요인

5. 콘크리트의 블리딩 및 레이턴스 저감, 처리 대책
    1) 저감 대책
        가. W/C 적게, Gmax 크게, AE 감수제 사용
        나. 치기시작과 높이작게

    2) 처리 대책
        가. Bleeding-진동다짐, 충분히 굳기 전 흙손 두드려 줌
        나. Laitance-Water jet, sand Blasting하여 제거

토목 · 건축 품질시험 기술사

■ 실적률 큰 골재의 장점

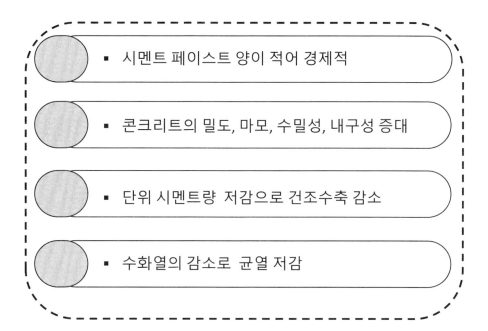

- 시멘트 페이스트 양이 적어 경제적

- 콘크리트의 밀도, 마모, 수밀성, 내구성 증대

- 단위 시멘트량 저감으로 건조수축 감소

- 수화열의 감소로 균열 저감

" 하나의 목표를 중단없이 쫓는 그것이
성공의 비결이다 "

– 안나 파블로바

문제) 콘크리트 건조수축

1. 개요
    1) 콘크리트의 수화작용 후 남은 자유수가 대기 중 노출되어 증발되면서 발생하는
       수축현상

2. 콘크리트 건조수축 Mechanism 및 수축흐름

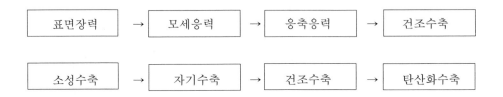

3. 콘크리트의 건조수축 문제점
    1) 구조적 : 건조수축 → 균열 → 철근 부식 → 열화 → 내구성 저하
    2) 비구조적 : 보수보강에 따른 LCC 증가

4. 콘크리트 건조수축의 원인
    1) 주요인
        가. Bleeding 수분 증발
        나. 재료, 품질불량, 시공관리 불량
    2) 부요인
        가. 기후, 환경 기타

5. 콘크리트 건조수축에 대한 대책
    1) 최소화 대책
        가. W/C 감소, 양질재료 사용
        나. 철근보강, 팽창 Con'C 사용, 외기보호
    2) 처리 대책
        가. 보수 : 표면처리, 주입충전
        나. 보강 : Active, Passive

문제) 소성수축균열

1. 개요
   1) 콘크리트 표면의 증발율이 1.0kg/㎡/hr 이상 물의 증발량이 블리딩율보다 클 때 발생하는 균열

2. 소성수축 균열의 발생 Mechanism 및 발생 시기
그림

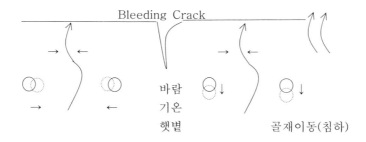

   1) 발생 Mechanism
      - 물 증발 → 표면수축 → 내부구속 → 콘크리트표면 인장응력 → 균열

   2) 발생 시기
      - 양생 전 건조주의보

3. 소성수축 균열을 포함한 수축의 흐름
   - 소성수축 → 자기수축 → 건조수축 → 탄산화수축

4. 소성수축 균열의 문제점 및 원인
   1) 문제점
      가. 소성수축균열 → 환경영향 → 내구성 저하
   2) 원인
      가. 물의 증발율이 1.0kg/㎡/hr 이상
      나. Bleeding이 적은 된반죽 콘크리트
      다. 고온, 저습한 기온
      라. 건조한 바람

5. 소성수축균열 저감 대책 및 처리 대책
   1) 저감 대책
      가. 타설초기 외기 노출금지
      나. 증발율이 0.5kg/㎡/hr 시 바람막이 설치
      다. 양질재료 W/C 적게, 혼화재 사용
   2) 처리 대책
      가. 흙손으로 두드려 준다.

문제) 콘크리트의 수축이음

1. 개요
   1) 불규칙한 균열 발생을 제어하기 위하여 구조물에 결손부를 만들어 균열을 집
      중, 유발할 수 있게 만든 이음

2. 콘크리트 수축이음 시공도 및 역할
   1) 시공도

   그림

   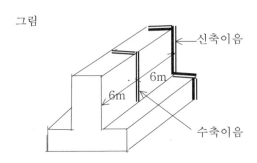

   2) 수축이음 역할
      가. 균열유발
      나. 2차응력저항
      다. 건조수축, 외력에 의한 변형억제

3. 수축이음의 간격 및 위치
   1) 간격
      가. 부재높이 : 1~2배
      나. Mass Con'C : 4~5m
   2) 위치
      가. 전단력이 적은 곳
      나. 강도 기능해치지 않는 곳

4. 수축이음의 시공법 및 단면 결손율
   1) 시공법
      가. Cutting, 가삽입물
   2) 단면 결손율
      가. 일반 : 20%
      나. Mass : 35% 이상

5. 수축이음 시공 시 주의사항
   1) 응력 집중예상되는 곳을 피하여 시공
   2) 수밀 구조물에는 지수필름, 지수대책수립
   3) 철근 절단금지, Cutting시기 적절히 하여 Crack 유도
   4) 미관 및 치수고려, 채움재 선정

문제) FRP 보강근

1. 개요
   1) 물리적 환경 하에서 콘크리트 알칼리성 손실에 의한 철근 부식 문제를 해결하는 것을 목적으로 한 철근 대체 신소재(FRP)

2. FRP보강근 개발배경
   1) 콘크리트 구조물열화

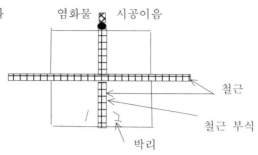

   2) 프리스트레스 콘크리트 부재

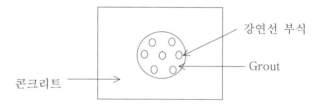

   3) 철근, 강연선 부식으로 인한 콘크리트 구조물 손상됨으로써 FRP보강근 개발대두 됨

3. FRP보강근 개발효과
   1) 철근, 강선 → FRP대체 → 고내구성 고강도
   2) 유지관리 비용절감
   3) 구조물 경량화 도모

4. FRP보강근의 문제점 및 향후 추진방향
   1) 문제점
   가. 취성적인 거동
   나. 경제성
   다. 추가적인 보완 연구필요
   2) 향후 추진방향
   가. 친환경, 도로 시설물에 적용
   나. 센서기능 보유, 보강근개발
   다. 손상된 구조물 보강에 활용

문제) 나사이음(커플러이음)

1. 개요
   1) 나사이음은 철근에 숫나사를 만들고 커플러를 NUT로 조여서 이음하는 방식
   2) 이음부 조임확인시험 통해 검증

2. 나사이음의 분류 및 구조
   1) 분류

그림

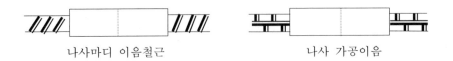

나사마디 이음철근   나사 가공이음

   2) 구조 : 철근을 커플러에 결합 후 양단부에 있는 너트 조여서 철근 인장력을 줌

3. 나사이음의 특징
   1) 시공이 간편
   2) 굵은 철근이음에 적합
   3) 열을 사용하지 않아 성질변화 없음

4. 나사이음 시공순서
   - 철근조립 → 커플러설치 → 철근이음 → 마무리

5. 나사이음 장, 단점 및 주의사항
   1) 장단점
      가. 장점 : 시공품질 균일성 확보
      나. 단점 : 마찰저항력에 약함, 진동, 충격 약함
   2) 주의사항
      가. 엇갈려 이음, 철근수반 이상 이용금지
      나. 토크렌치로 조인 후 조임 확인시험
      다. 나선이 커플러에 잘 결합되도록 주의

문제) 철근의 정착과 부착

1. 개요
    1) 정착 : 철근을 콘크리트로부터 쉽게 분리되지 않도록 묻어 놓는 것
    2) 부착 : Con'C와 철근이 미끄럼변형이 생기지 않게 하는 것

2. 철근의 정착과 부착의 차이점

구 분	정 착	부 착
개 념	Anchor	Bond
종 류	갈고리, 매입길이 기계적 정착	정착부착, 마찰부착 전단부착
긍정요인	강도, 피복두께, 다짐	강도, 피복두께, 다짐
부정요인	균열, 과소다짐 양생불량	Bleeding 과소다짐

3. 철근의 정착 방법
    1) 갈고리에 의한 정착
    2) 매입길이에 의한 정착
    3) 기계적 정착 방법

4. 철근의 부착 작용
    1) 교착작용 : 시멘트풀과 철근 표면의 부착
    2) 마찰작용 : 콘크리트와 철근 표면부착
    3) 기계적작용 : 이형철근의 요철 맞물림

문제) 골재의 유효 흡수율

1. 개요
   1) 기건상태의 골재가 표건상태로 될 때까지 흡수되어지는 물의 양을 절건 중량으로 나눈값의 백분율

2. 골재의 유효흡수율 산정식
그림

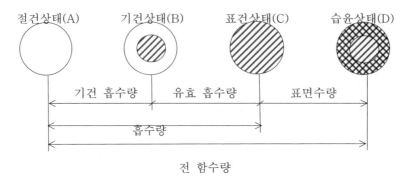

1) 유효흡수율 = C-B / A * 100%   2) 흡수율 = C-A / A * 100%

3. 골재 유효흡수율이 콘크리트에 미치는 영향
   1) 굳지 않은 콘크리트 : 유효흡수율 높을 경우
                    → 단위수량증가 → Bleeding증가
   2) 굳은 콘크리트 : 유효흡수율 높을 경우
                    → 압축강도 저하, 동결 융해저항성 저하

4. 골재의 유효흡수율과 비중과의 관계
그림

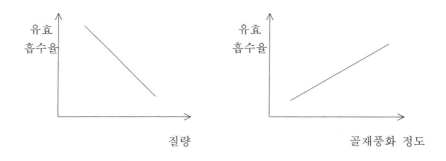

■ 슬래브 배근 간격

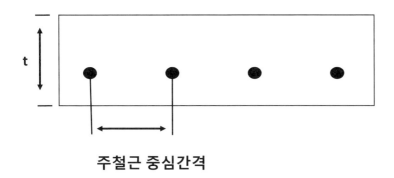

주철근 중심간격

$\Longrightarrow$ **최대휨모멘트 작용위치**
슬래브 두께의 2배이하
30cm 이하

" 오랫동안 꿈을 그려온 사람은
마침내 그 꿈을 닮아 간다 "
– 앙드레 말로

문제) 공기 연행제

　1. 개요
　　　1) 한중 콘크리트 타설시 연행공기를 생성시켜 warkability 향상 및 동해성에 저
　　　　항하기 위하여 첨가하는 혼화제

　2. 콘크리트의 공기량(일반 콘크리트 경우)
그림

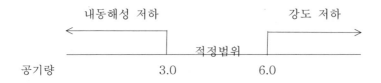

　3. 공기연행제의 사용량
그림

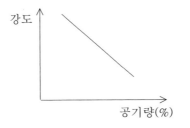

　　　　　　　　　　　　　　　　* 일반적인 사용량 : 0.03~0.05%
　　　　　　　　　　　　　　　　　　　　　　　　　(현장여건고려)

　4. 공기연행제의 효과
　　　1) 굳지 않은 콘크리트
　　　　　가. Ball Bearing → Warkability 증대
　　　2) 굳은 콘크리트
　　　　　가. Cushion 효과 → 내동해성 증대

　5. 공기연행제의 사용 시 주의사항
　　　1) 여름철 효과저하 사용 시 주의
　　　2) 규정량 준수(공기량 1% 증가 → 강도 5% 감소)
　　　3) 이상응결 Flyash 혼용 시 흡착주의

문제) 동결융해 저항제

    1. 개요
        1) 콘크리트 내부에 미세연행기포를 발생시켜 Warkability 개선과 동결융해 저항
           성을 갖도록 첨가하는 혼화제

    2. 동결융해 저항제를 사용한 콘크리트 공기량
그림

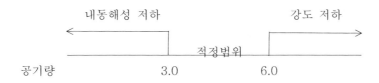

    3. 동결융해 저항제 사용량
        1) 일반적 사용량 : 0.03~0.05%
        그림

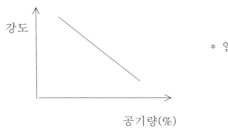

                                      * 일반적 사용량 : 0.03~0.05%
                                              (현장여건고려)

    4. 동결융해 저항제의 효과
        1) 굳지 않은 콘크리트 : Ball Bearing → Warkability 증대
        2) 굳은 콘크리트 : Cushion 효과 → 내동해성 증대

    5. 동결융해 저항제 사용 시 주의사항
        1) 사용 전
           가. 선정 및 보관 철저(풍화주의)
        2) 사용 중
           가. 규정량 준수(공기량 1% 증가 → 강도 5% 감소)
           나. 이상응결 Flyash와 혼용 시 흡착주의
           다. 깨끗한 물에 희석 충분히 교반

문제) 유동화제

1. 개요
   된반죽의 Base콘크리트에 고성능 감수제를 첨가 Con'C 품질 손상 없이 일시적으로 유동성을 증대시키는 혼화제

2. 유동화제의 slump loss mechanism

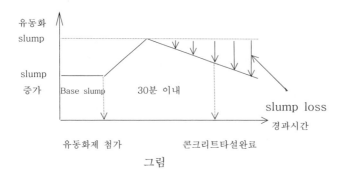

그림

3. 유동화제 사용량
   1) 0.75% 이하 사용 → 이상 사용 시 재료분리
   2) 사용량은 ℓ/㎥, 또는 kg/㎥ 표시

4. 유동화제 사용효과
   1) workability 개선 → 시공성 개선
   2) 단위 시멘트량 저감
   3) 온도균열방지
   4) 유동화 방법
      가. 공장첨가 공장 유동화
      나. 공장첨가 현장 유동화
      다. 현장첨가 현장 유동화

5. 유동화제 사용 시 주의사항
   1) slump : 슬럼프 증가량 100mm 이하 원칙
   2) 첨가 교반 후 30분 이내 타설
   3) 재유동 금지
   4) 충분한 교반
   5) 유동화제는 원액으로 사용
   6) 소정의 정량, 한번에 첨가

문제) Flyash

1. 개요
   1) 화력발전소에서 생성되는 미세분말을 집진장치로 모은 것을 분쇄
   2) Con'C혼화재로 사용, 2차 반응, Ball Bearing 효과

2. Flyash 포함한 혼화재의 종류 및 특징

구　　분	Flyash	Silica Fume	고로 Slag
생성장소	화력발전소	실리콘합금 제련시	제철 작업시
사 용 량	5~30%	5~30%	10~70%
효　　과	2차 반응 Ball Bearing	2차 반응 공극률 채움	2차 반응 AAR저항성 염해에 강함

3. Flyash가 콘크리트에 미치는 영향
   1) 굳지 않은 콘크리트
      가. workability 향상
      나. 수화열 감소 → 온도상승억제 → 균열저감
   2) 굳은 콘크리트
      가. 초기강도 저하, 장기강도 발현
      나. 투수성, 건조수축감소

4. Flyash 사용 시 주의사항
   1) 설계적
      가. 배합설계, 적정혼합 → 5~30% 적용
   2) 재료적
      가. KS L 5405에 적합한 양질 Flyash 사용
   3) 시공적
      가. AE제와 흡착주의
      나. 서중 콘크리트 적용(8월 시공)

문제) S/A

1. S/A 개요
골재 중 5mm체를 통과한 잔골재량의 전체 골재량에 대한 절대 용적비를 백분율로 나타낸 것

2. S/A 결정 원칙 및 목적
   1) 원칙
      - 소요의 workability를 얻은 범위 내에서 단위수량이 최소화되도록 시험에 의해 결정
   2) 목적
      가. 단위시멘트량을 적게 하여 경제성 확보
      나. 건조수축 적게, 재료분리 현상방지

3. S/A가 콘크리트 성질에 미치는 영향
   1) 소요강도, 내구성, 만족범위 내 최소화
      가. 단위수량감소(건조, 수축 감소)
      나. 단위시멘트량 감소(경제성 증가)
   2) 기준 이하 경우
      가. 콘크리트 거칠어짐
      나. 재료분리 크다.
      다. workability 불량
4. S/A에 영향을 주는 요인
   1) 주 요인 : 내구설계, 혼화재, 배합, 시공
   2) 부 요인 : 환경, 유지관리

5. S/A과 물의 보정

구 분	S/A보정(%)	W보정(kg)
w/c 0.05 클(작을)때	1만큼 크게(작게)	보정 안 함
공기량이 1% 클(작을)때	0.5~1.0 작게(크게)	3%작게(크게)
슬럼프 1cm 클(작을)때	보정 안 함	1.2%크게(작게)

문제) 물 - 결합재비

1. 물-결합재비의 개요
   1) 물, 시멘트, 혼화재의비(w/b)를 말하며 2차반응에 따른 수화열 감소, 장기강도 증대 효과로 고강도 Con'C 적용

2. 물-결합재비에 의한 배합 설계된 고성능 Con'C
   1) 고성능 콘크리트
      가. 고 내구성
      나. 고강도
      다. 고유동

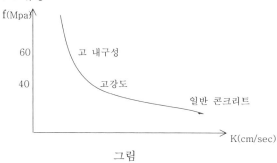

그림

3. 물-결합재비가 콘크리트에 미치는 영향
   1) 굳지 않은 콘크리트
      가. 단위수량 감소
      나. Bleeding 저감
   2) 굳은 콘크리트
      가. 강도 증가
      나. 수밀성 향상
      다. 내구성 증가

4. 물-결합재비에 영향을 주는 요인
   1) 주요인 : 내구설계, 혼화재, 배합시공
   2) 부요인 : 환경, 유지관리

5. 물-결합재비에 따른 콘크리트 구조물 시공 시 주의사항
   1) 단기강도 저하에 따른 초기동해주의
   2) 폭열 현상에 대비시공 - 섬유혼입
   3) 혼화재 적정사용
   4) 혼화제가 흡착주의 (Flyash + AE제)

■ 기둥 배근 간격

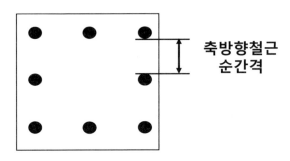

축방향철근
순간격

⟹ 주철근 : 축방향철근
4cm 이상
철근 지름의 1.5배 이상
굵은골재 최대치수(Gmax)의 1.5배 이상

" 위대한 사람은 목표가 있고
평범한 사람에게는 소망이 있을 뿐이다 "
– 워싱턴 어빙

문제) 고로슬래그

1. 고로슬래그 개요
   1) 선철을 제조할 때 고로에서 분리되는 용융슬래그를 급냉시켜 수재슬래그, 서냉
      시켜 괴재슬래그를 얻음

2. 고로슬래그중 수재, 괴재슬래그 차이

구 분	수재슬래그	괴재슬래그	비 고
냉각 방법	급 냉	서 냉	충남 / 해안
제조 방법	미립자로 분쇄	잘게 파쇄	-
형 성	미세분말	부순돌	슬래그50%
용 도	Con'C 혼화제	도로기층, 보조기층	사용

3. 고로슬래그 사용효과 및 용도
   1) 효과 : 2차 반응(잠재적수경성), AAR저항성, 고정염화
   2) 용도 : 서중 / Mass Con'C(중력식댐)

4. 고로슬래그 사용량
   1) 용도에 따라 10~70%
   2) 현레미콘공장 15~25% 치환사용

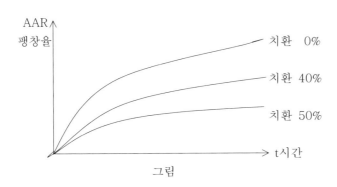

그림

5. 고로슬래그 사용시 주의사항
   1) 적정 사용량 준수
   2) 콘크리트 온도, 양생관리 철저
   3) 고로슬래그 Con'C 온도 10℃ 이상 유지
   4) 양질의 재료, 경제성 고려

문제) 용접결함

1. 용접결함의 개요
    1) 강재의 용접에 의한 이음시 발생하는 결함, 재료, 치수, 구조상 결함이 있으며 구조물에 치명적인 손상이 된다.

2. 용접결함의 종류 및 구조적 결함
    1) 치수 : 변형, 치수, 형태불량
    2) 구조적 : overlap, pit, crack, undercut
    3) 재질적 : 물리적 실금, 화학적 부식

3. 용접결함 발생 시 검사 방법(비파괴검사)
    1) 육안검사
        가. 확대경, 각장게이지
        나. 비파괴시험 - 내부 : UT, RT
                          외부 : MT, PT

4. 용접결함 발생 원인
    1) 주요인
        - 재질상결함, 과소, 과대전류
    2) 부요인
        - 바람, 기후, 용접자세 불량

5. 용접결함 발생시 문제점 및 방지 대책
    1) 문제점
        가. 구조적 : f = P/A   A감소
                    → 응력 > 허용응력 → 파괴
        나. 비구조적 : LCC 증가
    2) 방지 대책
        가. 기술적 - 용접사 기량테스트
                    - 저수소계 용접봉 사용
        나. 관리적 - CO_2용접

문제) 강재 비파괴 검사

1. 개요
   1) 강재 비파괴 검사란 재료의 물리적인 성질 이용하여 강재를 파괴하지 않고 시험
      대상물의 성질, 상태, 내부구조를 파악하는 검사

2. 강재 비파괴 검사의 분류
   - 비파괴검사
   1) 육안검사 : 확대경, 각장게이지 이용
   2) 비파괴시험
      가. 내부 : UT, RT
      나. 외부 : MT, PT

3. 강재 비파괴 검사 활용성
   1) 강재 용접부 결함판독
   2) 모재 불연속부(결함)판별
   3) 결함부 발생시 조기조치 → 재용접, 보강용접

4. 강재 비파괴 검사의 한계성
   1) 내부 구조적 결함 파악 안 됨 : 산화, 이 물질
   2) 전수검사에 따른 공사비, 공기 증가

5. 강재 비파괴 검사 사례

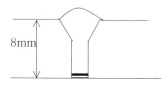

용접불량율 3.8%

   1) 육안검사 : 확대경, 각장게이지, ITP 작성
   2) 비파괴검사
      가. RT(Radiographic Test) : 전수검사
      나. PT(Penetration Test) : 10%검수

   * ITP : Inspection and Test Plan(시험 및 검사 계획)

문제) 한중 콘크리트

1. 개요
   1) 한중 콘크리트란 일평균기온 4℃ 이하에서 응결 지연으로 콘크리트가 동결되거나 지연 위험이 있을 때 시공하는 콘크리트

2. 한중 콘크리트 양생 거푸집 제거 결정시 Maturity 활용

$$M = \sum (\Theta + A)\triangle t$$

   M : 적산온도 Θ : $\triangle t$시간중 콘크리트온도
   A : 10℃

3. 한중 콘크리트 재료관리 방안
   1) 동결 또는 빙설혼입 골재 사용금지
   2) 혼화재 사용 : AE제, 방동내한제

4. 한중 콘크리트 배합관리 방안
   1) AE콘크리트 사용 → 기포연행 → 내 동해성 향상
   2) 단위수량 최소화 → Bleeding 감소 → 온도저하 방지효과

5. 한중 콘크리트 시공관리 방안
   1) 타설 전
      가. 보온성이 좋은 거푸집 사용
      나. 운반대기시간 최소화 → 온도저하방지
   2) 타설 중
      가. 철근, 거푸집, 빙설 부착금지
      나. 타설 시 온도 5~20℃, 최소 10℃ 확보
   3) 타설 후
      가. 소요강도 시까지 5℃ 이상 유지 → 5Mpa
      나. 5Mpa 도달 시 2일간 0℃ 유지

문제) 유동화 콘크리트

1. 개요
    1) 유동화 콘크리트란 Base Con'C에 유동화제(고성능감수제)를 첨가
       교반해서 유동성을 크게 해서 작업성을 좋게 하는 콘크리트

2. 유동화 콘크리트의 요구조건 및 특성그래프
    1) 요구조건
        가. 유동성, 충전성
        나. 재료분리 저항성
        다. 간극통과성

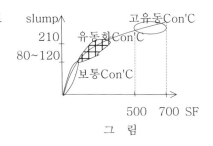

그 림

3. 유동화 콘크리트 재료관리 방안
    1) 고성능 감수제 사용
    2) 벨라이트 시멘트 사용
        → 유동성, 변형성 개선

4. 유동화 콘크리트 배합관리 방안
    1) slump : 210mm 이하
        → Base Con'C에서 증가량 100mm 이하
    2) w/b : 40.2%
    3) Gmax : 25mm
    4) s/a : 42%
    5) 유동화제 사용 : 0.75%

5. 유동화 콘크리트 시공관리 방안
    1) 타설 전 : 시험시공 실시 → 유동화제 적정 사용량
    2) 타설 중
        가. slump 시험, 공기량시험 50㎥마다.
        나. 유동거리 짧게 하여 골재 재료분리 저감
        다. 다짐관리 철저(과소, 과대주의)
    3) 타설 후
        가. 양생관리 철저

문제) 팽창 콘크리트

1. 팽창 콘크리트 개요
   1) 팽창콘크리트란 건조수축 균열을 저감목적으로 팽창재를 사용
   2) 경화 후에도 체적 팽창이 진행되는 콘크리트

2. 팽창 콘크리트 특성 그래프

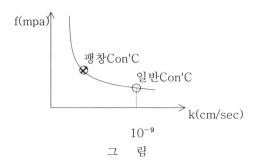

그 림

3. 팽창 콘크리트의 재료관리 방안
   1) 팽창제는 풍화가 쉬워 관리에 주의
   2) 습기, 비에 노출되지 않도록 보관

4. 팽창 콘크리트 배합관리 방안
   1) w/c : 38%
   2) s/a : 46.2%
   3) Gmax : 25mm
   4) 공기량 : 3.6%

5. 팽창 콘크리트 시공관리 방안
   1) 팽창재량의 적정량 사용(32kg/㎥)
   2) 다짐시 과소, 과대 다짐 지양
   3) 거푸집 존치 20℃ 미만 5일, 20℃ 이상 3일
   4) 양생(습윤양생, 온도제어 양생)

문제) 레미콘의 품질검사

1. 개요
   1) 레미콘의 품질검사는 공장에서 생산, 운반된 레미콘 제품에 대하여 육안, 송장 LOT시험에 의한 품질확인, 콘크리트 품질확보검사

2. 레미콘 현장 반입 시 품질검사 항목
   1) slump test : 80~150mm ± 25mm
   2) 공기량 test
      - 경량 Con'C : 5.5 ± 1.5%
      - 일반 Con'C : 4.5 ± 1.5%
      - 고강도 Con'C : 3.5 ± 1.5% 이내
   3) 염화물함량 : 0.3kg/㎥ 이하
   4) Con'C온도 : 5~35℃
   5) 공시체 제작 : 150㎥ 1조

3. 레미콘 품질검사 Flow

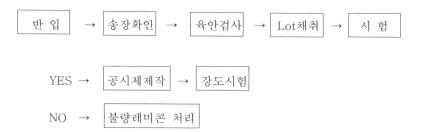

4. 레미콘 현장반입 시 품질시험 기준 벗어난 경우 처리절차
   1) 처리 : 반품 → 폐기확인서 확인 → 발주처보고
   2) 불법사용시처리 → 타설부위 재시공원칙

5. 책임기술자로서 고품질 확보를 위한 레미콘 품질관리 사례
   1) 반입 전 : 사전 공장검수
                - 골재 상태, cement 보관상태 등 확인
   2) 반입 시
      가. 운반시간 준수
      나. 송장확인 및 품질시험철저 : slump, 공기량, 염화물, 온도, 배합
   3) 시공 시
      가. 현장 타설 시 가수금지
      나. 콘크리트 다짐철저
      다. 타설 종료 후 양생관리 철저

■ 콘크리트 골재의 요구성능

- 단단하고 강한 것(시멘트 페이스트 강도 이상)

- 표면 거칠고 구형에 가까운 것

- 입도분포가 양호한 것

- 깨끗한 것

- 내화성이 있는 것

- 편석이 함유되지 않은 것

- 마모에 대한 저항성이 큰 것

" 새로운 일을 시작하는 용기 속에
당신의 천재성과 능력과 기적이 모두 숨어 있다 "
- 괴테

문제) 콘크리트 크리프현상

1. 개요
    1) 콘크리트 크리프현상이란 일정한 지속하중하에 있는 Con'C가 하중의 변화 없이
       시간이 경과함에 따라 변형이 증가하는 현상

2. 콘크리트 크리프현상과 Relaxation

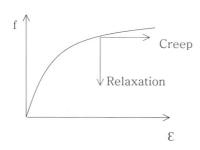

3. 콘크리트 크리프현상이 Con'C 구조물에 미치는 영향
    1) 구조적 : 크리프 한도 초과 시 구조물 균열 → 파괴
    2) 비구조적 : 보수, 보강에 따른 LCC 증가

4. 콘크리트 크리프현상에 영향을 주는 요인
    1) 주요인
       가. W/C
       나. 재령
       다. 습도
    2) 부요인
       가. 하중
       나. 환경조건

5. 콘크리트의 크리프현상 최소화 대책
    1) 시공
       가. 다짐철저
       나. 초기양생 철저
    2) 설계
       가. 압축축 철근배치 보강
    3) 배합
       가. W/C 작게
       나. Gmax 크게 관리

문제) 황산염침식

1. 개요
    1) 황산염침식은 황산, 염산 등 강한 무기산이 시멘트 수화물중 규산 석회(Cao)
       알루미나(Al2o3) 등을 용해시켜 콘크리트 침식현상

2. 황산염침식 Mechanism

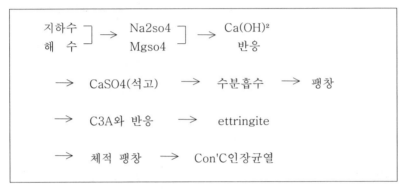

3. 황산염침식의 문제점
    1) 구조적 : 황산염침식 → 균열 → 열화 → 내구성 저하
    2) 비구조적 : 보수, 보강에 따른 LCC 증가

4. 황산염침식의 원인
    1) 주요인 : 해수중 MgSO4, Na2SO4 + Ca(OH)² → CaSO4
    2) 부요인 : 해안 환경, 해풍, 표면결함, 양생

5. 황산염침식에 대한 대책
    1) 재료
       - 내 황산염 시멘트, Flyash
    2) 배합
       - w/c : 34%
       - s/a : 43.6%
    3) 시공
       - 이음부처리, 다짐, 양생철저
    4) 유지관리
       - 적기유지 보수수행

문제) 콘크리트 폭열현상

1. 개요
   1) 폭열현상은 고강도 콘크리트가 400℃ 이상의 고열에서 폭발하는 현상
   2) 섬유혼입 등으로 방지 대책이 요구됨

2. 콘크리트 폭열현상의 Mechanism

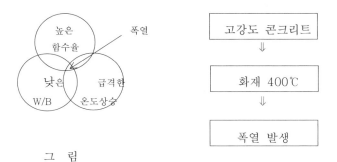

그 림

3. 콘크리트 폭열현상의 문제점
   1) 직접적 : 화재로 인한 폭열
                → 내구성 저하 → 구조물 붕괴
   2) 간접적 : 보수, 보강에 따른 LCC 증가

4. 콘크리트 폭열현상의 원인
   1) 주원인
      가. 급격한 온도상승
      나. 낮은 W/B, 고강도
   2) 부원인
      가. 고밀도 Con'C
      나. 수분 빠져나오지 못함

5. 콘크리트 폭열현상 방지 대책
   1) 섬유보강 분산재 + 코팅된폴리아미드 섬유 혼입시공
   2) 플라스틱섬유 + 강철섬유시공 → 화재 시 플라스틱섬유 녹아 공기구멍
      → 가열공기 압력통로 → 폭열방지

문제) 통계적 품질관리(SQC)

1. 개요
   1) 통계적 품질관리란 보다 유용하고 시장성 있는 제품을 경제적으로 생산하기 위해 생산 모든 단계에 통계적수법을 응용
   2) 품질관리 조직 중심으로 활동, 공정 진행 중 검사 실시
      Data값들을 분석기법 사용해 분류

2. SQC와 Data추출
   1) sampling검사
      가. 계수 sampling검사
         - 판정기준이 불량계수, 결점수에 의해 처리
      나. 계량 sampling검사
         - 판정기준이 계량치, 특성치에 의해 처리
   2) Data척도 분류
      가. 계량치 : 길이, 양, 온도, 질 등 연속량으로 측정
      나. 계수치 : 불량품의 수, 결점수 등 계수 세어지는 품질특성

3. Data정리
   1) 중심적 경향
      가. 평균치($\overline{X}$)
      나. 중앙치(x) : Data 중앙수
   2) 흩어짐 경향
      1) 범위 : $R = X\,max - X\,min$
      2) 분산 : $\delta = s/n$
      3) 표준편차 $\delta = \sqrt{s/n}$
      4) 불편분산 $v = s/n\text{-}1$
      5) 변동계수 $Cv = \delta/x \times 100\%$
      6) 편차 제곱합 S

문제) 6시그마

1. 개요
    1) 6시그마란 가우스(Gouss)의 통계적 품질관리학적 정규분포 개념에서 불량률의
       개념에서 불량률의 개념 기준으로 본다면 6시그마(δ)는 백반개당 3,4개 불량률
       로 정의

2. 6시그마의 확률 밀도(정규분포에서)

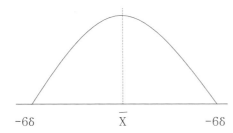

$$\delta \; : \; 표준편차$$
$$\overline{X} \; : \; 표준평균$$

3. 6시그마의 특징
    1) 경영혁신의 품질경영활동
    2) 목표 : 고객만족
    3) 추진 방법 : Top down 방식이 효과적
    4) 생산, 구매, 서비스 등 전 부문 참여

4. 6시그마 활용
    1) 제조업의 생산공정 개선
        → 획기적인 불량률 감소
    2) 설계, 시공 및 사후관리
        → 고객만족 및 하자 보수 비용절감

문제) 고강도 콘크리트

1. 고강도 콘크리트 개요
    1) 고강도 콘크리트는 물 결합재비(W/B) 45% 이하
    2) 설계기준강도 40Mpa 이상 적용 콘크리트

2. 고강도 콘크리트 폭열현상과 특성그래프

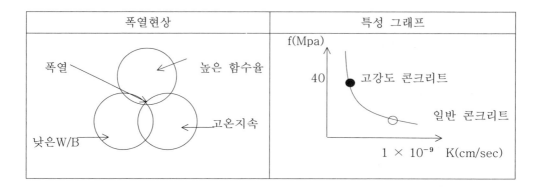

폭열현상	특성 그래프

3. 고강도 콘크리트 재료관리 방안
    1) 혼화재
        - 2차반응 혼화재(Flyash, silica fume)
        - 3성분계 시멘트 사용, 양질골재 사용

4. 고강도 콘크리트 배합관리 방안
    1) W/B : 34%
    2) S/A : 43.6%
    3) Slump : 130mm
    4) 공기량 : 3.5
    5) Gmax : 20mm

5. 고강도 콘크리트 시공관리 방안
    1) 타설 전
        - 잔골재 표면수율 관리, 운반 시 슬럼프 저하주의
    2) 타설 중
        - 다짐철저
        - 재료분리 주의
        - 이음부 처리(신, 구 접착)
    3) 타설 후
        - 초기양생철저(습윤양생 3일)

문제) 철근의 정착과 부착

1. 개요
    1) 정착 : 철근을 Con'C로부터 쉽게 분리되지 않도록 묻어 놓는 것
    2) 부착 : Con'C와 철근이 미끄럼 변형이 생기지 않게 하는 것

2. 철근 정착과 부착의 차이점

구 분	정 착	부 착	비 고
개념	Anchor	Bond	
종류	갈고리, 매입길이 기계적 정착	정착부착, 마찰부착 전단부착	
긍정요인	강도, 피복두께, 다짐	강도, 피복두께, 다짐	
부정요인	균열, 과소다짐 양생불량	Bleeding 과소다짐	

3. 철근의 정착 방법
    1) 갈고리에 의한 정착
    2) 매입길이에 의한 정착
        - 인장 이형철근
        - 압축 이형철근
    3) 기계적 정착 방법

4. 철근의 부착작용
    1) 교착작용
        - 시멘트풀과 철근 표면의 부착
    2) 마찰작용
        - 콘크리트와 철근 표면의 부착
    3) 기계적작용
        - 이형철근의 요철 맞물림

■ 벽돌의 품질기준

구분		압축강도	흡수율(%)	비고
C종 벽돌	1급	16 이상	7 이하	보통골재 사용
	2급	8 이상	10 이하	

→ 시험빈도 : 제조업체별, 제품규격별 30,000매마다

→ 일반적으로 많이 쓰이는 규격은 C종 벽돌 2급임.

" 힘내요… 당신 "

문제) 정철근과 부철근

1. 개요
    1) 정철근 : Con'C구조물에 발생되는 (+)모멘트에 저항하기 위해 배치하는 주철근
    2) 부철근 : Con'C구조물에 발생되는 (-)모멘트에 저항하기 위해 배치하는 부철근

2. 정철근과 부철근의 개념도

그림

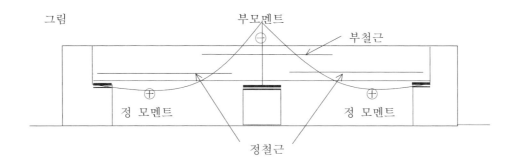

3. 정철근의 배치위치
    1) 슬라브 및 보의 하부
    2) 라멘구조의 중앙 하부
    3) 옹벽의 벽체하면

그 림

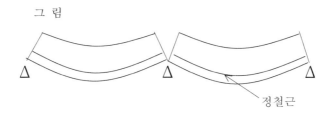

4. 부철근의 배치위치

    1) 연속부의 지점 상부
    2) 라멘구조 측벽상부
    3) 보의 기둥 상부
    4) 슬라브에서 보 상부

그 림

문제) 해양 콘크리트

1. 개요
    1) 해양 콘크리트는 항만, 해양, 해안에서 시공하는 콘크리트로 품질관리가 어렵고 재료분리, 다짐곤란 문제가 있다.

2. 해양콘크리트 종류 및 특성그래프

종 류	특 성 그 래 프
- 일반 시멘트 콘크리트	
- 폴리머 시멘트 콘크리트	
- 폴리머 함침 콘크리트	
- Resin 콘크리트	

3. 해양콘크리트 재료관리 방안
    1) 중용열 포틀랜드 시멘트 사용
    2) 양질의 혼화제 : AE제, 고성능 AE감수제 사용

4. 해양 콘크리트 배합관리 방안
    1) W/C : 44.6%
    2) 시멘트 : 320kg/㎥
    3) 공기량 : 4.8%
    4) Gmax : 25mm

5. 해양 콘크리트 시공관리 방안

타 설 전	타 설 중	타 설 후
- 타설계획수립	- 감조부 시공이음 피할 것	- 양생관리철저
- 항해 선박의 안전	- 피복두께확보 (100mm)	- 재령 5일까지
- 어업영향검토	- 연속타설 wid joint 방지	해수에 씻기지 않게

문제) 프리플레이스트 콘크리트(Preplacet Aggregate Con'C)

1. 개요
   1) 프리플레이스트 콘크리트는 굵은골재를 거푸집에 미리 채워놓고 공극속에
      Mortar를 주입시켜 만든 콘크리트로 시멘트, 모래, 물, Flyash를 혼합

2. 프리플레이스트 콘크리트 시공도 및 그래프

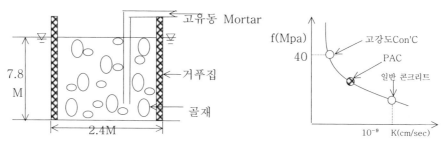

그 림

3. 프리플레이스트 콘크리트의 재료관리 방안
   1) 결합제
      - 포틀랜드 시멘트 + 플라이애쉬
   2) 골재
      - 잔골재 FM = 1.4~2.2
      - Gmin = 15mm 이상
   3) intrasionAid : 사용량 1%

4. 프리플레이스트 콘크리트의 배합관리 방안
   1) 주입 모르터 팽창률 : 5~10%
   2) 팽창률 : Bleeding의 2배
   3) 강도 : 일반PAC f_{91} $\leqq$ 30Mpa
             고강도 f_{91} $\geqq$ 40~50Mpa

5. 프리플레이스트 콘크리트의 시공관리 방안
   1) 시공 전 : 시공계획, 자재공급원 승인
   2) 시공 중 : Mortar 주입관 선단 2m 이상 Con'C 유지
   3) 시공 후 : 잔여자재 작법 폐기물 처리

문제) 콘크리트의 특징

1. 개요
   1) 콘크리트는 현장제작, 성형성, 수밀성, 내구성 및 경제성 우수
      구조용, 비구조용으로 널리 사용되는 무기질 재료중 하나
   2) 인장강도가 낮아 균열이 발생, 거푸집설치와 장기양생기간이 필요
   3) 온도와 습도에 의한 체적변화 발생, 강도에 비해 자중이 크다.

2. 콘크리트의 장점
   1) 타설용이 : 유동성, 혼합 후 장시간 반죽질기 유지
   2) 성형성, 거푸집 재사용 가능
   3) 경제성, 내화성, 내구성
   4) 수밀성, 방수성
   5) 에너지효율 우수
   6) 진동, 소음 저항성 우수
   7) 친환경성
   8) 미관우수
   9) 유지관리비용 저렴

3. 콘크리트의 단점
   1) 단위중량에 비해 상대적으로 낮은 강도
   2) 장기양생필요
   3) 낮은 인장강도와 취성
   4) 장시간에 따른 체적변화
   5) 제작공정이 복잡

문제) 시멘트의 수경률과 강열감량

1. 개요
    1) 수경률이란 시멘트 구성하는 석회성분과 점토성분의 조성비
    2) 강열감량이란 시멘트를 $950 \pm 50 \, °C$ 온도로 가열해서 중량 감소량을 말한다.
    3) 시멘트의 수경률과 강열감량은 시멘트 비중, 응결, 수화반응속도, 수화열 등의
       영향을 받으며 풍화, 이상응결, 수화반응속도 등을 판단할 때 기준이 된다.

2. 수경률(Hydraulic Modulus)
    - 수경률 = $CaO - 0.7 \times SO_3 \, / \, SiO_2 + Al_2O_3 + Fe_2O_3$
    - 수경률이 높을수록 수화반응속도 향상, 수화열증가
    - 수경률의 범위 : 2종중용열(2.0) < 1종보통(2.1) < 3종조강(2.25)
    - 풍화발생 시 수경률, 비중은 감소
    - 강열감량은 증가

3. 강열감량(Ignition Loss)
    - 시멘트를 $950 \pm 50 \, °C$ 온도로 가열하였을 때 중량 감소량으로 풍화와 중성화를
      판단하는 기준
    - 시멘트가 대기중에 노출되면 풍화발생으로 강열감량 증가
    - 보통포틀랜드 시멘트 : 3% 정도
    - 강열감량 적용
      가. 강열감량 높으면 시멘트 안정성저하, 비중감소
      나. 강열감량 높으면 풍화된 시멘트
      다. SO_3 많으면 강열감량 증가, 시멘트팽창발생
      라. MgO 많으면 강열감량 증가, 장기 안정성 저하
      마. 환경 영향으로 중성화 발생 시 강열감량 증가

문제) 시멘트의 분말도

1. 개요
   1) 시멘트는 광물성 분말이므로 입자크기 확인이 곤란
   2) 분말도(Blaine)란 시멘트의 입자분포를 나타내는 기준, 시멘트 1g에 포함된 입자의 비표면적(㎠)으로 판단

2. 분말도의 영향
   1) 분말도가 높을 경우
      - 미세입자의 증가
      - 초기강도 증가
      - 수밀성 증가
      - 자기수축, 건조수축 증가
      - 수화열 증가, 응결, 경화촉진

   2) 분말도가 낮은 경우
      - 미세입자의 감소
      - 초기강도 감소
      - 수밀성, 내구성 저하
      - 수화반응 지연

3. 분말도 시험 방법
   1) Blaine시험법
      - 브레인 공기투과장치 이용
      - 표준체분석법

4. 분말도 기준
   1) 포틀랜드 시멘트
      - 보통, 중용열, 내 황산염 : 2,800g/㎠ 이상
      - 조강 : 3,300g/㎠ 이상
   2) 플라이애쉬
      - 44㎛ 표준체 잔분 9% 이하 : 2,400g/㎠ 이상

■ 충전용 발포우레탄

→ 용도

외부에 면한 문틀 및 창틀 주위 충전

→ 품질기준

시험항목	품질기준	시험방법
밀도(kg/m^2)	18이상	KS M 3809
열전도율(W/mK)	0.037 이하	KS L 9016
연소성(초)	- 연소시간 : 120초 이내 - 연소길이 : 60mm 이내	KS M 3809

" 산은 공들여 올라가는 자에게만
자리를 내준다 "

– 엄홍길

문제) 실리카흄(Silica Fume, Micro Silica)

1. 개요
    1) 실리카흄은 실리콘 합금의 제조시 용광로 배기가스에 포함된 초미립 실리카 (SiO_2) 성분을 집진기로 회수한 환경부하 저감형 산업부산물
    2) 실리카흄은 분말도가 높고 초미립 분말이므로 굳지 않은 콘크리트의 점성, 재료분리저항성, 콘크리트 강도, 내구성, 수밀성 등을 개선
    3) 고강도, 고성능 콘크리트 제조에 적용

2. 실리카흄의 특징
    1) 물리적 특징
        가. 비중 2.2, 입경 1μm 이하, 분말도 100,000~300,000g/㎠
        나. 미립형, 슬러리형, 과립형으로 구분
    2) 실리카흄의 장점
        가. 강도, 내구성, 수밀성 향상
        나. 수화열 억제
        다. 알칼리골재반응 억제
        라. 점성, 재료분리저항성, 분산성 향상
        마. 시멘트 대체효과 우수
    3) 실리카흄의 단점
        가. 건조수축 증가
        나. 분말도가 높아 단위수량 증가

3. 시공 시 주의사항
    1) 사용 전 품질확인 후 적용
    2) 점성이 크기 때문에 단위수량이 증가
    3) 분산효과를 증가시키기 위해 감수제, 고성능감수제 사용
    4) 성형성, 재료분리저항성이 증가하므로 마무리 작업에 유의
    5) 타설 종료 후 초기 습윤양생 관리 철저

문제) 슬럼프시험(Slump Test)

1. 개요
   1) workability란 반죽질기 여하에 따르는 작업의 난이정도 및 재료분리에 저항하는 굳지 않은 콘크리트의 성질
   2) workability 측정 방법은 슬럼프시험과 흐름시험을 통해서 구분

2. 슬럼프시험(Slump Test)
   1) 적용범위
      가. 40mm 이하를 사용하는 콘크리트에 적용
      나. 슬럼프시험기구 규격 : 윗지름 10cm, 밑지름 20cm, 높이 30cm
      다. 다짐봉 규격 : 지름 16mm, 길이 50cm 강봉

   2) 시험 방법
      가. 콘크리트 시료를 1/3씩 3층으로 25회 균등 다짐
      나. 콘의 채움 높이 : 체적으로 3등분 7cm + 9cm + 14cm
      다. 슬럼프콘의 제거시간 : 5초 이내
      라. 전시험시간 다짐에서 슬럼프콘을 제거시간 포함 2분 30초 이내

   그림

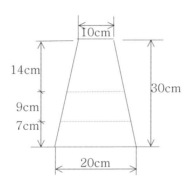

슬럼프콘 규격 및 다짐높이

3. 슬럼프시험 시 유의사항
   1) 슬럼프시험 방법의 습득
   2) 슬럼프시험의 허용오차 : 슬럼프 50~65mm - ±15mm
                                    80mm 이상 - ±25mm
   3) 된반죽의 경우 슬럼프콘의 제거하기 전 다짐봉으로 콘의 측면을 가볍게 Tampping 실시
   4) 슬럼프콘 제거 후 전단형태, 붕괴형상을 나타나면 재시험 실시

문제) 흐름시험(Flow Test)

1. 개요
    1) workability란 반죽질기 여하에 따르는 작업의 난이정도 및 재료분리에 저항하는 굳지 않은 콘크리트의 성질을 말하며 일반 콘크리트 경우에는 슬럼프시험을 통해 측정
    2) 흐름시험이란 슬럼프시험이 곤란한 묽은반죽이나 고유동성 콘크리트의 반죽질기와 재료분리 저항성을 측정하는 시험 방법으로 흐름값을 얻어 workability를 추정한다.

2. 흐름시험(Flow Test)
    1) 시험기기의 규격
        가. 적용범위 : 묽은반죽이나 고유동콘크리트
        나. 흐름판 : 직경 762mm, 낙하높이 12.7mm
        다. 흐름콘 : 밑면직경 254mm, 윗면직경 171mm
        라. 다짐봉 : 지름 16mm, 길이 50cm 강봉
    2) 시험 방법
        가. 콘크리트 시료를 2층으로 나눠 채운 후 각각 25회씩 균등다짐
        나. 흐름콘 제거 : 5초 이내
        다. 총 소요되는 시험시간 : 10초 동안 1회에 12.7mm씩 15회 낙하시켜 흐트러진 직경 측정
    3) 흐름값의 판단
        가. 흐름값(%) = 시험 후 흐트러진 직경(mm)-254 / 254 * 100
        나. 흐름값의 법위 : 0~150% (100 ± 5% 표준)

3. 흐름시험 시 주의사항
    1) 흐름시험 방법 숙지
    2) 흐름시험은 슬럼프시험과 달리 묽은 반죽이나 고유동콘크리트의 반죽질기와 재료분리저항성을 판단하는 데 실시
    3) 흐름값이 동일하더라도 슬럼프값으로 정의되는 workability가 많은 차이를 나타낼 수 있다.

문제) 슬럼프 손실(Slump Loss)

1. 개요
   1) 굳지 않은 콘크리트는 전성과 유동성을 갖는 재료이며 전성과 유동성은 반죽질기의 되고 진 정도에 의해 영향을 받은 성질을 갖는다.
   2) 굳지 않은 콘크리트의 반죽질기와 균질성은 슬럼프 시험을 통해 측정
   3) 슬럼프 손실이란 함수비, 온도, 습도의 영향을 받아 굳지 않은 콘크리트의 슬럼프값이 시간경과에 따라 점차 감소되는 현상

2. 슬럼프손실의 발생 원인
   1) 함수비
      가. 시멘트의 성질
      나. 초기 workability : 겉보기 반죽질기의 영향
      다. 골재의 함수상태와 표면상태
      라. Bleeding에 의한 공극수의 증발
      마. 대기의 온도 및 상대습도
   2) 온도
      가. 시멘트의 온도반응성 : 수화반응속도의 변화
      나. 시멘트의 수화열 : 콘크리트 혼합물의 온도상승 및 응결촉진
   3) 시간
      가. 시간경과에 따라 에트린가이트 생성이 촉진되어 점성 증가
      나. 혼화제의 응결 및 경화로 인한 분산성과 유동성 저하

3. 슬럼프손실의 저감 대책
   1) 골재의 보관 및 저장 시 충분한 사전살수(Pre Wetting) 실시
   2) 거푸집의 시공철저 및 표면에 모르타르 뿜칠 실시
   3) 혼화제 투입 후 신속히 후속공정 진행
   4) 직사광선과 바람이 심한 환경에서 타설자제
   5) 상대습도가 낮은 건조환경에서는 1회 작업량 조절
   6) 부순골재 사용 시에는 골재특성 고려하여 단위수량 증가
   7) 하절기, 동절기에는 서중 및 한중 콘크리트의 시공대책 수립
   8) 하절기 타설 시 야간 타설작업 지향

문제) 거푸집의 해체 시기

1. 개요
    1) 거푸집과 동바리는 타설된 콘크리트가 정하중과 시공중 작업하중을 충분히 지지
       할 수 있는 강도에 도달할 때까지 해체 불가능
    2) 거푸집과 동바리의 해체 시기와 해체 순서는 콘크리트의 특성, 구조물종류, 부
       재치수 및 외부환경요인 등을 고려해서 결정
2. 거푸집의 존치기간
    1) 기초, 기둥, 벽체, 보 측면
       가. 거푸집 최소존치기간 : 타설 후 24시간 이상 양생 후 제거
       나. 콘크리트의 압축강도 시험 시 해체 시기 : 압축강도 5Mpa 이상
       다. 내구성 고려 시 : 압축강도 10Mpa 이상까지 존치
       라. 콘크리트의 압축강도 실시하지 않은 경우

일 평균기온	3종 조강 포틀랜드 시멘트	고로슬래그(1급) 플라이애쉬(B종) 1종보통 포틀랜드 시멘트	고로슬래그(1급) 플라이애쉬(B종)
20℃ 이상	2일	4일	5일
10℃ 이상 20℃ 미만	3일	6일	8일

    2) 슬래브, 보 밑면, 아치 밑면
       가. 콘크리트가 경화하여 거푸집과 동바리가 압력을 받지 않을 때까지 존치
       나. 콘크리트 압축강도 시험 시(콘크리트 표준시방서)
           - 압축강도값이 설계기준강도 2/3 이상
           - 압축강도값이 14Mpa 이상
3. 거푸집 해체 시 주의사항
    1) 해체 시 구조물에 유해한 영향이 가해지지 않도록 주의
       - 진동, 충격, 변형 등
    2) 동바리 제거 후 보, 슬래브, 아치 하면의 거푸집을 해체
    3) 거푸집과 동바리 해체 후 설계하중을 초과하는 하중이 작용하지 않도록 주의
    4) 해체 시 안전사고에 주의
    5) 해체 후 상태조사 실시하여 문제 발견 시 강도, 단면치수, 철근배근상태 등에
       대한 비파괴시험을 실시
    6) 해체 후에는 부위별로 보관하여 정리
    7) 해체 후에는 콘크리트 현장품질관리에 주의
4. 맺음말
    1) 동절기 시공 시 압축강도 5Mpa 이하에서 거푸집 해체하면 콘크리트의 동해발
       생 우려되므로 강도가 충분히 확보된 후 해체 실시
    2) 거푸집 해체 시기 결정 시 단순히 과거 경험에만 의존하면 구조물의 변형, 균열
       등과 같은 초기손상 우려가 있으므로 콘크리트의 품질 확인 후 해체 시기 결정

토목 · 건축 품질시험 기술사

문제) 이형철근의 특징

1. 개요
   1) 철근은 원형철근(Round Bar)과 이형철근(Deformed Bar)으로 구분되며 C, Si, Mn, P, S 등을 주성분으로 고조용 연강
   2) 이형철근은 철근표면에 이형돌기 배치한 것으로 원형철근에 비해 콘크리트의 부착력증진, 철근 종방향 이동을 억제, 구조물 제작 시 일반적으로 사용

2. 철근의 분류
   1) 형상에 따른 분류
      가. 원형철근 : SR24, SR30
      나. 이형철근 : SD30, SD35, SD40, SD50
   2) 강도에 따른 분류
      가. 보통철근 : 항복강도 280~350Mpa
      나. 고강도철근 : 항복강도 420~530Mpa

3. 이형철근
   1) 이형돌기 기능
      가. 콘크리트의 부착력 증진
      나. 철근 종방향 이동억제
      다. 종방향 리브(Lib)와 회방향 러그(Lug)로 구분
   2) 이형돌기 규격
      가. 러그의 평균간격 : 공칭직경의 0.7 이하
      나. 러그의 최소원주 : 공칭지름의 최소 75% 이상
      다. 러그의 각도 : 철근 종축과 45° 이상

그림

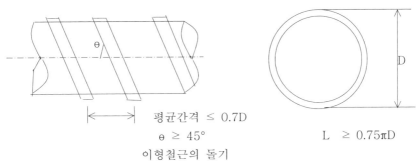

평균간격 ≤ 0.7D
θ ≥ 45°
이형철근의 돌기

L ≥ 0.75πD

4. 이형돌기의 생산규격
   1) 총 16종류 : #3 (D10)~#18(D57)
   2) 단위중량 : 7,850 kg/㎥
   3) 탄성계수 : 2×10^5 Mpa
   4) 공칭직경 : 단위 길이당 동일 질량을 갖는 원형철근의 직경 의미

문제) 철근의 배근간격

1. 개요
   1) 철근 조립 작업 시 콘크리트 타설과정에서 철근 사이와 철근 거푸집 사이에 콘크리트가 균질하게 채워질 수 있도록 배근간격의 최소값 확보
   2) 철근의 배근간격은 부재별로 수평 순간격, 연직 순간격, 중심간격을 다르게 적용

2. 배근간격
   1) 보 주철근 순간격
     가. 수평 순간격
       - 2.5cm 이상
       - 굵은골재 최대치수의 4/3 이상
       - 철근의 공칭지름 이상
     나. 연직 순간격 : 2단 이상 배치 시
       - 연직 순간격은 2.5cm 이상
       - 상하 철근을 동일 연직면 내 설치

그림

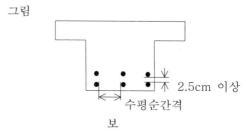

보

   2) 벽체와 슬래브의 주철근 중심 간격
     가. 최대휨모멘트 작용 위치
       - 슬래브 두께의 2배 이하
       - 30cm 이하
     나. 기타
       - 슬래브 두께의 3배 이하
       - 40cm 이하

그림

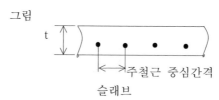

슬래브

   3) 기둥의 주철근 순간격
     가. 주철근 : 축방향철근
       - 4cm이상
       - 철근지름의 1.5배 이상
       - 굵은골재 최대치수(Gmax)의 1.5배 이상
     나. 띠철근 기둥과 나선철근 기둥에 공통으로 적용

그림

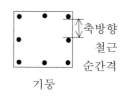

기둥

■ 콘크리트 공시체 재령(28일)까지 수중양생

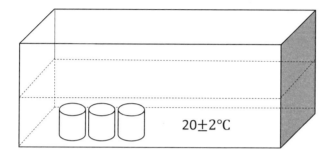

20±2℃

→ 공시체의 수중양생

" 할 수 있다, 잘 될 것이다 라고 결심하라
그리고 나서 방법을 찾아라 "
– 링컨

문제) 콘크리트의 취도계수

1. 개요
   1) 콘크리트는 타설과정에서 골재주변의 미세공극과 결함이 분포되므로 압축강도에
      비해 인장강도가 저하되며 압축하중 증가 시 급격한 취성파괴가 발생되는 단점
   2) 취도계수란 재료에서 압축강도와 인장강도의 비를 말하며 콘크리트의 파괴형태
      와 변형특성을 판단하는 값으로 활용

2. 콘크리트의 취도계수
   1) 취도계수
      가. 콘크리트의 취도계수 = 압축강도(fck) / 인장강도(ft)
   2) 특징
      가. 압축강도가 증가할수록 취도계수 증가
      나. 콘크리트의 함수비가 낮을수록 취도계수 증가
      다. 취도계수 증가할수록
         - 급격한 취성파괴 우려
         - 연성의 감소
         - 내진보강에 불리
      라. 순환(재생)골재 또는 인공경량골재 사용 시 취도계수 증가

3. 취도계수의 적용
   1) 취도계수가 낮을수록 내진보강 시 전단 및 변형저항성 우수
   2) 취도계수가 낮을수록 진동을 받는 구조에서 동적특성 우수
   3) 콘크리트의 함수비가 낮을수록(건조) 취도계수 감소
   4) 포장구조, 수리구조 등의 품질평가 시 적용

4. 취도계수 저감 대책
   1) 섬유보강재 혼입 : 강섬유, 유리섬유, 아라미드섬유
   2) 고분자수지 혼입 : 열가소성 수지, 고무수지 등
   3) 미세채움재 혼입 : 실리카흄, Micro Silica 등
   4) 배합의 개선 : 수밀한 배합, W/C비의 저감

문제) 콘크리트의 피로강도

1. 개요
    1) 콘크리트에 동적하중이 반복적으로 작용할 때 콘크리트의 경화시멘트풀과 골재 사이에 존재하는 공극, 미세균열이 점진적으로 진전, 전파되는 누가손상현상을 피로라고 한다.
    2) 피로강도는 피로의 누적으로 정적강도 이하에서 재료파괴가 발생할때의 강도수준을 말하며 하중수준, 반복횟수, 하중재하속도, 시편의 크기 등의 영향을 받는다.

2. 피로강도
    1) 피로강도의 영향요소
        가. 콘크리트의 압축강도
        나. 작용하중의 특성 : S = fmax - fmin / fck
        다. 하중의 반복횟수 : N
        라. 하중재하속도
    2) 피로강도의 평가 방법
        가. S-N곡선 : 작용응력(S)과 반복횟수(N)로 표현
        나. Goodman도표 : 최대응력(fmax)을 최소응력(fmin)의 함수로 표현
        다. Smith도표 : 최대응력을 평균응력의 함수로 표현
    3) 피로한계
        가. $N = 2 \times 10^6$의 반복 재하에서도 피로파괴가 발생하지 않는 응력수준
        나. 정적 압축강도의 50~60% 수준

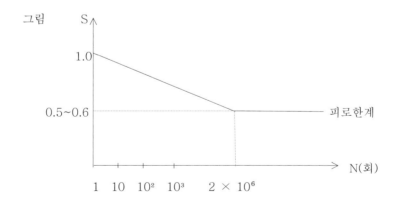

콘크리트의 S-N 곡선

문제) 콘크리트의 중성화

1. 개요
    1) 콘크리트의 중성화란 초기에 강알칼리성을 보이는 콘크리트의 경화시멘트풀이 외부환경의 영향으로 서서히 강알칼리성을 상실해 가는 현상
    2) 콘크리트의 중성화는 백태, 철근 부식, 균열, 피복박리 및 누수의 원인이 발생하므로 콘크리트 구조물의 수밀성, 내구성 확보를 통한 수명연장을 도모하기 위해서는 중성화 억제대책이 필요하다.

2. 중성화의 발생 원인
    1) 공기 중 이산화탄소와 경화시멘트풀의 탄산화반응

    $$Ca(OH)_2 + CO_2 \rightarrow CaCO_3 + H_2O$$

    2) 대기오염으로 CO_2 농도 증가 및 건조환경 지속(낮은 상대습도)
    3) 산성비 및 황산염 산성토양
    4) 고온환경 및 화재로 인한 알칼리성 이온의 용해

3. 중성화의 문제점
    1) 콘크리트의 수축 : 탄산수축
    2) 콘크리트의 취성화 및 취도계수 증가
    3) 백태발생 및 수밀성, 내구성 저하
    4) 철근 부식 및 부착강도 저하
    5) 균열 및 피복박리
    6) 누수 및 파괴

4. 중성화 억제대책
    1) 저발열 시멘트의 사용억제 : 플라이애쉬, 고로슬래그 / 배합비 고려
    2) 중성화를 고려한 배합의 적용 : W/C ≤ 55%
    3) 내구성이 양호, 비중이 큰 골재 사용 / 실적률 높은 골재
    4) 시공관리철저, 충분한 초기 습윤양생 실시
        가. 대기온도 15℃ : 5일 이상
        나. 대기온도 10℃ : 7일 이상
    5) 충분한 피복두께 확보 및 복잡한 단면설계 피한다.
    6) 건습 반복 환경인 경우, 중성화억제제의 도포 및 표면코팅실시
    7) 철저한 유지관리
    8) 시공관리 준수

문제) 알칼리골재반응(AAR)

1. 개요
    1) 알칼리골재반응이란 굵은골재에 존재하는 안정하지 않은 활성실리카 성분이 물을 흡수하면서 강알칼리성분과 상온에서 서서히 반응하여 실리카 겔(규산염)을 생성하며 팽창하는 현상
    2) 알칼리골재반응은 활성실리카 성분을 갖는 부순돌에서 주로 발생
    3) 골재 팽창압에 의한 Pop-out, 거북등 균열, 피복박리 및 박락을 일으키므로 콘크리트 구조물의 안전성과 내구성, 수밀성을 저하시킨다.

2. 알칼리골재반응의 문제점
    1) 골재 Pop-out 및 경화시멘트풀의 탈락
    2) 콘크리트 표면의 균열 발생 : 망상균열
    3) 콘크리트의 균열, 박리 및 박락
    4) 구조내력의 저하

3. 알칼리골재반응의 발생조건
    1) 활성실리카 성분을 갖는 부순골재 : 편암, Opal, Dolomite
    2) 강알칼리 성분 : Ca^{++}, Na^+, K^+ 성분
    3) 상대습도 높은 대기조건
    4) 함수비 높은 습윤상태 콘크리트

4. 알칼리골재반응의 억제대책
    1) 부순골재 사용 시 반응성골재 사용금지 : 품질시험확인
    2) 반응성골재 포함 시 콘크리트의 알칼리총량규제
        가. 시멘트 중량당 전알칼리량 : 0.6% 이하
        나. 콘크리트 단위체적당 알칼리총량 : $3kg/m^3$ 이하
    3) 알칼리 함유량이 낮은 시멘트 또는 양질의 포졸란 사용
    4) 콘크리트 표면의 건조환경 유지
        가. 지수, 차수 및 방수공사
        나. 표면마감재 시공
        다. 균열 발생 시 균열주입공법 및 표면코팅 실시

문제) 콘크리트의 화재강도

1. 개요
    1) 콘크리트는 200℃까지의 온도에 대해서는 거의 영향을 받지 않는다.
    2) 400℃ 이상의 고온에 노출되면 경화시멘트풀이 용융 및 취성화되면서 강도
    와 강성이 급격하게 저하
    3) 내화성 증진을 위해 고온저항성이 우수한 골재를 사용하고 피복재의 마감시공을
    통한 화재에 대한 강조저하대책이 필요

2. 화재피해의 문제점
    1) 콘크리트 강도와 강성의 저하
        가. 400℃ 이상에서 압축강도와 탄성계수가 크게 저하
        나. 고온에서는 경화시멘트풀의 용해로 압축강도와 탄성계수의 관계 변화
        다. Ec = 4700 √fck (Mpa) : 고온에서 적용불가
    2) 콘크리트와 철근의 부착강도 저하
    3) 경화시멘트풀의 용해
    4) 냉각과정에서 손상과 변형의 증가
        가. 골재팽창 후, 냉각과정에서 Pop-out 및 균열 발생
        나. 시간 경과할수록 피복박리 및 박락 증가

3. 콘크리트 높은 온도에 따른 특성
    1) 200℃ 전후 : 내화성유지
    2) 400℃ 전후 : 압축강도 50% 상실
    3) 600℃ 전후 : 골재 체적팽창으로 Pop-out, 균열, 박리
    4) 800℃ 전후 : 압축강도 80% 상실, 분홍색으로 변색

4. 콘크리트 내화성 증진대책
    1) 고온 저항성이 우수한 골재 사용 : 마모율 우수
    2) 양질의 포졸란 사용
    3) 수밀한 배합설계 : 단위수량 및 w/c 저감. s/a 증가
    4) 무기계 침투제 및 표면피복재의 마감시공

문제) 콘크리트의 백화현상

1. 개요
   1) 백화현상이란 콘크리트 내부에 존재하는 석회화합물이 용해 콘크리트 표면에 퇴적하는 현상, 양생기간 중 발생하는 초기백화와 사용 중 발생하는 후기백화로 구분
   2) 콘크리트의 백화는 경화시멘트풀의 수화조직 약화 및 중성화를 동반
   3) 콘크리트의 수밀성, 내구성 저하 및 철근 부식의 원인

2. 콘크리트 백화의 문제점
   1) 경화시멘트풀의 수화조직 약화
   2) 알칼리성의 저하 : 중성화촉진
   3) 내구성 및 수밀성 저하
   4) 철근 부식 촉진
   5) 콘크리트의 균열 및 누수 발생

3. 콘크리트 백화의 발생 원인
   1) 초기백화
      가. 수화반응 초기에 비결정성의 수산화칼슘($Ca(OH)_2$)이 수분에 용해되어 표면에 퇴적
      나. 미 세척 해사사용 → 염해발생
      다. 양생초기 건습 반복환경에 노출
      라. 초기 습윤양생 불량 및 균열부의 누수
   2) 후기백화
      가. 수화반응으로 생성된 수산화칼슘이 공기중의 이산화탄소와 반응하여 석회석($CaCO_3$)을 생성하면서 물에 용해되어 표면에 퇴적
         → ($Ca(OH)_2$) + CO_2 → $CaCO_3$ + H_2O
      나. 고온다습한 환경의 반복작용
      다. 균열부의 누수
      라. 산성비, 환경공해, 화재노출 : 중성화와 동시 발생

4. 콘크리트 백화의 억제대책
   1) 양질의 재료선정 : 시멘트, 골재, 혼화재
   2) 수밀한 배합 : W/C비 저감
   3) 해사 사용 시 염분함유량 관리철저
   4) 타설 중 다짐철저 및 초기 습윤양생 철저시행
   5) 중성화반응 억제
   6) 양생초기 건습반복환경에 노출되지 않도록 관리철저
   7) 균열보수철저 및 관리
   8) 표면방수 및 중성화방지제 도포

문제) 골재의 Pop-Out

1. 개요
   1) 골재의 Pop-Out이란 콘크리트 내부에 존재하는 골재가 팽창하여 콘크리트 외
      부로 부풀어 오르면서 균열, 박리 및 부분적인 박락을 동반하는 현상
   2) 골재의 Pop-Out은 골재의 흡수, 동결, 온도변화 및 알칼리골재반응 등으로 체
      적이 팽창하여 발생하는 현상

2. Pop-Out의 발생 원인
   1) 골재의 동결팽창
      가. 다공성 골재 : 인조골재, 연암골재
      나. 흡수성이 높은 골재
      다. 유해물함유량이 많은 부순골재 : 미 세척 골재
      라. 염화물에 노출
      마. 경량골재
      사. 재생골재
   2) 외부환경에 따른 골재의 온도팽창
      가. 열팽창계수가 큰 골재 : 팽창암, 혈암
      나. 화재에 따른 콘크리트의 온도 급상승
   3) 골재의 알칼리골재반응
      가. 반응성골재 : 편암, Opal, Dolomite

3. Pop-Out의 방지 대책
   1) 양호한 골재 사용
   2) 실적률이 높은 골재 사용 : 입형이 좋은 둥근형상
   3) 알칼리골재반응의 반응성골재 배제
   4) 부순골재의 유해물함유량 최소화
   5) AE제의 적절량 사용
   6) 콘크리트의 염화물함유량과 알칼리함유량 규제 및 허용기준치 범위 내
   7) 콘크리트의 배합개선
   8) 분말도 높은 혼화재 사용 : 고로슬래그 미분말, Silica Fume

■ 동결융해대책

→ 물-결합재비를 작게(공극 감소)

→ 적절한 공기량 확보(4~6%)

→ 동결융해 저항성 있는 시멘트 사용(혼합시멘트 주의) 양생강도가 28MPa 이상이면 동결융해 저항성이 확보

→ 흡수율 낮은 골재 사용

→ 양질의 AE제 적용

→ 콘크리트 표면을 공기와 물이 유입되지 않게 보양

" 실패란 것이 부끄러운 것이 아니다
도전하지 못한 비겁함은 더 큰 치욕이다 "
— 로버트 H. 슐러

문제) 콘크리트의 Cavitation

1. 개요
   1) Cavitation이란 요철을 갖는 급경사면이나 낙차공에서 유속이 큰 유수가 월류 또는 하향유하할 때 구조물과 유수 사이에 큰 부압이 작용하는 밀폐공간을 형성하여 콘크리트를 마모, 침식, 손상시키는 현상
   2) 유수에 의해 형성된 밀폐공간은 수증기에 녹아 있는 공기를 기화시켜 형성되며, 매우 큰 부압이 작용한다.

2. Cavitation에 미치는 영향
   1) 접근류의 유속과 접근유량
   2) 수로의 경사각과 폭
   3) 콘크리트의 표면상태 : 요철, 낙차공 등
   4) 콘크리트의 기밀성 및 수밀성

3. Cavitation의 문제점과 방지 대책
   1) 문제점
      가. 구조물과 유수 사이에 부압이 작용하는 공간 형성
      나. 콘크리트 표면의 공기압에 의한 지속적인 마찰과 충격작용
      다. 부압 : 최대 70Mpa 정도
      라. 하천 낙차공, 댐의 여수로 및 수리구조 등에서 콘크리트의 침식 및 파손발생
   2) 방지 대책
      가. 수밀콘크리트의 제조
      나. 굵은골재 최대치수의 제한 : 100mm 이하 골재 사용
      다. 고분말도의 미세채움재 혼입 : Silica Fume
      라. 보강섬유 및 고분자수지의 혼입

그림

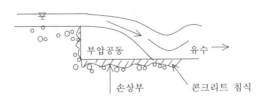

콘크리트의 Cavitation

문제) 콘크리트의 조기강도 평가 방법

1. 개요
    1) 콘크리트 품질 조기판정은 경화 후 콘크리트 품질을 사전에 예측 공사에 반영
       함으로써 품질향상에 기여함과 동시에 부실공사 방지를 통해 공정관리의 원활
       과 경제성 제고에 기여
    2) 콘크리트의 품질시험 결과를 신속하게 제조관리에 반영시킴으로서 품질변동의
       최소화에 기여

2. 콘크리트 강도의 조기판정 방법
    1) 단위시멘트량
        가. 비중계법
        나. 역적정법, 간이 역적정법
    2) 단위수량
        가. 가열건조법
        나. 알콜비중계에 의한 방법
    3) 물, 시멘트비
        가. 염산용해열법
        나. 비중계법
        다. 모르타르 이용한 씻기시험 조합법
        라. 모르타르 이용한 압축강도 시험법
    4) 촉진강도
        가. 온수법 : 55℃ 온수법, 70℃ 온수법
        나. 급속경화법 : 80℃ 온수에 급속경화
        다. 적산온도법(Maturity법, 자기수화열법)

3. 조기판정 시 유의사항
    1) 간접적인 방법
        가. 레미콘 현장 도착 후 30분 이내 판정가능
        나. 신뢰도 다소 떨어짐
        다. 레미콘 제조 시 생산 기록지 활용가능
        라. 기술자의 숙련도
    2) 직접적인 방법
        가. 시멘트 수화반응을 촉진 시키는 방법으로 고압, 고열가압 장비 필요
            비용이 고가
        나. 현장에서 적용 어려움
4. 조기강도 평가를 위한 개선사항
    1) 시험기구의 표준화
    2) 간단한 시험 방법의 개발
    3) 시험결과의 정확성과 재현성 개선
    4) 지속적인 연구개발 및 투자

문제) PS강재의 응력부식

1. 개요
   1) PS강재는 고강도이며 직경이 작아 작은 녹이나 흠집만 존재 시에도 매우 큰
      응력집중과 단면감소가 발생
   2) 응력부식이란 높은 응력하에 있는 PS강재의 조직이 취성화되면서 부식에 취
      약해지는 현상

2. PS강재의 부식
   1) 전지화학적 부식 : 부식환경 하에서 강재부식
   2) 응력부식 : 높은 응력 하에서 부식촉진 및 취성화

3. 응력부식 발생 원인
   1) 고응력 상태에서 강재조직 취성화
   2) 점식 및 제작 결함부 응력 집중
   3) 응력작용 상태로 장시간 방치 경우 원인으로 작용
   4) Oil 템퍼링에 의한 결함

4. 응력부식이 미치는 영향
   1) 재긴장을 위해 그라우팅 시기 지연시킬 경우 쉬스안의 강선부식
   2) 그라우팅 불 충분 시 부식발생으로 강선교체 필요
   3) 지연파괴에 의한 PS강재의 파단

5. 응력부식의 방지 대책
   1) PS강재의 방청
   2) 긴장즉시 그라우팅 실시
   3) 쉬스관의 충분한 충전으로 부식방지
   4) PS강재 인장강도가 높고 긴장응력 / 인장강도 비가 높을수록 부식저항성은 감
      소하나 경제성은 증가

문제) LMC(Latex Modified Concrete)

1. 개요
    1) LMC(고무개질콘크리트)는 콘크리트에 수용성 고무수지인 Latex를 첨가 제조한 Polymer Cement Concrete의 한 종류
    2) 인조고무인 라텍스수지는 콘크리트의 공극 내 연속적인 폴리머 결합조직을 형성하고 콘크리트의 방수성능, 부착강도, 수밀성, 내구성 및 균열저항성을 개선

2. LMC의 특성
    1) LMC 장점
        가. 수용성 유·무기계 혼합 결합조직의 형성
        나. 고무수지의 미세균열 충진효과로 균열 저항성 증가
        다. 휨강도, 인장강도 증가
        라. 방수성, 내구성, 동결융해저항성 및 충격저항성 우수
        마. 강알칼리성으로 강재부식 방지
        바. 신·구콘크리트 경계면의 부착강도 증진
    2) LMC 단점
        가. 초기 공사비 과다투입
        나. 시공공정 복잡, 초기양생관리에 유의
        다. 기술, 기능이 우수한 인력 필요
        라. 대형장비 및 고가장비 필요

3. LMC 용도
    1) 덧씌우기용, 패칭용, 국부보수용
    2) 교면포장의 Fast Track 보수용 : VES - LMC
    3) 하수구조 및 수리구조에 효과우수

4. LMC 요구기준
    1) 단위 시멘트량 : 400kg/㎥ 이상
    2) 라텍스 혼입량 : 시멘트 중량의 15%
    3) Base 콘크리트 : W/C비 35%, 공기량 4.5±1.5%
       슬럼프 23±3cm

문제) 고강도 콘크리트(High Strength Concrete)

1. 개요
    1) 고강도 콘크리트란 설계기준 강도 40Mpa 이상인 콘크리트
    2) 구조물의 대형화, 장대화, 고내구성화의 경향으로 고강도 콘크리트의 사용이 증가

2. 고강도 콘크리트의 특징
    1) 장점
        가. 고강도화 : 부재단면 최소화
        나. 부재의 경량화 : 고교각, 장대경간, 고층구조물 등에 적용
        다. 미세균열 및 초기결함 감소
        라. 역학적 특성의 향상 : 균열저항성, 변형저항성
        마. 수밀성 및 내구성 향상 : 철근 부식 억제
    2) 단점
        가. 품질관리 난이 : 강도 변동성 우려로 품질관리 곤란
        나. 취성증가 및 연성 감소 : 급격한 취성파괴 우려
        다. 취도계수 증가 : 압축강도 / 인장강도의 비 증가
        라. 진동저항성 감소 : 단면감소로 고유 진동수의 감소

3. 고강도 콘크리트의 시공 시 유의사항
    1) 재료선정, 배합관리 시
        가. 단위수량 : 180kg/㎥ 이하
        나. 슬럼프 : 15cm 이하
        다. w/c비 : 50% 이하
        라. 골재 : 우수한 골재 사용, Gmax의 감소
        마. AE제를 사용하지 않는 것을 원칙
        바. 기상변화 심하고 동결융해 우려 큰 곳 사용금지
    2) 시공관리 시
        가. 초기 양생 및 습윤양생의 철저 - 균열방지
        나. 거푸집 변형에 유의 - 측압이 크기 때문
        다. 고성능감수제와 사용수의 동시투입 금지

문제) 초고강도 콘크리트(Ultra High Strength Concrete)

1. 개요
    1) 초고강도 콘크리트란 설계강도 150Mpa 이상의 콘크리트
    2) 사용재료 품질조건, 배합조건을 개선시켜 제조한 신개념의 콘크리트
    3) 내력증대, 자중감소가 가능
    4) 구조물 내부 공간활용이 필요한 대형구조물, 초고층구조물, 고교각, 장간교량 및 특수구조물의 하부구조 등에 활용

2. 초고강 콘크리트의 특징
    1) 배합관리의 요구조건
        가. 4성분계 시멘트 : 1종보통포틀랜드시멘트, 고로슬래그, 무수석고, 실리카흄
        나. 잔골재 : 세척사, S/A 40% 이하
        다. 굵은골재 : 강도 200Mpa 이상의 화강암계 부순골재
            - Gmax : 20mm 이하
            - 마모율 및 내구성 확보
        라. 초고성능감수제, 수축저감제 적용
    2) 굳지 않은 콘크리트의 요구조건
        가. 낮은 물. 결합재비 : W/B=15%, 단위수량 150kg/㎥ 이하
        나. 고점성과 고유동성의 확보
            - 자기충전성
            - 재료분리저항성
        다. Bleeding과 소성수축량의 저감
        라. 수화열 저감 방안 대책수립
    3) 굳은 콘크리트의 요구조건
        가. 초조강성(EHS) : 재령 3일 압축강도 100Mpa 이상
        나. 초고강도(VHS) : 재령 28일 압축강도 150Mpa 이상
        다. 내구성, 수밀성 : 낮은 공기량(1.5% 내외), 균질성
3. 시공 시 유의사항
    1) 배합관리 시
        가. 균질성 확보 : Premix형 배합적용
        나. 수화열 저감 : 저발열시멘트 포함한 4성분계 적용
        다. 강도, 유동성 확보
    2) 시공관리 방안
        가. 재료분리 방지 대책 수립
        나. 초기재령에서 수화열관리 및 온도균열저감에 유의
            - 수화열 관리 통해 내 외부 온도변화 및 균열방지
            - 부재의 내 외부 온도차 15℃ 이내관리
        다. 거푸집 탈형시기
            - 탈형 시 곰보 발생에 유의
            - 강도 시험 확인 후 구조물의 탈형시기 적절시기 결정

■ 서중 콘크리트의 문제점

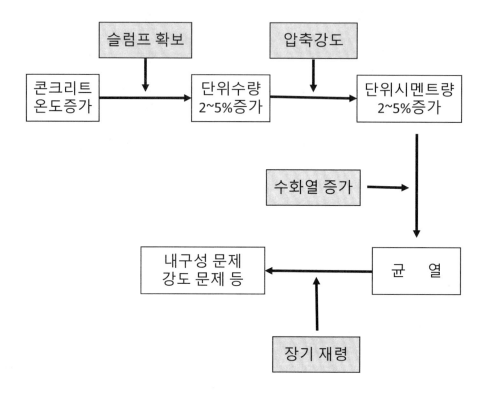

" 산을 움직이는 자는 작은 돌을 들어내는 일로
시작한다 "

— 공자

문제) 경량골재 콘크리트

1. 개요
    1) 경량골재 콘크리트란 인공경량골재로 타설된 단위중량 1400~2000kg/㎥인 콘크리트
    2) 경량성, 단열성이 요구되는 상판 slab, 경교통 포장, 방음벽 등에 사용

2. 경량골재 콘크리트의 특징
    1) 장점
        가. 자중경감 및 기초하중 감소
        나. 단열성
        다. 내화성, 방음성 우수
        라. 운반 및 타설시 시공성 양호
    2) 단점
        가. 다공성
        나. 재료분리 저항성 낮음
        다. 압축, 부착강도 낮음
        라. 탄성계수 낮음 : 일반 콘크리트의 50~70%

3. 경량골재 콘크리트 시공 시 유의사항
    1) 경량골재의 요구조전
        가. 입형이 양호할 것
        나. 균일한 광물조성
        다. 공극이 작고 공극분포가 독립적일 것
        라. 유해물 함유하지 않고 내구성이 좋을 것
        마. 씻기시험에서 손실량 10% 이하
        사. 팽창성 혈암, 팽창성 점토, 플라이애쉬
    2) 재료선정, 배합관리 및 시공관리
        가. AE콘크리트 사용 원칙
        나. 슬럼프 18cm 이하
        다. w/c비 60% 이하
        라. 경량골재 Gmax 20mm 이하
        마. 재료분리 방지 대책
            - 장거리 운반 금지
            - 진동기 다짐 불필요
            - 점증제 사용
        바. 건조수축균열 방지 대책
            - 습윤양생 철저
            - 초기양생에 유의

문제) 수밀콘크리트

1. 개요
   1) 수밀콘크리트란 물과 접하므로 내구성, 수밀성을 높이고 균열 발생을 최소화하
      는 콘크리트
   2) 물과 항상 접하는 수리구조물, 지하구조물 등은 수밀콘크리트로 타설
   3) 또한 균열 발생에 따른 누수로 인한 철근 부식 및 동해를 방지

2. 수밀콘크리트의 요구사항
   1) 단위중량 증가 및 공극감소
   2) 소성수축 및 건조수축 저감
   3) 내구성향상
   4) 내구지수 > 환경지수

3. 수밀콘크리트 시공 시 유의사항
   1) 재료선정
      가. 시멘트
         - 1종보통포틀랜드 시멘트 + 혼합시멘트
         - 수화열, 온도균열, 건조수축균열 제어
      나. 혼화재료
         - 적정한 혼화제의 적용
         - AE제, AE감수제, 고성능감수제, 팽창제, 방수제 등 사용확인
   2) 배합관리
      가. 단위수량, W/C비, 슬럼프값, 공기량은 작게
      나. Gmax 작게
      다. 단위굵은골재량은 크게
      라. W/C비는 50% 이하
      마. 공기량은 4% 이하
      사. 슬럼프는 18cm 이하
   3) 시공관리
      가. 시공이음 간격 설치원칙 : 콜드조인트 방지
      나. 연직 시공이음부 : 지수판 설치
      다. 연속타설시간 : 대기온도 25℃ 이하 시 1시간 30분 이내

문제) 강열감량

1. 개요
    1) 강열감량이란 시멘트, 흙 등의 시료를 강열했을 때 손실되는 중량을 강열전 중량 백분율로 나타낸 것
    2) 시험법은 시멘트의 풍화도 측정에 적용

2. 시멘트의 강열감량 시험
    1) 시료를 백금 도가니에 넣는다(1g)
    2) 900~1,000℃ 가열 후 무게측정

    3) 강열감량 = 감량(1g) / 시료의 무게(g) × 100(%)
    4) 강열감량의 기준 : 3% 이하

3. 유기질토의 강열감량 시험
    1) 노건조시료 준비(약2g)
    2) 노건조시료를 700~800℃ 가열 후 무게측정

    3) 유기물함량 = 감량 / 105±2℃의 노건조시료중량 × 100(%)
    4) 유기물 함량이 많을수록 간극이 크며 흙의 성질이 변화

문제) 응력부식

1. 개요
   1) 응력부식이란 높은 응력에서 무응력상태에서보다 녹의 발생이 빠르게 발생하는 현상

2. 응력부식의 원인
   1) 응력상태에서 강재의 조직이 취약해진다.
   2) 부식이나 녹같은 작은 홈이 응력부식을 유발
   3) 강재를 감아 놓은 경우 응력이 작용하는 상태로 방치할 경우
   4) 오일 템퍼션이 주원인

3. 응력부식의 영향
   1) 재긴장을 위해 그라우팅을 늦추고 있을 때 쉬스관 안의 강선이 부식
   2) 그라우팅이 충분하지 않은 경우 부식 발생되므로 강선을 교체
   3) 지연파괴에 의해 PS강선이 갑자기 파단

4. 응력부식의 대책
   1) PS강재의 방청처리
   2) 긴장 후 즉시 그라우팅 실시
   3) 쉬스관을 충분히 충진

문제) 콘크리트의 자기수축

1. 개요
   1) 콘크리트가 외부 조건이나 환경 또는 경화 과정의 물이나 공기의 이탈에 관계 없이 스스로 체적이 감소하는 현상을 자기수축이라 한다.
   2) 자기수축량은 건조수축량에 비해 상대적으로 적으며 일반적으로 건조수축현상 에는 자기수축량이 포함

2. 자기수축 발생 원인
   1) 시멘트의 성분
      가. 자기수축은 시멘트재료적 성분에 기인하는 것으로 추정
   2) 혼화재료
      가. 플라이애쉬는 일반 시멘트에 비해 자기수축량이 적다.
   3) 물시멘트비, 단위시멘트량
      가. W/C비 낮고 시멘트량이 많을수록(고강도, 고내구성 콘크리트) 크다.

3. 자기수축의 영향과 플라이애쉬
   1) 자기수축의 영향
      가. 자기수축 균열
         - 자기수축 현상으로 콘크리트의 균열을 유발할 수 있으나 수축량이 콘크 리트의 인장력 범위 내, 일반적인 경우 크게 문제되지 않음
      나. Mass Concrete 자기수축
         - 자기수축량이 적더라도 부재가 큰 매스 Concrete에서는 균열방지위해 건 조수축량과 구분하여 제어할 필요가 있다.

   2) 플라이애쉬와 지기수축
      가. 플라이애쉬 치환율이 높을수록 건조수축량은 증가하나 자기수축량은 감소
      나. 치환율이 20% 경우 가장 낮은 자기수축량
      다. 건조수축에 대한 자기수축의 비율도 플라이애쉬의 치환율 증가할수록 감소

문제) Pre-wetting

1. 개요
   1) 경량골재 콘크리트에서는 골재를 건조한 상태로 사용하면 콘크리트의 비비기 및 운반 중 물을 많이 흡수한다.
   2) 흡수의 정도를 적게 하기 위해 골재를 사용하기 전에 사전에 흡수시키는 조작

2. 경량골재 콘크리트의 특징
   1) 자중경감, 기초하중이 감소하여 경제적
   2) 단열성, 내화성, 반음성 등이 양호
   3) 운반 타설시 시공성 양호
   4) 다공질이므로 흡수율이 크다.
   5) 재료분리 가능성이 크다.
   6) 강도가 낮다(보통 콘크리트의 70% 정도)

3. 경량골재의 관리 시 유의할 점
   1) 보통 골재보다 흡수율이 커서 품질변동 우려
   2) 콘크리트 펌프사용 시 압송조건, 내동해성 고려
   3) 사전에 충분이 물을 흡수시킨 상태에서 사용

4. Pre-wetting
   1) 골재에 균등한 함수량 관리를 위해 실시
   2) 벨트컨베이어 가동 상태에서 균등 실시
   3) 골재를 2.5m 높이로 쌓아 살수
   4) Pre-wetting에 따른 비용 상승요인

❖ 레미콘 재료의 계량 오차

재료의 종류	측정 단위	1회 계량 분량 오차
시멘트	질 량	-1 %, +2%
골재	질 량	± 3%
물	질량 또는 부피	-2%, +1%
혼화재	질 량	± 2%
혼화제	질량 또는 부피	± 3%

" 안될거란 주위의 고정관념은
꼭 될거란 너의 곧은 신념으로 깨뜨리길 "

문제) 환경친화 Concrete

1. 개요
    1) 환경친화 콘크리트란 지구환경의 부하저감에 기여하며 생태계와의 조화 또는
       공생을 기하여 쾌적한 환경을 창조하는데 유용한 콘크리트

2. 환경친화 Concrete 분류
    1) 환경부하 저감형 에코 콘크리트
        가. 콘크리트 제조 및 사용 시
        나. 콘크리트 제품 활용 시
    2) 생물 대응형 에코 콘크리트
        가. 생물 서식지 확보 콘크리트
        나. 생물 서식지 보호 콘크리트

3. 문제점(시멘트 제조 시 환경공해)
    1) 시멘트 제조 시 많은 에너지원 소비 및 이산화탄소 발생
    2) 시멘트 1톤 제조 시
        가. 중유 100L 소요
        나. 전력 120kwh 소요
        다. CO_2 870kg 배출

4. 환경부하 저감형 에코 콘크리트
    1) 자원을 이용한 콘크리트
        가. 에코 시멘트를 사용한 콘크리트
        나. 혼화재를 사용한 콘크리트
        다. 리사이클 콘크리트
        라. 사용효과
            - 폐기물 처분 대응
            - 에너지 유효 이용
            - CO_2 배출 억제
            - 골재 및 석회석 자원 보존
    2) 콘크리트 제품을 활용한 콘크리트
        가. 콘크리트를 다공질화하여 투수성, 흡음성, 수질정화, 식재 등 환경부하 조
            절 기능을 갖춘 콘크리트
        나. 투수성 포장 콘크리트
            - 지하수 저하방지 및 토양의 사막화 방지 기능
            - 주차장, 보도, 교통량이 적은 차도에 한정 적용(강성부족)

5. 생물 대응형 에코 콘크리트
    1) 식생 콘크리트
    2) 수질 정화 콘크리트

문제) 화해

1. 개요
    1) 콘크리트는 현재 사용하고 있는 재료 중 가장 내화성이 풍부한 재료
    2) 화재 시와 같이 일시적으로 노출되는 경우에 견디는 성질을 내화성이라 한다.
    3) 원자력 용기와 같이 연속하여 고온에 노출되는 경우의 성질을 내열성이라 한다.

2. 화해의 피해
    1) 강도 저하
        가. 가열하면 시멘트 수화열은 결정수를 방출
        나. 500℃ 전후에서 $Ca(OH)_2$ 가 분해하여 CaO
        다. 750℃ 전후에서 $CaCO_3$ 의 분해 시작
        라. $Ca(OH)_2$ 가 분해에 의하여 콘크리트의 강도는 급격히 감소
    2) 탄성계수 저하
    3) 철근과의 부착력 저하
        - 고온에서 시멘트풀은 탈수하여 수축하고 골재는 팽창하기 때문

3. 맺음말
    1) 인공경량 골재의 경우 강도 저하가 작다.
    2) 60℃~70℃ 정도의 온도에서는 영향을 거의 받지 않는다.

문제) 콘크리트의 습윤양생

1. 개요
   1) 타설이 끝난 콘크리트가 시멘트의 수화작용에 의해 강도를 발현하고 균열 발생을 최소화하기 위해 타설이 끝난 후 일정기간동안 콘크리트를 적당한 온도하에 충분한 습윤상태를 유지시켜야 한다.

2. 습윤양생이 필요한 이유
   1) 표면이 건조하여 내부의 수분이 불충분 시 수화작용이 충분히 되지 않는다.
   2) 콘크리트 타설 후 초기 습윤상태에 따라 콘크리트 강도변화가 심하다.
   3) 외부환경에 따라 표면이 급격히 건조하면 균열 발생

3. 습윤양생
   1) 양생 방법
      가. 살수, 담수에 의한 방법
      나. 젖은 가마니를 덮는 방법
      다. 젖은 포, 젖은 모래로 덮는 방법
   2) 습윤양생기간
      가. 1종보통포틀랜드 시멘트 : 7일
      나. 3종조강포틀랜드 시멘트 : 3일
      다. 4종중용열포틀랜드 시멘트 : 14일
      라. 플라이애쉬, 고로, 혼합시멘트 : 21일
         - 구조물 종류, 위치, 기상조건, 공사기간, 시공 방법
   3) 습윤양생 시 고려사항
      가. 강도증진위해 습윤상태 유지
      나. 장기 습윤양생은 곤란하며 비경제적
      다. 구조물 종류, 기상조건, 공사기간, 시공 방법을 고려하여 습윤양생일을 결정
      라. 거푸집건조 시 살수하여 습윤상태 유지
   4) 습윤양생의 효과
      가. 콘크리트 수화작용에 의한 콘크리트 강도 증진
      나. 수밀성, 내구성 증진
      다. 수분의 증발로 표면균열 발생 방지

문제) Plug 현상

1. 개요
    1) 콘크리트 타설시 압송배관용 배관 Pipe내부가 막히거나 연결 부위의 파손을 유발하는 것을 Plug 현상
    2) 타설 시간이 장시간, 작업지연이나 외부조건에 의해 발생되며 잘못된 배관으로 발생

2. Plug 발생 원인 및 영향
    1) 발생 원인
        가. Remicon 운반 지연
        나. Pump 차량의 고장
        다. 타설시간의 장기화
        라. Slump가 과도하게 낮은 경우
        마. Gmax의 과다하게 큰 경우
        사. 빈배합같은 시멘트량이 적은 배합
        아. 수송관의 불량
    2) 영향
        가. 타설작업 지연
        나. 콘크리트 배합 불량
        다. Slump 저하
        라. Cold Joint 유발
        마. 강도 저하

3. Plug 방지 대책
    1) 타설 전
        가. Remicon운반 시간 준수 및 배차 계획
        나. 타설장비 및 인원 점검
        다. 거푸집붕괴 등 방지조치
        라. 교통대책 수립
        마. 수직, 수평관의 관경 및 압송거리 확인
    2) 타설 시
        가. 타설 시작 시 모르타르 사용
        나. 타설 중단 시 관 내부 콘크리트 제거
        다. 서중 콘크리트 타설 시 Slump 저하방지
        라. 유동화 콘크리트 사용

문제) Pumpability

1. 개요
    1) Pumpability란 Pump 압송에 필요한 유동성, 변형성, 분리 저항성을 나타내는 굳지 않은 콘크리트의 성질
    2) 일반적인 경우 Pumpability는 1m관 내의 압력손실을 말한다.

2. 타설시 최대소요압력(Pmax)의 결정
    1) Pumping시험을 통해 결정
    2) Pmax = 1m관내의 압력손실 × 수평환산거리
    3) 1m관내 압력손실에 영행을 주는 요소
        가. Slump 값이 작을수록 압력손실은 증가
        나. 수송관의 직경이 작을수록 압력손실은 증가
        다. 토출량이 많을수록 압력손실은 증가

3. Pumpability 판단과 시공 시 유의사항
    1) Pumpability 판단
        가. Pumpability의 최대소요압력(Pmax)은 Pump 최대이론토출압력의 80% 이하가 되도록 관리
    2) 시공시 유의사항
        가. 적절한 Pump의 성능확인
        나. 배합
            - 단위수량 증가는 가급적 억제
            - 혼화제 사용검토
            - Gmax는 40mm 이하를 사용
            - Slump 값은 10~18cm 범위
        다. 적절한 배관 계획 : 굴곡은 피한다.
        라. 압송 전 사용할 콘크리트 모르타르, 부배합의 모르타르를 사전 압송한다.
        마. 예비 Pump 배치

문제) 콘크리트용 재료의 보관 방법

1. 개요
    1) 콘크리트는 시멘트, 골재, 물 등 필요에 따라 혼화재료를 사용
    2) 재료는 콘크리트 품질 및 구조물의 영향을 주지 않도록 저장

2. 재료 보관 시 고려사항
    1) 구조물의 기능
    2) 외기환경
    3) 재료의 상태
    4) 재료의 품질변동
    5) 사용시기
    6) 저장기간 등

3. 시멘트 보관
    1) 방습구조로된 Silo 또는 창고에 저장
    2) 품종별로 구분 저장
    3) 지상 30cm 이상 단기적으로 13포, 장기적으로 7포 이하 적재
    4) 6개월 이상 저장 또는 습기 영향 염려 경우 사용 전 적절한 시험 통해 사용여
       부 결정
    5) 시멘트는 온도가 높은 경우 낮춰 사용
    6) 입하순서대로 사용

4. 골재의 보관
    1) 골재의 저장시설은 종류, 입도별로 저장
    2) 일 최대생산량 이상 확보
    3) 이물질 혼입 방지
    4) 적당한 배수시설
    5) 동절기에는 빙설혼입 및 동결 방지 대책
    6) 하절기에는 골재 건조나 온도상승 방지 대책

5. 혼화재료의 저장
    1) 방습된 사일로 또는 창고보관
    2) 혼화재가 비산 방지 대책 강구
    3) 장기저장 시 사용 전 시험 통해 사용여부 판단
    4) 입하순서대로 사용

문제) 수중 불분리성 혼화제(분리저감제)

1. 개요
   1) 수중 불분리성 혼화제는 콘크리트에 점성을 부여 수중에서 물의 세척작용에 시멘트와 골재의 분리를 방지하기 위해 사용
   2) 분리 저감제의 주성분은 셀룰로오스계, 아크릴계의 종류로 구분

2. 분리 저감제의 효과
   1) 수중에서 재료의 분리 저감
   2) Self-Levelling(유동성 우수)
   3) Bleeding 억제

3. 분리 저감제의 특징
   1) 물에 용해되는 점성이 있는 용액을 생성
   2) 비교적 안정적
   3) 고정성, 친수성으로 보수성 확보
   4) 시멘트에 흡착하여 응결지연성을 가짐

4. 분리 저감제를 적용한 콘크리트의 성질
   1) 굳지 않은 콘크리트
      가. 수중에서 분리저항성이 우수
      나. Pump압송성 우수
      다. 유동성 있어 Self-Levelling 우수
      라. 부수성이 높아 Bleeding 억제
      마. 콘크리트의 응결지연
   2) 굳은 콘크리트
      가. 압축강도 : 공기 중에서 제작 공시체의 압축강도와 비슷
      나. 휨강도, 인장강도 : 일반 콘크리트와 비슷
      다. 부착강도 : Laitance와 재료분리가 적어 우수
      라. 동결융해 저항성 : 일반 콘크리트에 비해 감소

❖ 레미콘의 플로우, 공기량

슬 럼 프 플로(mm)	슬럼프 플로 허용오차
500	±75
600	±100
700*	±100
*굵은 골재 최대치수가 15mm인 경우 적용.	

콘크리트의 종류	공기량(%)	공기량의 허용오차
보통 콘크리트	4.5	
경량 콘크리트	5.5	±1.5
포장 콘크리트	4.5	
고강도 콘크리트	3.5	

" 기운내요
이제부터 다시 시작이에요 "

문제) 기포제와 발포제

1. 개요
   1) 기포제는 콘크리트 속에 많은 기포를 포함시켜 부재 경량화와 단열성을 주목적으로 사용하는 혼화제
   2) 발포제는 알루미늄, 아연분말을 콘크리트 속에 혼입시켜 수산화물과 반응하여 수소Gas 발생시켜 콘크리트 또는 모르타르 속에 미세한 기포를 발생시키는 혼화제로 Gas 발생제라고 한다.

2. 용도
   1) 기포제
      가. 경량구조용 부재
      나. 단열 콘크리트
      다. 터널공사의 뒷채움재
   2) 발포제
      가. 프리펙트 콘크리트용 Grut
      나. PSC용 Grut

3. 기포제와 발포제의 종류
   1) 기포제
      가. 합성계면 활성제계
      나. 수지비누계 기포제
      다. 단백질 기포제
   2) 발포제
      가. 수소발생에 의한 것
      나. 산소발생에 의한 것(철근 부식 우려)
      다. 아세틸렌 발생
      라. 탄산가스 발생(중성화 우려)
      마. 암모니아 발생

문제) AE제

  1. 개요
    1) AE제는 콘크리트 속에 미세한 독립 기포를 발생
    2) 콘크리트의 작업성 및 동결융해 저항성을 향상시키기 위해서 적용한다.

  2. 콘크리트 속의 공기량
    1) 연행공기
      가. AE제에 의해 인위적으로 콘크리트 중에 생성된 미세기포
      나. 계면 활성제를 포함한 용액에 강제로 공기를 혼입시켜 발생한 용액에 둘러
         싸인 기포
    2) 갇힌공기
      가. AE제를 사용하지 않은 보통 콘크리트 소량의 공기가 발생하는데 이를 갇
         힌공기라 한다.

  3. AE제가 콘크리트에 미치는 영향과 효과
    1) Workability 개선
      - 공기량 1% 증가 시 Slump 25mm 증가
    2) Bleeding 량의 감소
    3) 동결융해에 대한 저항성 증가
    4) 콘크리트 강도는 공기량 1% 증가시
      - 압축강도 : 4~6% 감소
      - 휨강도 : 2~3% 감소

문제) 콘크리트의 재료분리

1. 개요
   1) 균질한 콘크리트는 어느 부분의 콘크리트를 채취해도 구성 요소인 시멘트, 물, 잔골재, 굵은골재의 구성 비율이 동일해야 하나 굵은골재의 집중과 물이 콘크리트 상부로 부상하는 현상을 재료분리
   2) 콘크리트의 부적절한 배합 및 재료의 비중차이로 발생한다.

2. 재료분리의 원인
   1) 굵은골재의 분리
      가. 단위수량 및 물 시멘트비
         - 단위수량이 크고 Slump값이 크면 재료분리 크다.
         - 물 시멘트비가 크고 점성이 적은 경우 재료분리 크다.
         - 과도하게 단위수량이 적은 된비빔 경우 모르타르 접착성 부족으로 재료분리 발생
      나. 골재의 종류, 입형, 입도
         - 골재 비중 차이가 크면 재료분리가 크다.
         - 잔골재의 세립분이 증가하면 콘크리트의 점성 및 분리 저항성이 증가하여 재료분리가 적다.
      다. 혼화재료
         - 혼화재료는 콘크리트의 응집성을 증가시켜 재료분리가 작다.
         - 혼화재료는 콘크리트의 유동성을 증대시켜 단위수량 줄이고 재료분리가 작다.
      라. 시공
         - 타설 시간, 높이, 다짐 방법에 따라 재료분리에 영향
         - Gmax가 배근간격과 피복두께 보다 큰 경우 재료분리 발생
   2) 시멘트 페이스트 및 물의 분리
      가. 시멘트 분말도
         - 분말도가 작을수록 Bleeding 많다.
      나. 단위수량
         - 단위수량 많을수록 Bleeding 많다.
      다. 적절한 혼화재 사용은 Bleeding 적게 한다.

3. 재료분리 방지 대책
   1) 혼화재료 사용하여 단위수량 최소화
   2) 입형 및 입도가 양호한 골재
   3) Gmax는 너무 크지 않게
   4) 미립분이 적은 잔골재
   5) 적정 타설높이
   6) 적절한 다짐
   7) 거푸집은 시멘트 페이스트 누출 방지 및 견고한 것 사용

문제) MDF 시멘트

1. 개요
    1) MDF 시멘트는 수용성 폴리머를 혼입 시멘트 경화체의 공극 채우고 압출, 사출 방법으로 성형하고 건조상태로 양생
    2) 수용성 폴리머는 시멘트의 내수성을 저하시키기 때문에 수분에 대한 저항성을 높이는 방법이 요구

2. MDF 시멘트의 특징
    1) 콘크리트 강도 증진을 위해 내부의 공기 추출
    2) 주입재 충진보강 효과
    3) 표면 경도증가
    4) W/C비 1% 정도 감소 효과
    5) 건조 수축 균열 감소

그림
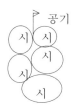

일반 콘크리트   MDF 시멘트

3. 적용대상
    1) ENG 콘크리트(고강도 콘크리트)
    2) 공업용 선반 Plate
    3) 건축용 Tile, 창문 Frame
    4) 건축구조재 – PC 제품
    5) 지하, 해양 구조물
    6) 하중이 크거나 진동, 충격이 발생하는 곳

4. 주의사항
    1) 혼화재 사용
    2) Clinker 효과, W/C비 유지
    3) Slump 값을 12cm이하 유지
    4) 골재의 강도 확보 및 양질의 골재 선정

문제) 수화반응

1. 개요
   1) 시멘트에 물을 가하면 열을 발생하면서 경화되는데 이때 수산화칼슘이 생성
   2) 이러한 현상을 수화반응이라 한다. 이때 발생되는 열을 수화열이라고 하며 시멘트가 응결되는 과정을 수화과정이라 한다.

2. 수화반응 화학식

$$CaO + H_2O \xrightarrow[\text{수화열 발생}]{\text{수화반응}} Ca(OH)_2$$

   CaO : 석회
   H_2O : 물
   $Ca(OH)_2$: 수산화칼슘

3. 수화과정(응결, 경화과정)

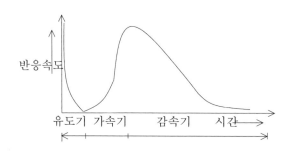

   1) 유도기 → 2) 가속기 → 3) 감속기

4. 수화반응에 영향을 주는 요인
   1) 시멘트의 종류 및 품질
   2) 콘크리트의 규격별 배합
   3) 시공 방법 및 공법
   4) 외부기온 및 환경조건
   5) 시멘트의 분말도
   6) 혼화재료와의 배합 정도

문제) Plug 현상

1. 개요
1) 콘크리트 Pump공법에 의한 콘크리트 타설시 Pipe Line의 청소불량,
   혼합시간 미준수 등에 의해 Pipe가 막히는 현상
2) 서중, 한중에서의 콘크리트 타설시 발생, 주로 시공자, 감독자의 부주의에서 발생

2. Plug현상 고려사항

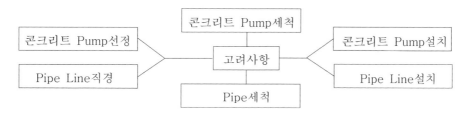

3. 콘크리트 Pump공법의 문제점
1) Pipe연결부위, Pipe노후 등 막힘 원인
2) 한번 막힘 보수해야 할 Pipe 과다
3) Cold Joint 발생
4) 공기지연 등 발생

4. Plug 원인
1) Pipe Line내의 미물질 및 거친골재 사용
2) 공기압력의 부족
3) 콘크리트 블리이딩 및 Pipe Line의 수밀성 부족
4) 동절기 Pipe 내에 결빙발생
5) 서중 시 콘크리트의 Slump의 저하
6) 노후된 Pipe 사용 및 Pumping 중단

5. Plug 대책
1) Slump 저하 시 적절한 혼화제(지연제 등) 사용
2) 장비는 적절한 유지관리
3) Pipe Line 직경, 두께, 청소상태 점검
4) 콘크리트의 유동성 확보
5) 서중 콘크리트 타설 시 Pumping 중단 시간을 가급적 최소화
6) 서중 콘크리트 타설 시 외부기온 고려

문제) 수경율

1. 개요
    1) 시멘트 원료의 조합관리나 시멘트 쿨링커의 성분관리에 이용되는 수치 중 가장 대표적인 것
    2) 시멘트 내 Sio_2, Al_2O_3, Fe_2O_3 성분에 대한 CaO성분의 비율로서 대략 1.7~2.4의 범위

2. 수경율(H.M)

    1) $H.M = \dfrac{CaO}{Sio_2 + Al_2O_3 + Fe_2O_3}$

    2) 포틀랜드 시멘트의 수경율
        가. 보통포틀랜드 시멘트 : 2.05~2.15
        나. 조강포틀랜드 시멘트 : 2.20~2.27
        다. 초조강 포틀랜드 시멘트 : 2.27~2.40
        라. 중용열 포틀랜드 시멘트 : 1.95~2.00

3. 수경율의 특성
    1) H.M ≤ 1.7 : 강도발현 불충분
    2) H.M ≥ 2.4 : 체적 안전성 저하
    3) 수경율이 크면 규산3석회가 많이 생성되기 때문에 초기강도 높고 수화율이 큰 시멘트

4. 맺음말
    1) CaO, Sio_2, Al_2O_3, Fe_2O_3 성분의 합은 포틀랜드 시멘트 화학 성분의 90% 이상을 차지한다.
    2) 양의 비율의 극히 조급한 변화에 따라 쿨링커의 제조조건, 강도발현성, 수화열, 화학저항성 등 대부분의 성질이 결정되므로 품질 판정에 중요한 의미를 가짐

■ 레미콘의 품질

❖ 강도
→ 1회의 시험 결과는 구입자가 지정한 호칭 강도 값의 85% 이상 이어야 한다
→ 3회의 시험 결과 평균값은 구입자가 지정한 호칭강도 값 이상이어야 한다.

❖ 슬럼프

슬 럼 프(mm)	슬럼프 허용오차
25	±10
50 및 65	±15
80 이상	±25

" 사람은 행복하기로
마음먹은 만큼 행복하다 "

– 링컨

문제) 백화현상

1. 개요
   1) 백화란 시멘트 콘크리트, 벽돌 등의 표면에 바람, 비 등 외기에 의해
      생기는 백색의 결정체
   2) 백화현상은 시멘트중의 수산화칼슘이 공기 중의 탄산가스와 반응해서 생기는 것으로
      재료의 선택 및 우천 시 공사중지 등의 철저한 시공관리가 요구

2. 백화현상의 종류
   1) 1차 백화
      - 혼합수중의 용해된 가용성분이 시멘트 경화체의 표면 건조에 의해 수분이
        증발함으로써 백화발생
   2) 2차백화
      - 경화된 시멘트 경화체에 2차수인 우수, 지하수, 양생수 등이 침입하여 내부에서
        건조되면서 시멘트 경화체내의 가용성분이 용출하여 백화발생

3. 백화현상의 영향
   1) 벽체 외관에 흰가루가 형성되어 미관저해
   2) 한번 발생 시 제거곤란
   3) 내구성 및 강도 저하, 구조체 조기열화
   4) 마감제 변형, 탈락

4. 백화현상의 발생 원인
   1) 설계 미비로 인한 구조물의 부등침하로 우수등 침입
   2) 부실시공에 의한 재료와 재료사이 수밀성 부족으로 우수등 침입
   3) 외부마감 재료 내의 반응성 물질에 의해 발생
   4) 시공시 Joint 부위의 수분 침투로 발생

5. 백화현상의 방지 대책
   1) 설계 시 부등침하 대책수립
   2) 지면과 접촉면은 2차 백화 발생에 주의
   3) 외부마감재료 양질로 선정
   4) 구조체 콘크리트의 수밀성 확보
   5) 마감재 표면 또는 구조체 시공 시 발수제 첨가 및 도포
   6) 처마 차양 등 설치로 우수차단
   7) 습윤양생 및 우기 시 작업금지

문제) 철근 콘크리트 구조물의 허용균열폭

1. 개요
    1) 구조물에 작용하는 응력이 인장강도를 초과 시 균열이 발생
    2) 균열의 예상영향
        가. 구조적 결함 유발 및 내구성 저하
        나. 외관손상 및 철근 부식 초래 등으로 방수 성능저하
    3) 설계 단계부터 재료, 배합, 시공 등에 유의하여 균열 발생 억제에 관심
    4) 구조적 비구조적 균열로 구분

2. 균열폭의 허용기준
    1) 콘크리트의 구조적인 안전성 등을 고려, 면밀하게 검토하고 적절하고 신속한
       보수, 보강 조치를 실시

허용 균열폭(mm)   콘크리트 구조설계 기준

강재의 종류		강재의 부식에 대한 환경조건			
		건조환경	습윤환경	부식성환경	고부식성환경
철근	건물	0.4	0.3	0.004	0.0035
	기타구조물	Fc	Fc		
프리스트레싱 긴장재		Fc	Fc	–	–

* Fc는 최소피복두께

노출조건에 따른 허용균열 폭

노출 조건	허용 균열폭(mm)
건조한 외기 또는 보호막 있는 경우	0.040
습한 외기 또는 지중	0.030
제빙용 화학 혼화제 이용 시	0.18
해수 또는 건습의 교차	0.15
수조 구조물	0.10

3. 균열 보수
    1) 방수성 및 내구성의 회복
    2) 구조물의 안전성과 미관 고려
    3) 보수목적 범위 내에서 경제성 고려
    4) 구조적 결함일 경우 보강을 병행

문제) 빈배합과 부배합

1. 개요
   1) 빈배합이란 콘크리트 배합 시 단위시멘트량이 비교적 적은 150~250kg/㎥
      정도의 배합, 부배합이란 단위 시멘트량이 300kg/㎥ 이상의 배합
   2) 콘크리트 배합 시 부배합일수록 경화과정에서 수화열 발생이 많아 균열 발생이
      빈번 또 빈배합일수록 점성이 적어 최적의 배합이 중요

2. 배합의 요구성능

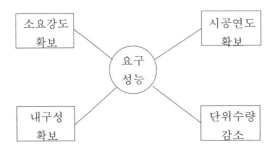

3. 배합설계 Flow Chart

4. 빈배합의 특징
   1) 수화열이 적어 균열 발생이 적다.
   2) 알칼리 골재반응이 적다.
   3) 경화 시 콘크리트 온도 상승이 적으므로 서중 콘크리트 타설 시 유리
   4) 배합 시 비빔시간이 길다.
   5) 구조체 강도 저하우려
   6) 재료분리 쉽다.

5. 부배합의 특징
   1) 경화 시 높은 수화열 발생으로 균열 발생 우려
   2) 수밀성, 강도, 내구성 저하
   3) 콘크리트 온도 상승으로 Precooling, Pipe Cooling 등의 양생
   4) 조기강도가 높아 한중 콘크리트 타설 시 유리
   5) 비경제적인 배합

문제) Pre-Tension과 Post-Tension

1. 개요
- 콘크리트 부재에 사전에 인장력(긴장력 도입)을 주어 콘크리트의 내구성을
  연장해 주는 방식

2. Pre-Tension과 Post-Tension

구 분	Pre-Tension	Post-Tension
원 리	콘크리트 강재와의 접착력	콘크리트 단부의 정착장치
모식도	지지대 / 제품 / 긴장된 강선	정착 / 강선 / Sheath관
적 용	공장제품	현장제작
시공순서	- 철근배근 및 강재 긴장 - 거푸집설치 - 콘크리트 타설 / 양생 - 경화 후 강재 절단	- 거푸집설치 및 Sheath관 매치 - 콘크리트 타설 / 양생 - Sheath관 내 강선삽입 - fck × 85%일 때 긴장 / 정착
공법종류	- 연속식 (Long - Line) 　→ 침목 등 여러 개 생산 - 단독식 　→ 철재 Mold 이용, 1개만 생산	- 부착된 Post-Tension 　→ Sheath관 내 Grouting - 부착되지 않은 Post-Tension 　→ Grouting 미시행 부식 우려 있으나 재긴장 가능
장점 단점	- 대량 생산가능 - 곡선배치 불가	- 임의의 다양한 형태 제작 - 특수한 긴장장치 필요
유효율	0.80	0.85

문제) Eco-Concrete, Porus-Concrete

1. Eco-Concrete
    1) 지구환경에 부하를 저감시키고 생태계와 조화 또는 공생하는 자원 재활용이
       가능한 친환경적 다공질 콘크리트
        가. 공극률 : 5~35%
        나. 강도 : 5~20Mpa
        다. 골재 : 잔골재가 없는 입도균등 쇄석

2. Porus-Concrete
    1) 콘크리트 내부를 다공질로 만들어 내부에 연속 또는 독립공극이 다량으로 형성
       되도록 한 콘크리트

3. Eco-Concrete, Porus-Concrete 종류 및 용도
    1) 종류
        가. 생물 대응형
        나. 환경부하 저감형
    2) 용도
        가. 투수 콘크리트 : 투수성 포장, 배수성 포장
        나. 흡음 콘크리트 : 방음벽, 주택벽체
        다. 생태 콘크리트 : 호안블럭
        라. 식생 콘크리트 : 도로 절개지, 건물옥상
    3) Porus-Concrete 용도
        가. 환경열수지 제어
        나. 환경수 수지제어
        다. 오염된 하천의 수질 정화용
        라. 법면 보호용 - 식재가능
        마. 수중의 어초 블록용
        바. 고속도로 변 화단 - 흡음 및 식재
    4) Porus-Concrete 특징
        가. 물이나 공기가 자유롭게 통과
        나. 투수성이 크다.
        다. 수질정화기능
        라. 흡음성이 크다.
        마. 식물생육(법면)

문제) 사용성과 내구성

1. 개요

구 분	사용성(Serviceability)	내구성(Durability)
정 의	- 구조물의 안전에는 지장이 없으나 미관을 저해하고 사용에 불편을 초래하는 정도	- 환경조건에 저항하는 성능으로 내화성, 내동해성, 내마모성
검토항목	- 균열, 처짐, 진동, 피로	- 염해, 중성화, 알칼리골재, 동해, 황산염
설계법	- 허용응력설계법	- 강도설계법
설계상태	- 사용한계상태(SLS)	- 극한한계 상태(ULS)

- 콘크리트 구조물 설계 : 내구성을 기준으로 강도설계법
  강 구조물 설계법 : 사용성을 기준하는 허용응력 설계법

2. 사용성
   1) 균열

구 분	건조환경	습윤환경	부식성 환경	고부식성 환경
건 물	0.4mm	0.3mm	0.004	0.0035
기 타	0.006	0.005		

   2) 처짐
      - Creep, 건조수축
   3) 진동 : 내진설계
   4) 피로

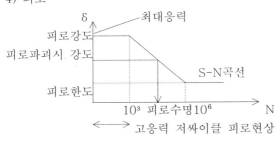

Concrete 피로수명 : 100만
강재 피로수명 : 200만

3. 내구성
   1) fck = 30Mpa 이상   2) W/C = 45~50%
   2) 피복두께 : 12cm   4) Epoxy coated reber
   3) 염화물 함유 : 0.3kg/㎥ 이하   6) 표면피복

문제) 굵은골재 최대치수

1. 개요
   1) 굵은골재는 체 규격 5mm표준망체를 85% 이상 남는 골재
   2) 굵은골재 치수가 커지면 단위수량과 잔골재율은 감소하고 강도는
      증가하나 신공연도는 나빠진다.

2. 굵은골재의 구비조건
   1) 견고하고 모양이 구형에 가까울 것
   2) 밀도가 높고 물리적, 화학적 성질이 안정될 것
   3) 풍화되지 않고 시멘트 페이스트와 부착력이 좋을 것
   4) 내구성, 내화성이 클 것

3. 굵은골재 최대치수의 결정

구조물의 종류	굵은골재의 최대치수
매시브한 콘크리트(큰교각, 큰기초 등)	80~100
어느 정도 매시브한 콘크리트 (교각, 두꺼운벽, 큰아치 등)	50~80
두꺼운 슬래브	40~50
슬래브, 기둥, 보, 벽	25
확대 기초	40
지하벽, 케이슨	50

4. 굵은골재가 콘크리트에 미치는 영향
   1) 굵은골재 최대치수가 커지면 단위수량이 감소하여 콘크리트의 강도 증가
   2) 굵은골재 최대치수가 커지면 단위 시멘트량의 감소로 건조수축 감소
   3) 굵은골재 최대치수가 커지면 w/c가 감소하여 콘크리트 강도 증가
   4) 40mm를 초과하면 오히려 콘크리트의 부착강도가 저하

■ 밀도 및 흡수율 (KS F 2530, 2504)

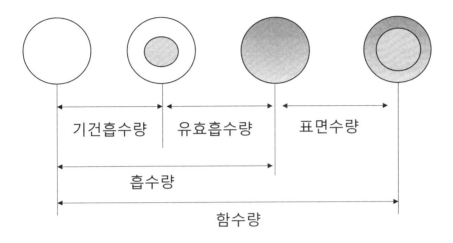

절건 밀도 - 절대 건조 상태의 밀도

표건밀도 – 표면 건조 포화 상태의 밀도

" 희망은 비용이
전혀 들지 않는다 "

– 콜레트

논술

문제) 콘크리트의 블리딩 정의, 시험 방법, 저감 대책

1. 블리딩 정의
   1) 굳지 않은 콘크리트에서 비중이 큰 골재와 시멘트는 가라앉고 비중이 낮은 물과 공기는 수로 형성하며 위로 상승하는 현상
   2) 즉 재료 비중 차이에 따른 재료분리 발생되는 현상
   3) 표면에 도달, 고여 있는 물을 water gain
   4) Bleeding수가 증발하여 찌꺼기가 표면에 남는 것을 Laitance

2. 블리딩 시험
   1) 시험목적
      가. 콘크리트내의 재료분리 상태 파악
      나. 시간경과와 블리딩(%) 관계 파악
   2) 시험 방법
      가. 용기 내 3층으로 매회 25회 두드린다.
      나. 외부 표면을 10~15회 두드린다.
      다. 용기높이 21±0.3cm가 되도록 고른다.
      라. 시험시작부터 40분까지 10분 간격 체크
      마. 블리딩 정지 시까지 30분 간격으로 블리딩을 메스실린더에 넣고 물의 양을 기록
   3) 시험결과

      가. 블리딩 = 물의 블리딩량ml(V) / 노출단면적㎠(A)

      나. 블리딩률 = 블리딩 물의 양(B) / 시료속 총 물의 양(C)

      다. 주의사항
         - G-max가 50mm 이하만 시험
         - 블리딩은 2~4시간 이내 종료

3. 블리딩의 영향요인
   1) 재료적 측면
      가. 시멘트
         - 비표면적이 클수록 블리딩 적다.
         - 응결시간이 빠른 시멘트를 사용할수록 블리딩 적다.
      나. 골재
         - 쇄석 골재가 보통골재보다 크다.
         - 골재 표면이 작을수록 블리딩 적다.
      다. 혼화재료
         - AE제, 감수제는 블리딩 적다.
         - 고성능 감수제 사용시 블리딩 적다.

그림

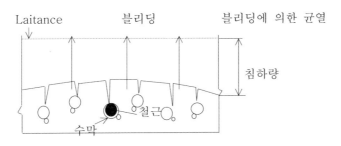

블리딩 현상

　2) 배합적인 측면
　　가. 단위수량이 많으면 블리딩이 크다.
　　나. 블리딩은 타설 후 2시간까지는 상승
　3) 시공적인 측면
　　가. 타설속도가 빠를수록 블리딩이 크다.
　　나. 타설높이가 높을수록 블리딩이 크다.
　　다. 다짐 많을수록 블리딩 크다.
　　라. 거푸집 표면의 평활도가 높을수록 블리딩 크다.

4. 블리딩 저감 대책
　1) 단위수량을 낮춘다.
　2) G-max 가능한 적게
　3) 된비빔 콘크리트 제조
　4) S/A 적당히 조절
　5) 경량골재보다 중량골재가 유리

5. channeling과 sand streak
　1) channeling
　　가. W/C 높은 Con'C에서 타설후 물. 시멘트. 페이스트가 물길을 따라 위로 상승(부
　　　상)하는 현상
　2) sand streak
　　가. channeling 현상에 의해 모래가 남은 자국으로 선의 형태(Line)를 띤 것
　3) water Gain : Bleeding수가 타설 표면에 고여 있는 현상

그림

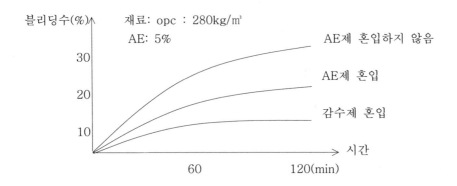

AE제와 감수제 사용량과 Bleeding 수량 관계

문제) 친환경 콘크리트(ECO-Con'C)

1. 친환경 콘크리트 개요
    1) 친환경 콘크리트란 지구환경 부하저감에 기여
    2) 생태계와의 조화 또는 공생을 기하여 쾌적한 환경을 창조하는데 유용한 콘크리트

2. ECO-Con'C 분류
    1) 환경부하 저감형 ECO-Con'C
        가. 콘크리트 제조 및 사용 시
        나. 콘크리트 제품 활용 시
    2) 생물 대응형 ECO- Con'C
        가. 생물 서식지 확보 Con'C
        나. 생물 서식지 보호 Con'C

3. ECO-Con'C 문제점
    1) Cement 제조 시 많은 에너지원 소비와 이산화탄소발생
    2) 시멘트 1톤 제조 시
        가. 중유 100리터 소요
        나. 전력 120kwh 소요
        다. CO_2 870kg 배출

4. 환경부하 저감형 에코 콘크리트 분류 및 특성
    1) 자원을 이용한 콘크리트
        가. 종류
            - 에코시멘트를 사용한 Con'C
              도시쓰레기, 하수슬러지, 산업폐기물을 원료로 하여 제조한 시멘트
            - 혼화재를 사용한 Con'C
              플라이애쉬, 고로슬래그등 산업 부산물을 혼화재 및 시멘트 혼화재료로 사용
            - 리사이클 Con'C
              사용이 끝난 Con'C를 파괴하여 재생골재로 사용한 Con'C
        나. 사용효과
            - 폐기물처분 대응
            - 에너지 유효 이용
            - CO_2 배출 억제
            - 골재 및 석회석 자원보존
    2) 콘크리트 제품을 활용한 콘크리트
        가. 콘크리트를 다공질화
            - 투수성, 흡음성, 수질정화, 식재 등
            - 환경부하 조절기능을 갖춘 Con'C

나. 투수성 포장 Con'C
- 지하수 저하방지 및 토양의 사막화 방지기능
- 주차장, 보도, 교통량이 적은 차도에 적용(강성부족)

5. 생물 대응형 에코 콘크리트
1) 식생콘크리트
가. 도로변 경사면 터널입구, 건물옥상 등 설치
나. 수분유출 억제 및 차음, 흡음, 방화 효과 기대
다. 환경보전, 경관향상 및 지구 환경 부하의 저감
2) 수질정화 콘크리트
가. 골재를 시멘트 페이스트에 접착시켜 만든 다공질 Con'C
나. 표면에는 공극이 많아 미생물을 부착 → 수질처리 효율 높임
다. 다양한 생물의 서식지 역할 및 수질정화 기능

문제) 레미콘 압축강도 검사로트(Lot)와 시험규정 적용사례

1. 개요
1) 레미콘이란 판매목적으로 주문자의 주문에 의해 생산, 운반되어지는 아직 굳지 않은 콘크리트를 말한다.
2) 국내에서는 KS F 4009에 의거관리

2. 공장선정시 고려사항
1) KS허가 공장
2) 운반거리, 배출시간, 생산능력
3) 운반능력, 제조설비, 품질관리 상태

3. 품질 시험규정(시험빈도 150㎥당 1회)
1) 강도 및 W/C비
   가. 품질변동 없도록 생산
   나. 1회 시험결과 호칭강도 값의 85% 이상(1조 기준)
   다. 3회 시험결과 호칭강도 이상(3조 기준)
   라. W/C는 강도, 내구성, 수밀성 기준, 최소치로 지정
   마. 양생은 표준 수중양생 20± 2℃
   바. 재령은 보통 28일, 특주품 경우 구입자가 지정 일수

4. 제조관리
1) 재료관리
   가. 재료는 품종, 규격별로 보관
   나. 시멘트는 풍화방지
   다. 골재는 대소입자가 분리방지
   라. 골재 저장소 바닥은 배수용이
   마. 골재 저장소 지붕 설치 및 덮개(살수장치 설치)
2) 운반차
   가. 운반은 트럭믹서나 에지데이터 이용
   나. Con'C 비빔 후 25℃ 이상 → 90분 이내
   　　　　　　　　25℃ 미만 → 120분 이내 배출
   다. 포장용 Con'C 경우 덤프트럭 운반시간 한도는 60분 이내
   라. 에지데이터 이용 시 Con'C의 1/4 및 3/4지점에서 배출된 Con'C의 슬럼프 차이가 3cm 이내
   마. 덤프트럭 이용 시 Con'C의 1/3, 2/3 지점에서 배출 시 슬럼프 차이가 2cm 이내 또한 보호 덮개 사용
   바. 대기 시간 최소화하고 Con'C 온도 유지 관리
3) 믹서
   가. 가경식 : 90초 이상
   나. 강제식 : 60초 이상

다. 어느 경우에도 3분 이상 금지
라. 믹서의 혼합성능 및 혼합시간 결정
4) 계량
가. 재료의 계량오차 (허용치)

재 료	허용범위(%)
시 멘 트	-1, +2
골 재	±3
물	+1, -2
혼 화 제	±3
혼 화 재	±2

나. 오차원인
- 계량기의 기계적 오차
- 재료투입 조작오차
5) 타설 전, 중, 후 관리
가. 타설 전 현장도착 Con'C 관리시험실시
- 항목 : 슬럼프, 공기량, 염화물함유량, 온도, 공시체제작
- 시험 합격한 Con'C 타설개시
나. 타설 중
- 다짐(과소, 과대주의)철저
- 이음부 처리 조속히 처리
다. 타설 후
- 철저한 양생관리로 균열관리

문제) 콘크리트 건조수축 균열 발생 기구 및 배합설계 측면 방지 대책

1. 콘크리트 건조수축균열 개요
    1) 콘크리트는 건조하면 수축하고 습윤 시는 팽창
    2) 시멘트 페이스트가 수분유출로 인한 증발로 인해 부피가 감소함으로써 수축
    3) 건조수축으로 인한 균열 발생

2. 건습에 의한 체적변화
    1) 시멘트
        - 시멘트량에 따라(시멘트량이 많아지면 수축량 증가)
        - 분말도가 낮으면 건조수축이 크다.
    2) 골재
        - 흡수율이 크면 작다.
        - 골재량이 많으면 작다(잔골재는 반대).
    3) 배합비
        - W/C, 단위수량, 함수량에 비례
    4) 혼화제
        - 경화촉진제 사용 시 초기 건조수축증가(수화열증가)
        - 감수제, 지연제는 효과 없음
    5) 기타
        - 온도 높고 습도 낮으면 건조수축 크다.
        - 증기양생 수축감소
        - 부재 크기가 클수록 수축이 커짐
3. 온도변화에 의한 체적변화
    1) 콘크리트의 열팽창계수
        가. 사용재료, 배합에 따라 다름
        나. 골재량이 적을수록 큼
        다. 인공경량 골재의 열 팽창계수는 보통 콘크리트의 70~80% 정도
    2) 체적변화고려 설계적

4. 건조수축 특징
    1) 수분흡수 시 팽창, 건조 시 수축
    2) 경화 초기에 급격히 증가
    3) 장기에 걸쳐 천천히 진행
    4) 재령 1년까지는 균열 발생 지배함

5. 건조수축균열 대책
    1) W/C비 감소
    2) G-max 크게
    3) S/A 최소
    4) 적절량 철근 배근

5) 팽창성 시멘트 사용

6) 양생철저

7) 분말도 높은 시멘트 사용

8) 시공줄눈(이음) 적정설치

6. 건조수축 시험법

1) 조건

가. 시험편(25*25*285mm) 종방향 길이 수축량 측정

나. 몰탈에서만 규정

2) 시험법

가. 양수조에서 72hr양생 → 기준길이 측정

나. 재령일 4, 18, 25일 길이측정

다. 1/100만 측정기록

3) 계산

$$Est = t \, / \, B + C \cdot \ell$$ BC : 상수

   t : 시간

7. 결론

1) 건조수축 균열은 시멘트 페이스트에 기인

2) 단위시멘트량이 많을수록 건조수축은 커지므로 단위시멘트량을 줄여야만 건조수축이 저감

3) 또한 양생관리 및 재료에 대한 여러 가지 대책을 강구하여 시공에 임해야 건조수축 균열을 줄일 수 있다고 사료됨

문제) 콘크리트의 동해 열화현상 분류, 원인 및 방지 대책

1. 열화의 개요
    1) 열화란 콘크리트가 시공된 후 구조물 성능이 저하되어서 일어나는 물리적, 화학적인
       현상

2. 콘크리트 열화 현상원인
    1) 구조물은 시공 재료 등에서부터 열화원인
    2) 허용량 초과한 해사, 혼화재의 다량첨가, 알카리량 많은 시멘트
    3) 반응성 물질을 함유한 골재 등 시공재료에 기인하는 열화요인
    4) 철근의 피복두께 부족 등의 시공 관련된 열화요인

3. 콘크리트 열화현상에 따른 종류 대책
    1) 중성화
       가. 알칼리성이 저하되는 현상, 중성화 진행되면 철근 부식 진행
           콘크리트 균열 및 탈락현상 발생
       나. 원인
           - 콘크리트 탄산화
           - 산성모양의 접촉
           - 화재
       다. 대책
           - 내구성이 큰 골재 사용(비중이 큰 양질의 골재)
           - 수밀한 콘크리트 생산을 위한 배합
           - 저발열 시멘트의 사용억제
           - W/C비, 공기량 낮게
           - 충분한 초기양생 및 피복두께 확보
           - 다짐철저, 표면마감제 사용(에폭시-레진모르타르)
    2) 염해
       가. 콘크리트 내 염화물 존재
           → 강재부식, 구조물의 조기염화
       나. 원인
           - 미세척 바다 모래 사용
           - 경화촉진제로 염화칼슘 사용
           - 염화물 함유된 물 사용
       다. 대책
           - 에폭시 도막 철근 사용
           - 해사 사용시 세척 및 해수 사용금지
           - W/C, slump 가능한 한 적게
           - 단위수량, s/a 작게
           - 감수제, AE제의 사용
           - 시공이음 발생하지 않도록 타설계획 수립

- 피복두께는 충분히 적절한 양의 방청제 사용
- 습윤양생실시 → 균열 발생 억제

그림

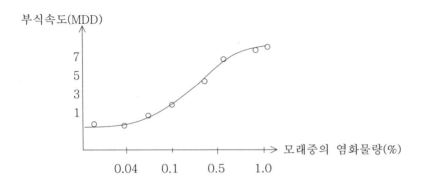

염분량과 부식속도 (저항 분극법)

3) 동해
  가. 원인
    - 비중 작은 골재 사용(다공질 흡수율이 큰 경우)
    - 초기동해(굳지 않은 콘크리트)
    - 동결온도 지속
  나. 대책
    - 비중 크고 강도 높은 골재 사용, 혼화재(AE) 사용
    - W/C, 단위수량 가급적 낮게
    - 골재분리방지, 다짐철저
    - 보온, 급열양생
4) 알칼리 골재반응
  가. 원인
    - 수분 : 콘크리트 다습, 습윤상태
    - 반응성 골재 사용
    - 시멘트의 알칼리성분
  나. 대책
    - 콘크리트 표면에 방수성 마감재료 피복
    - 골재의 반응성 여부조사
    - 양질의 포졸란 사용
5) 화학적 침식
6) 유해한 균열

7) 재료분리
   가. 콘크리트 재료 중 비중 차이에 따른 시멘트, 골재의 국부적인 집중
   나. 수분이 상부면으로 모이는 현상
   다. 대책
      - 단위수량 적게, 골재는 입도 양호한 것 사용
      - G-max는 작게, 잔골재는 미립분이 포함되지 않게
      - 콘크리트 타설높이는 높지 않게, 적절한 다짐실시
      - 거푸집은 시멘트 페이스트 누출방지, 견고한 것 사용

■ 탄산화(중성화)

| 경화콘크리트 | 탄산가스→알칼리성 상실 | 중성화 |

PH 12~13의
강 알칼리성

철근표면의
보호막 형성

부식방지

$$Ca(OH)_2 + CO_2 \rightarrow CaCO_3 + H_2O$$

수분, 산소 및

탄산가스

→ 철근의 부식

" 훌륭한 판단은
경험에서 비롯되지만
경험은 서투른 판단에서 비롯된다 "
－ 나폴레옹

문제) 시멘트의 응결시간 시험 방법, 시멘트의 품질특성이 응결시간에 미치는 영향

1. 개요
    1) 시멘트란 물질과 물질을 접합시키는 재료
    2) 무기질 결합제
    3) 보통포틀랜즈 시멘트는 석회질, 점토질원료를 혼합 소성하여 얻은 쿨링커에 석고를 가하여 분쇄한 것

2. 시멘트의 응결, 성질 및 품질시험
    1) 응결
        가. 시멘트 페이스트가 시간경과에 따라 유동성, 점성 상실고화하는 현상
        나. 조직이 치밀해져 단단해지는 상태를 경화
        다. 응결이 빨라지는 경우
            - 분말도가 클수록
            - C_3A가 많을수록
            - 온도가 높을수록
            - 습도가 낮을수록
        라. 응결이 지연되는 경우
            - 석고 첨가량이 많을수록
            - W/C비가 클수록
            - 시멘트가 풍화될수록
        마. 보통포틀랜드 시멘트는 1.5~2시간에 응결시작하여 3~4시간 내 종료
            KS규정에서는 1시간에 시작 10시간 이내로 규정
    2) 분말도
        가. 단위 무게당 비표면적 입자의 굵고 가는 정도
        나. 분말도 높은 시멘트는 물과의 접촉 면적이 커서 수화작용 빠르고 초기강도 높다.
        다. 분말도가 높은 시멘트는 워커블한 콘크리트 얻고 블리딩 감소
        라. 분말도가 높은 시멘트는 수축, 균열 발생 가능성 크다, 풍화되기 쉽다.
        마. 시험
            - 브레인 공기투과 장치이용, 비표면적 즉 시멘트 1g에 대한 입자의 전체 표면적을 구하는 것(cm^2/g)
            - 보통포틀랜드 시멘트의 비표면적은 $2800cm^2/g$ 이상

3. 수화열
    1) 시멘트 물의 반응은 발열반응, 물과 접촉 후 응결, 경화하는 과정 중 일정 재령까지 발생한 열량의 합계를 수화열
    2) 시멘트의 종류, 화학조성, 분말도, w/c등에 다르며 수화열 큰 시멘트는 한중공사에 사용, 매시브한 콘크리트 온도 균열의 원인

4. 강도
   1) 강도 영향 주는 인자는 분말도, 수량, 양생 방법 등이 주요소
   2) 강도 시험은 시멘트 품질검사, 콘크리트의 강도를 추정하기 위해

5. 안정도
   1) 시멘트 경화중 체적팽창하여 팽창균열 휨 등이 생기는 정도
   2) KS L 5107 오토클레이브 팽창도 시험 방법
   3) 팽창도는 0.8% 이하로 규정

6. 밀도
   1) 콘크리트 단위중량 및 배합설계 등의 계산
   2) 풍화정도 및 시멘트 양부판단
   3) 혼합물 혼입, 풍화진행되면 밀도값 감소
   4) 보통 밀도는 약 3.15g/㎤ 정도
   5) 시험
      - 르샤틀리애 비중병에 정재 광유 0~1cc 사이 주입
      - 시멘트 64g 넣어 증가하는 용량 측정
      - 비중 = 시멘트 중량(64g) / 비중병의 눈금차(cc)

7. 풍화
   1) 대기 중 수분 흡수하여 가벼운 수화반응 일으켜 수산화칼슘 생성
   2) 수산화칼슘이 이산화탄소와 반응해서 탄산칼슘생성
   3) 풍화된 시멘트 특징
      가. 응결지연
      나. 강도, 밀도 저하
      다. 강열감량 증가

8. 맺음말
   1) 시멘트 품질은 양질의 콘크리트를 만드는 데 매우 중요
   2) 시멘트 저장 시 주의사항을 숙지하여 철저한 관리유지가 필요
   3) 사용 시에는 품질확인 시험 통하여 판단

문제) 압축강도용 공시체종류, 양생 방법 및 품질관리 활용

1. 개요
    1) 콘크리트는 타설 후 소요기간까지 경화에 필요한 온도, 습도 조건을 유지
       유해한 영향을 받지 않도록 충분하게 양생
    2) 양생 방법과 일수는 구조물종류, 시공조건, 입지조건, 환경조건 등
       상황에 다라 정한다.

2. 압축강도용 공시체종류
    1) 원주형공시체 : 한국, 미국, 일본등 주로 사용
    2) 입방형공시체 : 독일, 영국등 30, 20, 15, 10cm 등
    3) 공시체 형상이 원주형보다 입방공시체 일 때 압축강도가 높음
    4) 공시체 치수가 작을수록 압축강도가 높음

3. 양생의 종류
    1) 습윤양생
        가. 수중
        나. 담수
        다. 살수
        라. 잦은포(앵생매트, 가마니)
        마. 젖은모래
        사. 막 양생 - 유지계, 수지계
    2) 온도제어양생
        가. pipe cooling 연속살수 : 매스 콘크리트
        나. 단열, 급열, 증기, 전열양생 : 한중 콘크리트
        다. 살수양생 : 수중 콘크리트
        라. 증기, 급열양생, 촉진양생

4. 양생 방법
    1) 양생 원칙
        가. 타설 후 즉시 표면보호
        나. 지속적 수분유지
        다. 양생 시 콘크리트 온도유지(최적요건유지)
        라. 강도 발현 전 진동으로부터 보호
    2) 표면보호
        가. 서중 시공 시 직사광선 및 바람에 직접 노출되지 않도록
        나. 한중 시에는 한풍, 냉기에 노출되지 않도록
        다. 서중 시 콘크리트 내, 외부 온도차 20℃ 내 관리

5. 양생 불량 시 문제점

   1) 서중 시공 시 : 초기균열 발생 : 소성수축, 침하균열
   2) 한중 시공 시 : 초기동해 발생
   3) 수화작용 촉진 및 건조수축에 의한 균열 발생
   4) 수화작용 지연에 의한 강도 발현 지연
   5) 타설 후 10℃ – 48시간
                5 ℃ – 72시간 유지, 0℃ 48시간 유지 후 5Mpa 도달 시까지

6. 특수조건에서 양생대책

   1) 서중양생 : 일평균기온 25℃ 또는 최고 30℃ 초과
      가. 양생 방법 : 습윤, 피막양생
      나. 주의사항 : 표면보호, 지속살수(콘크리트 및 거푸집)
                    피막양생 병용
   2) 한중양생 : 일평균기온 4℃ 이하의 경우
      가. 양생 방법 : 보온, 급열양생
      나. 주의사항 : 표면보호, 지속살수(Con'C) 급열 양생 시 온도관리

7. 맺음말

   양생 개시 후 7일 이내 콘크리트 품질은 결정된다고 해도 과언이 아니다.
   특히 7일 동안 콘크리트 보호 및 수분유지 상태를 지속적으로 점검하여
   콘크리트에 초기결함을 제공하지 않도록 하여야 한다.

문제) 서중 콘크리트 문제점 재료 및 시공측면 대책

1. 개요
    1) 서중 콘크리트란 일평균 기온 25℃ 또는 최고 30℃를 초과하는 경우 타설하는 콘크
       리트
    2) 서중 콘크리트는 운반 중 슬럼프저하 수화작용 촉진에 따른 균열 발생 우려
    3) 타설 후 콘크리트 온도가 낮아지도록 시공대책 수립이 필요

2. 서중 시 콘크리트 특징
    1) 기온에 따른 단위수량 증가
    2) 운반 중 슬럼프 저하
    3) 빠른 응결로 cold joint 발생 우려
    4) 수화열상승 균열 발생
    5) 이상 발현으로 강도 저하

3. 서중 콘크리트 문제점
    1) 굳지 않은 콘크리트
        가. 소요수량 증가
        나. 운반 중 슬럼프 저하 → workability 저하
        다. 응결 수화열로 인한 온도상승 → 단위수량 감소
        라. 연행 공기량 감소, 워커빌리티 불량
    2) 굳은 콘크리트
        가. 타설 후 급격한 수분증발로 소성수축 균열 발생
        나. cold joint 발생
        다. 건조수축으로 인한 내구성 및 강도 저하

4. 시공시 재료 및 시공측면 대책
    1) 재료적 측면
        가. 시멘트
            - 수화열 상승방지 → 중용열 시멘트 사용
            - 시멘트 온도가 낮도록 저장
        나. 골재
            - 그늘진 장소 shelter 설치된 곳에 보관
            - 살수하거나 균일한 습윤상태로 보관
        다. 물
            - 가능한 저온의 물 사용(얼음 이용)
            - 얼음 사용 시 비비기 완료 전 얼음이 완전히 녹도록 한다.
        라. 혼화제
            - 지연제 → 은결시간 지연, slump 저하 방지
            - AE감수제 → 온도증가에 따른 단위수량 감소

마. 재료의 온도가 콘크리트 온도에 미치는 영향
- 콘크리트 온도 1℃ 저하에 필요한 재료별 온도
- 물 4℃, 골재 2℃, 시멘트 8℃

2. 시공적 측면
 1) 배합
  가. 단위수량, 단위시멘트량 최소화
  나. 콘크리트 온도 30℃ 이하 관리
  다. 단위수량 감소위해 감수제 및 유동화제 사용
 2) 운반
  가. 운반시간 최소화(60분 이내)
  나. 대기시간 최소화(배차시간 조절)
 3) 타설 전 준비사항
  가. 거푸집, 철근 살수하여 냉각
  나. 구 콘크리트면 지반등도 미리 살수하여 냉각
 4) 타설
  가. 연속타설로 타설 종료까지 시간엄수
   → 25℃ 이상 : 90분 이내
   → 25℃ 미만 : 120분 이내
  나. 다짐 마무리 작업 신속처리, cold joint 방지
  다. 야간 저온 타설로 품질관리 향상
 5) 양생
  가. 타설 후 콘크리트 표면보호 및 습윤양생(24시간 이상)
  나. 습윤양생은 5일 이상 지속적인 살수
  다. 넓은 면적의 slab, 도로 경우 막 양생실시

5. 맺음말
 서중에서의 콘크리트 시공 시 대기온도 수화열로 인한 문제점을 최소화하기 위해서는
 재료의 저장단계, 운반, 타설 및 양생단계에서 철저한 사전계획 및 품질관리가 요구된다.

문제) 콘크리트 혼화재료 종류 특징

1. 개요
    1) 시멘트, 물, 골재 이외 재료 굳지 않은 콘크리트 성질 및 굳은 콘크리트 성질을
       개선하기 위해 사용하는 재료
    2) 사용량에 따라 혼화재, 혼화제로 구분

2. 혼화재료의 사용목적
    1) workability 개선
    2) 초기 및 장기강도 증진
    3) 응결시간 조절
    4) 발열량의 조절
    5) 내구성의 향상
    6) 알칼리 골재반응 억제
    7) 수밀성 증대
    8) 기포콘크리트 제조
    9) 철근 부착강도 증가 및 녹발생 방지

3. 혼화재
    1) 종류
        가. 포졸란 작용 : 플라이애쉬, 규조토, 화산재, 규산백토
        나. 잠재수경성 : 고로슬래그 미분말
        다. 팽창 : 팽창제
        라. 고강도 : 규산질 미분말
        마. 착색 : 착색제
        사. 기타 : 고강도용 혼화재, 폴리머, 중량제 등

2. 주요 혼화재 사용효과

종 류	사 용 효 과	비 고
플라이 애쉬	- 워커빌리티 개선, 단위수량 저감 - 수화열에 의한 온도상승 방지 - 장기강도 증진 - 수밀성 및 화학 저항성 개선 - 알칼리 골재반응 억제 - 건조수축 저감	- 초기강도 발현 늦으므로 shotcrete 사용불가
고로슬래그 미분말	- 수화열 발생속도 지연 - 장기강도 증진 - 수밀성 증대 - 해수등에 대한 화학 저항성 증대 - 알칼리 골재반응 억제	- 양생 부적절하면 강도 저하 및 중성화 촉진 우려
실리카흄	- 재료분리 적고 블리딩 감소 - 고강도화 - 수밀성 및 화학저항성 향상 - 단위수량 증가 - 건조수축 증가	- 고성능 감수제와의 병용 필요
팽창재	- 균열 발생 저감 - 균열 내력 향상 - 경화 후에도 팽창 지속	

3. 혼화제
  1) 혼화제의 종류 및 사용효과

종　류		사　용　효　과	비　고
AE제		- 워커빌리티, 재료분리 개선 - 내동해성, 피니셔빌리티 개선	
감수제		- 단위수량 저감, 강도 내구성 향상 - 시멘트량 저감, 수화열에 의한 수축균열 저감	
고성능 감수제		- 단위수량 대폭저감, 고강도 콘크리트 제조	
AE감수제	표준형	- 감수제, AE제 양 효과	
	지연형	- 감수제, AE제 양 효과, 지연효과	
	촉진형	- 감수제, AE제 양 효과, 촉진효과	
고성능AE감수제 표준 / 지연형		- 단위수량대폭저감 - 고강도, 고 내구성 콘크리트	
유동화제 표준 / 지연형		- 단위수량 동일시 슬럼프 증대 - workability 향상	
응결 조절제	촉진제	- 수화반응 촉진, 조기강도 증대 - 한중 콘크리트, 거푸집 조기제거	
	지연제	- 수화반응 지연, 타설가능시간 확대 - cold joint 방지, 서중 Mass콘크리트 - 초기수화열 저감	

5. 맺음말
  1) 혼화재료는 반드시 품질 확인된 후에 사용
  2) 혼화재료는 사용목적에 적합한 것 사용하고 정확한 계량 실시 후 사용

■ 구조물이 갖추어야 할 내구성

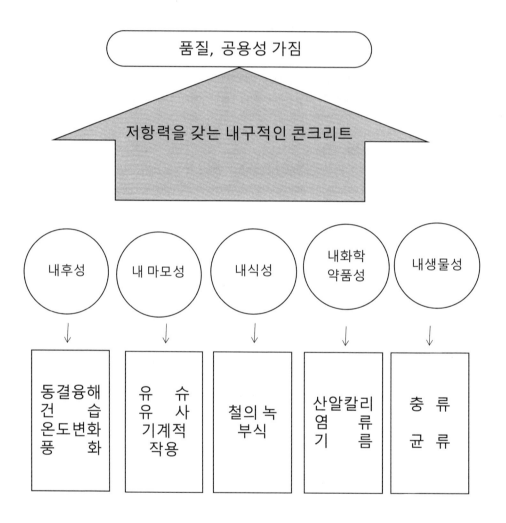

품질, 공용성 가짐

저항력을 갖는 내구적인 콘크리트

내후성	내 마모성	내식성	내화학 약품성	내생물성
동결융해 건 습 온도변화 풍 화	유 슈 유 사 기계적 작용	철의 녹 부식	산알칼리 염 류 기 름	충 류 균 류

자신있게
　　도전하라 !

문제) 비파괴 시험법

1. 개요
    1) 비파괴 시험은 육안조사와 콘크리트 구조체의 강도평가 및 결함조사 방법으로
       널리 활용
    2) 강도평가 비파괴 시험으로는 반발법, 공진법, 음속법, 복합법, 인발법,
       숙성도법, 관입저항법
    3) 결함조사 비파괴 시험으로는 육안조사, 방사선법, 자분탐상법, 약물침투 탐상법,
       초음파법

2. 강도 평가의 비파괴시험
    1) 반발경도법(슈미트 해머법)
       - 콘크리트 표면을 테스트해머에 의해 타격, 반발경도로부터 압축강도 구함
       가. 슈미트 해머의 종류
           - N, NR 타입 → 15Mpa 이상, 보통 강도용
           - P 타입 → 10~15Mpa, 저강도용
           - M 타입 → 고강도, 매스 콘크리트용
       나. 시험 방법
           - 초기치보정 → 엔빌타격, 기준(80±1), R = 80±2 인정
           - 측정위치 표면연마
           - 20점타격 → 간격 3cm 이격
           - 측정 반발 경도의 평균 R계산 → 평균값 ±20% 제외
           - 보정반발경도 R_0 계산
           - 강도추정 R_0 (수정반발경도) = R + $\triangle$R(타격각도에 의한 보정값)
                   Fc = 13 R_0 - 184, Fck = α × Fc (α는 재령 보정계수)
    2) 음속법
       가. 결함발견, 구조체 콘크리트의 균일성 판정
       나. 품질변화조사, 압축강도 추정등에 이용, 초음파 시험기 이용
       다. 탄성파 전달속도를 측정하여 평가
       라. 45 KHZ 내외 저주파 이용 - 직접법, 간접법
    3) 관입저항법, 인발법
       가. 관입저항기를 사용
       나. 콘크리트에 핀을 압축 관입시켜 관입길이, 인발력측정
    4) 성숙도법
       가. 타설 후 시멘트의 수화반응으로 발생하는 수화열을 누적한 적산온도로
           콘크리트 강도추정
    5) 복합법
       가. 2종 이상 비파괴 시험치 병용(반발경도 + 초음파속도법)

6) 강도평가 적용시기(조사목적)

    가. 과도한 균열, 콘크리트 탈락, 처짐등 구조체가 약화되는 경우

    나. 구조체가 손상된 경우

    다. 사용하중에 대한 구조 적합성이 의심스러운 경우

    라. 설계, 시공 등 구조물에 결함이 있다고 보이는 경우

3. 결함조사의 비파괴 시험

  1) 초음파 속도법

    가. 초음파이용(탄성파 + 반사파의 파형)

    나. 내부결함, 균열깊이평가

  2) 충격 탄성파법

    가. 충격 탄성파의 반사파 파형(진폭주기, 감쇄 특성)

    나. 내부결함(공동, 이물질) 유무, 범위, 크기 평가

  3) 방사선법

    가. 약한 방사선 장기투시, 투영된 영상 인화하여 평가

    나. 즉시파악곤란, 기록으로 보전

  4) AE법

    가. 미세균열진전, 전파 시 방출되는 음향크기 측정

    나. 균열의 진전여부 평가

  5) GPR법

    가. 고주파 레이다 발진 → 반사파 파형특성 측정

    나. CRT모니터(화상변화)

    다. 내부결함깊이, 크기, 철근상태평가(깊이 20cm 이상 철근탐사에 적용)

6. 맺음말

  1) 콘크리트결함, 즉 열화는 여러 원인에 의해 발생, 복합적으로 작용

    그 원인을 명확히 규명하기가 곤란

  2) 열화증상으로는 균열, 백화, 들뜸, 박락 등 나타나며 열화는 균열을 동반

    콘크리트 건정성 평가 시 균열 조사는 필수적 조사항목

문제) 초기 콘크리트 성질

1. 개요
1) 굳지 않은 콘크리트는 비빔 직후부터 거푸집에 콘크리트를 넣고 다진 후 소정의 강도를 발휘할 때까지의 콘크리트

그림

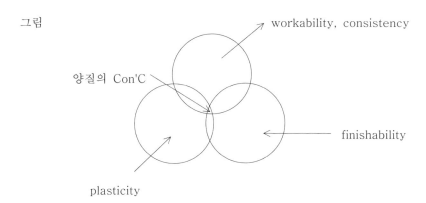

콘크리트의 성질

2. Fresh Con'C 성질
1) consistency : 반죽의 되고 진 정도
2) workability : 반죽질기 여하에 따른 작업의 난이 정도
3) plasticity : 성형 정도
4) finishability : 마무리 정도
5) pumpability : 펌프용, 콘크리트의 워커빌리티 판단

3. Fresh Con'C의 성질파악 방법
1) slump test
2) 다짐계수 시험
3) flow test
4) vee-bee시험

4. Fresh Con'C의 요구되는 성질
1) 작업이 용이
2) 반죽질기, 점도 및 워커빌리티가 양호
3) 골재분리 및 블리딩, 레이턴스가 적어야 한다.
4) 재료 변형 시 적어야 한다.

문제) 콘크리트 구조물의 보수재료 및 보강섬유 종류 특징

1. 개요
    1) Con'C 구조물은 균열 불가피, 외관상 구조적으로 불안정 시 균열보수는 필수적
    2) 균열 발생 원인 및 구조물에 영향을 고려, 적절한 균열보수공법 및 재료 선정
    3) 또한 보수재료에 따라 구조물 내구성 및 사용연수 등에 많은 차이가 발생
       재료 선정이 중요

2. 보수재료의 조건 및 종류
    1) 보수재료의 구비조건
       가. 구조물 표면에 부착력 및 접착력 우수
       나. 균열부 완전주입 가능
       다. 보수 후 Con'C 내부에서 열화분해하지 말 것
       라. 경화 시 무수축
       마. 충분한 강도 확보
    2) 보수재의 종류
       가. 무기계
          - 무수규산소다, 벤토나이트 석고
          - 시멘트 : 팽창, 급열, 초속경, 보통시멘트
       나. 유기계
          - 에폭시, 폴리머, 아스팔트

3. 보수재료의 특징
    1) 수지계 결합재
       가. 종류
          - 열경화성수지 : 에폭시, 폴리에스테르
          - 열가소성수지 : 폴리에틸렌, 폴리염화비닐
          - 아스팔트 : 변성아스팔트, 타르변형수지
       나. 특성 : 액상수지계, 미립충전재, 세골재, 조골재를 첨가
          - 장점 : 내약품성 우수, 접착성 우수, 경화시간 조절용이
          - 단점 : 내화, 내열성 부족, 경화 시 수축이 크다.
          - 온도가 높아지면 경화빠름, 가사시간 단축
       다. 규격(건교부지침) 주입용
          - 비중 : 1.2 ± 0.2
          - 가사시간 : 30분 이상
          - 압축강도 : 600kg/㎠ 이상
          - 휨강도 : 400 이상
          - 인장강도 : 200 이상

2) 폴리머결합제 - 액상, 분말폴리머

　　가. 특성

　　　　- 균열폭 0.2 이상 균열에 유효(미세균열곤란)

　　　　- 방청처리재, 단열복구재, 피복재료 등

　　　　- 장점 : 휨, 인장강도, 신장능력 크다.

　　　　　　　　방수성 및 동결융해 저항이 크다.

　　　　　　　　건조수축이 적다.

　　　　　　　　내충격, 내마모성

4. 보강 방법

　1) 보강목적 : 구조물 기능증진

　2) 보강대상 : 구조적, 균열 발생부위

　3) 보강 방법의 종류

　　가. passive method : 강판, 섬유보강

　　나. active method, pre stress

　4) 특징

　　가. 인장강도 높다 - 탄소섬유는 철근 10배 이상

　　나. 부식에 안전 - 강화섬유 수지로 구성, 부식 없다.

　　다. 시공간단, 공사가 용이

　　라. 보강효과가 높으며 단면증가 없다.

　　마. 부재의 비틀림 발생 시 시트파손 우려

5. 맺음말

　콘크리트에 균열 발생 시 구조물의 강도, 내구성, 수밀성이 저하되어 열화가 촉진
적절한 보수, 보강 공법을 채택하여 구조물의 내하력을 향상시켜야 한다.

문제) 레미콘 강도, 설계기준 강도에 미달되었을 경우
현장에서의 조치 방법 설명

1. 개요
   1) 콘크리트 재료는 본질적으로 비균질적인 재료, 품질관리가 용이하지 않다.
   2) 콘크리트 배합 시 설계기준강도보다 강도를 크게 하는데 이를 배합강도라고 한다.
   3) 현장에서 압축강도가 기준 미달되는 경우가 발생
      그 원인을 검토하고 품질기준을 충족시키는지 여부를 판단하여 처리

2. 강도가 작게 나오는 경우
   1) 설계기준강도보다 3.5Mpa 이상 작게 나타나면 구조물 하중 지지내력이 부족하지
      않도록 적절한 조치
   2) 문제된 부분에서 코아 채취 후 압축강도 실시(3개 1조)
   3) 콘크리트가 건조된 경우 코어는 기건상태
                습윤상태 경우 코어는 습윤상태 시험
   4) 압축강도 평균값이 fck의 85%에 달하고 각각 강도가 fck의 75%보다 작지 않으면
      구조적으로 적합

3. 재하시험에 의한 구조물의 성능시험
   1) 콘크리트가 동해, 강도 안전에 의심이 생긴 경우
      책임 기술자가 필요하다고 판단 경우 재하시험 실시
   2) 구조물의 성능을 재하시험에 의해 확인할 경우 목적에 적합하도록 정함
   3) 재하도중 및 재하 완료 후 구조물의 처짐 변형률 등이 설계에 있어서
      고려한 값에 대해 이상 있는지 확인
   4) 재하시험 기준은 콘크리트 구조설계 기준
   5) 구조물에 이상 판단 경우 책임기술자 지시에 따라 구조물보강, 적절한 조치

4. 압축강도에 영향을 주는 요인
   1) 구성 재료
      가. 골재강도가 시멘트 페이스트보다 크면 시멘트 페이스트 강도에 좌우
      나. 골재의 입형, 크기는 콘크리트 강도에 영향
      다. 부순돌이 강자갈보다 강도가 크며 G-max가 클수록 크다.
      라. 물은 유해 불순물이 포함되어 있지 않을 것
      마. 풍화한 시멘트 사용금지(강도 저하)
   2) 배합
      가. W/C비
         - W/C비는 강도 좌우하는 가장 큰 요인
         - 일반적으로 W/C비 25% 이상 기준으로 수화반응 원활
         - W/C 1% 증가 시 강도 1Mpa 강도 저하

나. 골재의 입도
- 골재의 공극이 적을수록 강도는 크다.
- 콘크리트 강도는 조립율이 커지면 증가
다. 연행 공기량
- 공기에 의해 발생한 공극은 콘크리트 강도 저하
- 공기량 1% 증가 시 강도는 4~5% 감소

3) 시공
가. 진동기에 의한 다짐 효과는 묽은 반죽의 콘크리트보다 된반죽 콘크리트에서 크다.
나. 콘크리트에 압력 가해서 경화시키면 강도가 크다.

4) 재령
가. 콘크리트 강도는 재령, 즉 경과시간에 따라 증가
나. 짧은 재령일수록 현저, 시일 경과할수록 증가율 둔해진다.
다. 강도의 증진과 재령의 관계는 시멘트의 종류
골재, 양생 상태에 따라 다르다.

5) 시험 방법
가. 재하 속도를 빠르게 하면 강도값이 크게
나. 공시체의 높이와 지름의 비가 클수록 강도가 작다.
다. 공시체 모양이 원주형보다 입방체가 강도값이 크다.

문제) 콘크리트 단위수량 규정치 검토 방법 및 콘크리트 품질 영향

1. 개요
    1) 단위수량은 가능한 같은 조건하에서 적게 사용해야 slump 저하를 기대
    2) 영향을 주는 요소로서는 굵은골재 최대치수, 입도와 입형(실적률)
       혼화재료의 종류, 공기량 등이 있으며 시험을 통해 단위수량 결정

2. 단위수량 감소 방법
    1) AE제, AE감수제, 고유동화제 사용(가장 효과적)
    2) 굵은골재 최대치수 크게, S/A작게
    3) 입도, 입형 양호한 골재 사용
    4) slump test 측정해 가면서 각 재료량 조정

3. 단위수량 감소에 따른 콘크리트 품질영향
    1) 단위시멘트량 감소 → 경제적 콘크리트 제조가능
    2) 건조수축 감소(균열감소)
    3) 수밀성 구조체 이룸(강도, 내구성우수)
    4) 블리딩 및 공극률 감소
    5) 수화열 감소
    6) 동결융해 저항성 우수

4. 맺음말
    콘크리트 배합에 있어 단위수량은 W/C비에 직접적 영향을 주며 이로 인한 품질 저하가
    가장 큰 요인, 충분한 시험과 양질의 재료를 사용하여 가장 경제적이면서도 내구성과
    강도를 갖춘 콘크리트 생산이 필요할 것이다.

문제) 콘크리트의 자기수축 정의 시험 방법 및 수축저감 대책

1. 개요
    1) 콘크리트가 외부조건이나 환경(온도, 습도), 경화과정의 물, 공기 이탈관계 없이
       스스로 체적이 감소하는 현상
    2) 자기수축량은 건조수축량에 비해(1/10 정도) 일반적으로 건조수축
       현상에 자기수축량 포함

2. 자기수축 발생 원인
    1) 시멘트의 구성성분
        - 자기수축은 시멘트의 재료적 성분에 기인하는 것으로 추정
    2) 혼화재료
        - 플라이애쉬는 일반시멘트에 비해 자기수축량이 적다.
    3) 물 - 시멘트비와 단위 시멘트량
        - W/C비가 낮고 시멘트량이 많을수록(고강도, 고내구성 Con'C) 크다.

3. 자기수축의 영향과 플라이애쉬
    1) 자기수축의 영향
        가. 자기수축균열
            - 자기수축으로 Con'C균열을 유발할 수 있으나 수축량이 Con'C인 장력
              범위 이내이기 때문에 일반적인 경우 문제되지 않음
        나. Mass Con'C에서의 자기수축
            - 자기수축량이 적더라도 부재가 큰 Mass Con'C에서는 균열방지 위해
              건조수축량과 구분하여 제어할 필요 있다.
    2) 플라이애쉬와 자기수축
        가. 플라이애쉬 치환율이 높을수록 건조수축량 증가, 자기수축은 감소
        나. 플라이애쉬 치환율이 20% 경우 가장 낮은 자기수축량
        다. 건조수축에 대한 자기수축의 비율도 플라이애쉬 치환율이 증가할수록 감소

■ 콘크리트의 열화원인

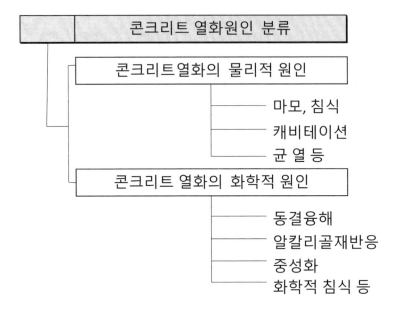

콘크리트 열화원인 분류

콘크리트열화의 물리적 원인
- 마모, 침식
- 캐비테이션
- 균 열 등

콘크리트 열화의 화학적 원인
- 동결융해
- 알칼리골재반응
- 중성화
- 화학적 침식 등

" 할 수 있다고 생각하기
때문에 할 수 있는 것이다 "
　　　　　　　　　　　- 베르길리우스

문제) 콘크리트 품질관리를 위한 시험 방법

1. 개요
   1) 콘크리트는 골재, 시멘트, 혼합수, 혼화재료로 구성, 콘크리트 생산 전에 각 재료에
      대한 품질보증이 있어야 되며 충분한 시험 후 합격된 재료 사용
   2) 생산된 콘크리트는 타설중, 후에도 각종 품질시험으로 콘크리트 구조물의
      결함은 사전 예방할 필요가 있다.

2. 콘크리트 공사의 특징
   1) 시멘트 시험
      가. 콘크리트 강도는 시멘트 강도에 비례
      나. 콘크리트 원가의 50%가 시멘트 원가
      다. 시멘트 몰탈강도 시험
         - 시멘트 : 표준사 = 1 : 2.45
         - W/C : 48.5%
         - 플로우값 : 100~115cm
         - 공시체 : 5×5×5cm (정육면체)
         - 압축강도 시험실시 (빈도 300ton마다)
            δ3 = 13Mpa, δ7 = 22Mpa, δ28 = 29Mpa 이상
   2) 골재시험
      가. 골재채취 : 4분법 분취기
      나. 항복 : 입도, 조립율, 비중, 흡수율, 마모, 안정성, 유기불순물 등
   3) 수질시험
      가. 상수도 이용 시 문제 없음
      나. 지하수, 하천수 등은 시험 후 사용
   4) 혼화제시험
      가. 화학성질, 물리적 성질, 품질검사

3. 타설 중 검사
   1) 콘크리트의 반죽질기
      가. 콘크리트의 워커빌리티 측정
         - slump test(슬럼프 시험)
         - compacting factor test(다짐계수 시험)
         - flow test(흐름시험)
         - vee-bee test(비비 시험)
      나. 국내기준 : 슬럼프 시험
      다. 콘크리트 특성 파악에 매우 중요

2) 공기량시험

    가. 내구성, 동결융해, 저항성 측정

    나. 시험 방법 : 중량법, 워싱턴 공기량 측정법(공기실 압력법)

    다. AE제 사용 시 반드시 측정함

    라. 규정 – 일반 콘크리트 : 4.5±1.5%

                 경량 콘크리트 : 5.0±1.5%

                  고강도 콘크리트 : 3.5±1.5%

3) 공시체 제작 및 강도시험

    가. 시험종류 : 압축, 휨, 인장강도 등

    나. 공시체 제작

      - 규격 : $\varnothing 10 \times 20$cm (휨강도용 : $15 \times 15 \times 55$cm)

      - 재령일 : 87, 828, 6개월 등 (조당 3개씩 제작)

      - 보통 콘크리트 압축강도 실시(포장 콘크리트는 휨강도 실시)

4. 타설 후 검사

  - 타설된 콘크리트가 실내 시험 결과와 상이

  - 공시체 강도 미실시

  - 타설 상황, 양생 조건이 특이한 경우

  1) 코아 채취법

    가. 시험하고자 하는 부분의 콘크리트 직접 시료 채취

    나. H : D = 2 : 1이상(최소 1 : 1)

  2) 슈미트해머시험

    가. 측정면에 3×3cm 간격으로 20점 이상

    나. 두께 10cm 이하 부재나 모서리부는 피함

    다. 습윤상태 시험 시는 $\triangle R = +5$ 경도 보정

    라. 일본재료학회 R = $13R_{\circ}$ – 184

    마. 재령에 따른 보정계수 적용

5. 맺음말

콘크리트는 타설 전, 중, 후 철저한 품질검사가 이루어져야 한다.

특히 타설 전 재료에 대한 품질시험과 타설 중 시험 결과에 대한 안전성이 확보되어야만
완성된 제품에 대한 신뢰감을 기대할 수 있다.

문제) 콘크리트 내구성 저하요인 및 방지 대책

1. 개요
    1) 콘크리트 구조물은 기상 조건의 영향으로 온도, 습도 등의 변화에 따른 품질 변화가
       생기며 특히 동결융해 작용으로 콘크리트 균열이 가중되어 내구성 저하
       따라서 콘크리트 구조물이 기능을 발휘하기 위해서 충분한 신뢰성이 확보되어야 한다.

2. 각종 작용에 대한 영향(내구성)
    1) 기상작용
        가. 원인
            - 건습반복작용
            - 동결융해작용
            - 온도변화
            - 유수작용
        나. 동결융해 작용대책
            - AE제사용, 동결융해 저항성 증대(3~6% 공기량 확보)
            - W/C비는 가급적 적게
            - 흡수율 적은 골재 사용
            - 내구적 골재 사용
    2) 건습작용
        가. 원인
            - 콘크리트는 습윤상태에서 표면건조하면 수축에 의해 균열 발생
            - 건습 작용에 의해 균열 가중됨

3. 중성화
    1) 콘크리트가 대기 노출되면 대기 중 탄산가스와 수산화칼슘이 반응
       알칼리성을 상실하는 현상
    2) 중성화로 인해 수분 침투 시 철근, 녹 발생으로 체적이 팽창
       철근 부착력상실, 콘크리트 균열 발생
    3) 대책
        가. W/C비 적게
        나. 수밀성 콘크리트 제조
        다. AE감수제 사용 → 공기량 적정확보, 수량감소효과
        라. 흡수율 적고 내구성 골재 사용

4. 화학물질
    1) 산류
        가. 염산, 황산, 질산 등 콘크리트 침식발생
        나. 황산액 : 부피팽창 콘크리트 파괴
        다. 황산액 방지 대책 : 규산3석회 4% 이하 내황산염 시멘트 사용
                            고로슬래그, 플라이애쉬 사용

2) 염류

    가. 염이 콘크리트 침투 시 철근 부식

    나. 대책 : 피복두께 증가, 혼합시멘트 사용, 화학저항성 증대

3) 유류

    가. 식물, 어류 → 콘크리트 표면 부식

    나. 당류 → 콘크리트 침식(열화시킴)

5. 해수작용

1) 해수에 침식발생 - 경화체 다공화 및 용적 팽창하여 균열 발생

2) 조석간만의 차 큰 곳 해수피해 큼

3) 해수 중 콘크리트 강도는 저하 (약 55~80% 정도)

6. 알칼리골재반응

1) 원인 : 시멘트 알칼리 성분이 골재 실리카와 반응하여 팽창균열 발생

2) 대책

    가. 저알칼리 시멘트 사용 (시험에 의하면 0.6% 이하 시멘트)

    나. 알칼리 무반응 골재 사용

    다. AE제 포졸란 사용

7. 손식에 의한 내구성 저하

1) 원인

    가. 교통 하중으로 인한 충격 공동현상

2) 대책

    가. W/C비는 적게

    나. 내구성, 부착력 좋은 골재 사용

    다. 충분한 습윤양생

8. 전식에 의한 내구성 저하

1) 전류의 영향

    가. 철근 부식 팽창으로 균열 발생, 부착강도 감소

    나. 무근 콘크리트 및 교류는 무관

2) 대책

    가. 콘크리트 건조화 (전기 이동방지)

    나. 지하구조물 방수턱 설치, 침투수 방지, 전기가 지면 접하지 않게

9. 맺음말

콘크리트 내구성의 향상 위해서는 양질의 재료선정, 배합설계, 생산, 운반, 타설, 다짐, 양생관리 등 복합적인 요소를 충족시키고 품질관리와 철저한 시공관리가 필요하다.

문제) 서중 콘크리트 성질변화와 재료 및 배합상 대책 기술

1. 개요
    1) 서중 콘크리트란 일평균 기온 25℃ 이상 되는 경우 또는 외기온도 30℃ 이상인
       경우 시공되는 콘크리트
    2) 하절기 공사 시 타설되는 콘크리트

2. 서중시 콘크리트 특징
    1) 기온에 따른 단위수량 증가
    2) 운반 중 슬럼프 저하
    3) 빠른 응결로 cold joint 발생 빈번
    4) 수화열 상승으로 균열 발생
    5) 이상 발현으로 강도 저하

3. 서중 콘크리트 시공 시 유의사항
    1) 재료적 측면
        가. 시멘트
            - 수화열 상승방지
                → 댐, 포장 콘크리트 : 중용열시멘트 사용
        나. 골재
            - 차광막 설치로 일광, 직사를 피함
            - 살수하거나 온도를 낮추어 사용
        다. 물
            - 가능한 저온의 물 사용(얼음 이용)
            - 물탱크는 지하에 설치, 직사광선 피해야 한다.
            - 가급적 배관 시설은 백색으로 도색하여 열을 차단
        라. 혼화제
            - 단위수량 감소 역할을 하는 것 사용
                → 지연형 감수제, AE감수제, 고성능 감수제, 유동화제 등 사용
    2) 배합적 측면
        가. 콘크리트 온도 30℃ 이하로 관리
        나. AE감수제로 혼합수 증가 투입방지
        다. 지연제 사용으로 급결 방지
        라. 혼화제 검토, 단위수량 최소화
        마. 콘크리트 온도 1℃ 저하에 필요한 재료별 온도
            - 물 4℃, 골재 2℃, 시멘트 8℃

3) 시공적 측면

　　가. 운반
　　　　- 운반은 비비기 후 60분 이내
　　　　- 운반차량 덮개 설치(덤프 경우)
　　　　- 장시간 운반 시 슬럼프 저하 방지(절대가수금지)
　　　　- 슬럼프 저하 시는 유동화제 투입으로 회복 가능
　　　　- 운반차량 대기시간 최소화
　　나. 타설
　　　　- 타설 전 지반, 기초, 거푸집 등 습윤상태 유지
　　　　- 구 콘크리트나 지반위 타설 시 살수로 미리 냉각시킴
　　　　- 연속타설로서 비벼서 치기까지 90분 이내(초과금지)
　　　　- 다짐 및 마무리 작업 신속처리
　　　　- 콘크리트 급결에 따른 cold joint 방지
　　　　- 야간 저온 타설 시 품질관리 수정
　　다. 양생
　　　　- 타설 후 콘크리트 표면보호, 습윤양생(24hr 이상)
　　　　- 주, 야간 온도차에 따른 균열 발생 주의
　　　　- 타설 종료 후 양생관리 철저
　　　　- 콘크리트 내, 외부 온도차 20℃ 이내 관리

4. 맺음말
　1) 서중에서의 콘크리트 시공 시 대기온도 및 콘크리트 자체의 온도상승으로
　　건조수축 균열 발생, cold joint 발생 우려
　2) 강도 저하 품질상 여러 문제발생 우려 높다.
　3) 따라서 재료를 냉각보관, 타설 및 운반 시 대기시간 최소화등 주의를 요한다.
　4) 양생 시 습윤양생으로 균열방지해야 한다.
　5) 타설 시 다짐철저(과소 과대금지)

문제) 철근 콘크리트 구조물 사용하는 재료특성과 관련한 균열 발생 원인과 방지 대책 기술

1. 개요
    1) 콘크리트는 재료, 시공 방법, 외부환경 등에 의해 균열 발생
    2) 재료선정, 시공관리, 품질관리 철저히 함으로써 균열방지 예방가능

2. 균열조사 방법
    1) 육안조사
        가. 균열폭 : 휴대용 Gage 사용
        나. 균열도 작성(외관) : 구간별로 스케치
    2) 비파괴 검사
        가. 초음파 : 내부 균열 발생 여부, 균열 위치 및 크기 파악
        나. 기타 방법 : 방사선투과법, 침투법
    3) 코어채취 검사
        가. 강도, 균열깊이, 크기, 알칼리성 유무반응조사
        나. 콘크리트 내부결함 확인 가능
        다. 압축강도 평균 85%, 각각 75% 이상 시 합격
    4) 설계도면 검토
        가. 설계, 작용하중 비교검토
        나. 균열 발생 부위, 철근 여유분 조사

3. 균열 발생 원인
    1) 재료적 원인
        가. 시멘트
            – 이상응결
            – 수화열
            – 이상팽창
            – 건조수축
            – Bleeding에 의한 콘크리트 침하
        나. 골재
            – 골재함유된 미립자 유해물
            – 알칼리 반응성 골재
            – 입형, 입도 양호한 것
            – 내구성 좋을 것
    2) 시공상 원인
        가. 혼화재료의 불균등 분산
        나. 혼합시간 과다
        다. 타설시 가수
        라. 구조물 타설 순서 부정확, 불충분한 다짐
        마. 철근 배근 불량 및 피복두께 부족

바. 시공줄눈 시공불량

사. 동바리 불량 침하 시

아. 거푸집 조기 탈형(양생부족)

자. 콘크리트 경화전 충격 진동 시

차. 초기양생 시 건조 양생하면 균열 발생

타. 초기동해 발생 시

4. 균열방지 대책

   1) 재료상 대책

     가. 시멘트

        - 응결시간 검사

        - 분말도 큰 시멘트 사용

        - 풍화시멘트 사용금지

        - 블리딩 억제 대책마련

        - AE제 사용

        - W/C비는 적게 산정

        - 수화열 저감 대책

        - 건조수축방지(양생철저)

     나. 골재

        - 유해물 제거

        - 무반응 골재 사용

        - 입형, 입도 양호할 것

        - 내구성 좋은 골재 사용

   2) 시공상 대책

     가. 처짐이 큰 곳부터 타설

     나. 타설시 타설계획 수립(품질관리철저-시간, 간격, 다짐 등)

     다. 양생철저, 진동, 충격금지

     라. 시공이음 없도록 연속타설

     마. 동바리 관리철저(침하, 간격, 처짐 정도 검토)

     바. 초기동해 방지(보온양생)

     사. 거푸집 존치기간 준수 - 강도 확인 후 해체

     아. 초기강도 확보

5. 맺음말

   콘크리트 구조물의 균열은 재료적 요인뿐만 아니라 시공 중 환경적 요인 및 구조
설계적 요인에 의해 발생한다.

   또한 여러 가지 조건에 재료, 생산, 운반, 타설, 다짐, 양생관리에
철저한 대책 및 관리가 요구된다.

■ 내구성

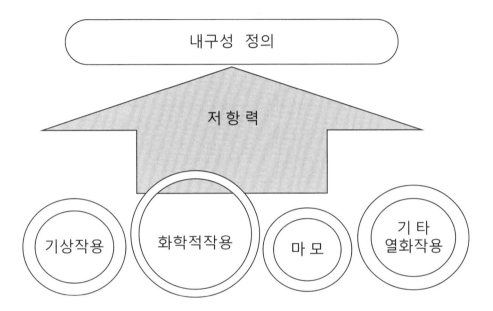

"사람은 실패가 아니라
성공하기 위해 태어난다"
- 헨리 데이비드 소로우

문제) 콘크리트의 워커빌리티에 미치는 인자설명 측정 방법 개선방안

1. 개요
   1) 워커빌리티란 굳지 않은 콘크리트나 몰탈에 있어 반죽질기 여하에 따른
      작업의 난이도 및 재료분리에 저항하는 정도
   2) 굳지 않은 콘크리트 성질인 반죽질기, 성형성, 마무리성, 블리딩, 레이턴스 등과
      밀접한 관계가 있다.

2. 영향 주는 요인 분류
   1) 재료적 요인
      가. 시멘트 품질 → 분말도
      나. 골재 → 입도 및 입형
      다. 혼화재료의 종류
   2) 배합적 요인
      가. W/C비
      나. 단위수량 및 단위 시멘트량
   3) 시간과 온도
      가. 생산 후 타설까지의 소요시간 (길수록 감소)
      나. 콘크리트 온도에 따라 변함 (높을수록 감소)

3. 요인별 미치는 영향
   1) 시멘트
      가. 시멘트량 많으면 성형성 좋음
      나. 시멘트량 적으면 재료분리 발생
      다. 혼합 시멘트는 보통 시멘트보다 성형성 좋음
      라. 분말도 높으면 워커빌리티 증가
      마. 풍화된 시멘트 워커빌리티 감소
   2) 배합 영향
      가. 단위수량 : 많으면 재료분리, 적으면 된반죽, 작업성 유동성결여
                      적절한 W/C비로 산정
      나. 잔골재율 : 적당히 적으면 워커빌리티 양호, 너무 적으면 감소
      다. 공기량 : 비례함
   3) 골재영향
      가. 굵은골재
         - 입형 영향
         - 쇄석보다 강자갈이 워커빌리티 증가
         - 입자의 표면적, 입도 분포가 큰 영향
         - G-max는 시공성에 영향

나. 잔골재
- 입도 영향
- 세립분은 성형성에 큰 영향
- S/A 증가하면 워커빌리티 향상
- 단위수량 증가시켜야 소요 워커빌리티 확보
  (S/A 1% 증가 → 수량 1.5kg 증가)

4) 혼화재료
가. AE제, 플라이애쉬 사용
- 단위수량 감소
- 공기연행으로 워커빌리티 개선
나. 포졸란
- 굵은골재 부족한 콘크리트의 워커빌리티 개선효과

5) 시간과 온도
가. 시간 경과에 따라 워커빌리티 저하
나. 온도 높으면 워커빌리티 저하 (slump저하)

4. 증진대책
1) 시멘트는 분말도 좋고 풍화되지 않은 것 사용
2) 골재는 입도 양호, 입형이 좋을 것
3) 배합
가. W/C비 크게, slump크게, 공기량 적당히(AE제 사용)
나. S/A는 가급적 적게
4) 생산 후 타설까지 시간은 단축하고 고온일 경우 피해서 타설

5. 워커빌리티 측정 방법
1) slump test
2) flow test
3) vee- bee test
4) compacting factor test

6. 맺음말
현장에서 콘크리트 워커빌리티는 slump 시험으로서 측정하여 콘크리트 작업성 판단
또한 콘크리트 생산부터 현장까지의 운반에 따른 slump 저하에 유의
여러 가지 워커빌리티 저하 요인을 생산과정에서부터 개선하여 시공상에 문제가
없도록 사전 품질관리에 철저를 요한다.

문제) 고유동 콘크리트의 사용재료에 따른 분류 평가 방법에 대하여 설명 현장 타설시 유의사항을 설명

1. 개요
   1) 고성능 콘크리트는 high performance concrete라 하며 다짐이 불필요할 정도로 유동성이 좋고 상당한 강도를 얻을 수 있는 콘크리트

2. 목적
   1) 타설 다짐조건에 구애 없이 시공가능
   2) 철근 배근 복잡 구역도 시공가능
   3) 시공성 탁월, 고도 기술을 요하지 않음
   4) 고품질, 고강도 콘크리트 생산

3. 특징
   1) 시공부위
      가. 복잡배근 구조물, 소형구조물, 역타공법 등 다짐 곤란 부위
      나. 타설 방법은 펌프공법이나 배관이용
   2) 제조 방법
      가. 분체형
         - 고로슬래그, 플라이애쉬 등 미분말투입
         - 낮은 w/c비로 콘크리트형성
      나. 증점제형
         - 물. 결합재비는 낮지 않고
         - 증점제 사용, 재료분리 방지
         - 병용형 : 위 두 가지 type 병용
         - 콘크리트 특징

구 분	강 도	발 열	내 구 성	비 고
분 체 형	△	△	○	○ : 대응가능
증점제형	○	○	△	△ : 재료에 따라
병 용 형	○	△	○	대체 가능

3) 배합특징
  가. 사용재료(결합재)
      - 슬래그 미분말
      - 플라이애쉬 미분말
      - 석회석 분말
  나. 높은 유동성
  다. 재료분리 저항성 (분리저감제 사용)
  라. AE고성능 감수제 필수 사용
  마. 미세분말 다량사용

4. 고성능 콘크리트 특성평가 방법
  1) 유동성 시험
      - 유동성은 frash 상태의 변형성상을 총칭하는 것으로 slump test와
        flow시험 2가지로 판단
  2) 분리저항성 시험
      - 구성재료 사이에서 질량차등에 의해 생기는 상대 이동에 저항하는
        성질을 조골재량의 변화량과 통과 효과를 속도 등으로 정량화
  3) 간극통과성 시험
      - 철근 사이나 형틀 사이 등의 간극을 통과하기 쉬운 정도를 정량화
  4) 충진성 시험
      - 현장 상황을 가장 근사하게 평가한 시험으로 철근 주변부나 형틀의 구석구석
        까지 흘러 들어가는 성상을 정량화

5. 문제점
  1) 거푸집 재질
      가. 압력이 수압과 비슷하여 큰 압력작용
      나. 재질 및 구조적 충분한 검토 요망
  2) 블리딩이 거의 없어 표면 마무리 곤란
  3) 믹싱시간이 약간 길다.
  4) 유동거리 먼 경우 조골재 분리

6. 맺음말
  - 고성능 콘크리트는 사용하는 혼화제 및 시멘트 제조 방법에 따라
    차이가 크게 발생
  - 이에 대한 해결책은 연구 중이며 차후 건설공사의 신소재로 사용도가 확대

문제) 매스 콘크리트 재료배합 시공측면에서 균열지수 향상시킬 수 있는 방안

1. 개요
   1) 매스 콘크리트에서 균열 발생 최소화 위해 여러 조건에 의해 발생되는 온도응력계산
   2) 균열지수를 구해 균열 발생 가능성 평가
   3) 평가 방법으로는 실적에 의한 온도균열지수에 의한 평가가 있다.

2. 콘크리트 단열온도 상승곡선
   1) 단열온도 상승에 영향요소
      가. 시멘트 종류
      나. 시멘트 량
      다. 타설시 콘크리트 온도

3. 온도해석
   1) 콘크리트온도 해석 방법
      가. 수치 해석법 – 유한요소법, 유한차분법 등
      나. 간이수치 해석법 – 슈미트법, 칼슨법 등
      다. 열특성치 (열전도율, 열확산율, 비열)
         – 콘크리트 배합에 따라 선택
         – 일반값 (일반 콘크리트 구조물)

열 특성치 (열계수)	사 용 값
열 전도율	2.2~2.4
열 확산율	0.003~0.004
비 열	0.25~0.3

4. 온도응력 해석
   1) 해석 방법
      가. 균열 발생 가능성이 가장 큰 위치 및 재령에서 온도응력 계산
      나. 계산 방법 : 유한요소법, 근사계산법
   2) 온도응력 발생종류
      가. 내부구속 작용에 의한 응력
         – 신 타설한 콘크리트의 내·외부 온도차만으로 발생
      나. 외부구속 작용에 의한 응력
         – 타설한 콘크리트의 자유로운 열변형이 외부적으로 구속되어 발생
      다. 경화콘크리트 및 암반 등 구속체일 경우는 신·구콘크리트 면에서 활동이 생기지
         않는다고 가정하고 계산함이 원칙

5. 온도균열지수
  1) 정의
    가. 균열 발생에 대한 안정성의 척도 (온도응력과 인장강도비)

    나. Icr(t) = fsp(t) / ft(t)   여기서 - Icr(t) : 재령t에서 온도균열지수
                                          - fsp(t) : 재령t에서 콘크리트 인장강도
                                          - ft(t) : 재령t에서 수화열로 인한 부재내부
    다. 균열지수 값이 클수록 유리   온도응력 최대값

  2) 온도균열지수 표준값 (철근 콘크리트)
    가. 균열방지 할 경우 : 1.5 이상
    나. 균열 발생 제한 경우 : 1.2~1.5 미만
    다. 유해한 균열제한 : 0.7~1.2 미만

  3) 온도균열지수와 균열 발생과의 그래프

그림

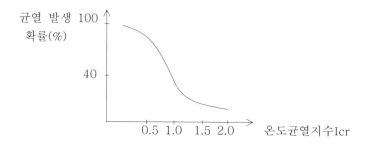

문제) 콘크리트에서 염해의 부식 메카니즘 설명 원인 방지 대책

1. 개요
    1) 콘크리트에 일정량 이상의 염화물 존재하면 철근의 부동피막
       파괴되어 철근 부식 발생
    2) 철근 부식은 콘크리트 구조물의 열화를 촉진, 내구성을 저하시키는 것

2. 콘크리트 염화물 발생 원인
    1) 환경적 요인
        가. 해수작용
        나. 동절기 염화칼슘, 염화나트륨 사용
    2) 재료원인
        가. 해사 미세척 사용
        나. 혼합수로 해수 사용 시
        다. 경화촉진제 염화칼슘 사용 시

3. 염화물 함유량의 규제
    1) 굳지 않은 콘크리트
        가. 0.3kg/㎥ 이하
        나. 감독자 또는 책임기술자 승인시 > 0.6kg/㎥ 이하
        다. 잔골재의 경우 : 절대건조 중량의 0.04% 이하
        라. 상수도 물의 경우
            – 콘크리트에 공급되는 염화물 이온량을 0.04kg/㎥ 이하
    2) 굳은 콘크리트
        가. 최대수용성 염화물 이온량 (철근 부식 방지)

부 재 의 종 류	염화물이온량(cℓ-) / 시멘트 중량비율(%)
프리스트레스트 콘크리트	0.06
염화물 노출된 콘크리트	0.15
건조상태 습기로부터 차단 콘크리트	1.00
기타 철근 콘크리트	0.30

    3) 무근 콘크리트에서 가외 철근이 배치되지 않은 경우는 위 규정을 적용하지 않음

4. 염해의 조사 및 평가
    1) 염해 가능성 판단
    2) 조사실시
        가. 현지조사 : 외관조사, 코어채취, 중성화, 철근 부식 여부 등
        나. 염분조사 : 염분분석, 압축강도

3) 조사에 의한 판단

　가. 열화원인 관찰

　나. 열화정도 및 열화 진행 예측

　다. 구조물 안정성 조사

4) 보수 보강 공법에 따른 대책강구

5) 염해 억제대책

　가. 재료 선정 시

　　- 에폭시 도막 철근사용

　　- 해사 사용 시 세척

　　- 해수 사용금지

　나. 배합 시

　　- W/C비는 가능한 한 적게

　　- slump 값은 가능한 한 적게

　　- 단위수량은 가능한 한 적게

　　- 잔골재율(s/a)은 가능한 한 적게

　　- 감수제와 AE제의 사용

　다. 시공 시

　　- 시공이음 발생하지 않게 타설계획 수립

　　- 시공이음 설치 시 레이턴스를 제거하고 지수판 설치

　　- 피복두께 충분히

　　- 콘크리트 표면 피복실시

　　- 적절한 양의 방청제 사용

　　- 강재의 전기방식 공법의 검토

　　- 습윤양생 실시, 균열 발생억제

5. 맺음말

　- 염해 방지 대책은 내·외부로부터 콘크리트 구조물에 염화물 확산과 침투차단 하는 것
이 최선의 방법, 대책 공법으로는 표면 도장공법, 에폭시 도막철근 사용, 전기방식 등
이 있다.

문제) 폐 콘크리트의 처리실태와 재활용방안 설명

1. 개요
    1) 최근 대형 콘크리트 철거와 함께 폐 콘크리트의 효율적인 재활용 기술이
       더욱 요구되는 실정
    2) 현재 폐 콘크리트의 재활용은 주로 이동식 크러셔를 이용 방법과 고정식
       재생플랜트를 이용하는 방법이 있다.

2. 폐 콘크리트 이용한 생산 시스템
    1) 이동식 크러셔

    2) 고정식 재생 플랜트

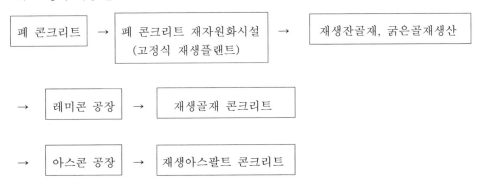

3. 폐 콘크리트의 재활용
    1) 재생 굵은골재의 재활용
        가. 콘크리트 2차 제품
        나. 다공질 콘크리트
        다. 프리펙트 콘크리트
        라. 보조 기층용 골재
        마. 아스팔트 안정처리 혼합물
        사. 기층 및 표층용 가열 아스팔트 혼합물

2) 재생 잔골재와 미 분말의 재활용
　　가. 인터로킹 블록생산
　　나. 콘크리트용 workability 개선재
　　다. 노상 안정 처리재
　　라. 아스팔트 혼합물의 채움재
　　마. 지반 개량재

4. 폐 콘크리트 재활용 촉진 대책
　1) 정책적 대책
　　가. 법적 의무화
　　나. KS 규정화
　　다. 재활용 기술 개발의 유도
　2) 기술적 대책
　　가. 부착 모르타르 제거 기술
　　나. 비중선별 장치
　　다. 재생 골재의 고도 처리 장치
　　라. 골재의 부착된 시멘트 풀의 측정법
　　마. 천연골재와 재생 골재의 혼합사용

5. 맺음말
　1) 폐 콘크리트 재활용은 경제적 측면과 친환경적 측면에서 지속적인 개발요구
　2) 폐 콘크리트 재활용은 경책적인 법적 의무화인 KS 규정화
　3) 공급물량 확보, 수요처 확보, 용도 확대 등이 필요하다고 사료됨

■ 콘크리트의 품질

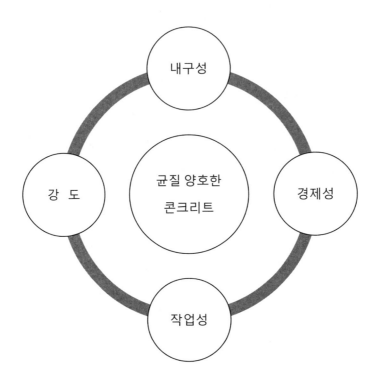

" 영원히 살 것처럼 꿈꾸고
오늘 죽을 것처럼 살아라 "

– 제임스 딘

문제) 철근 콘크리트 조기열화 현상과 종류별 발생 원인 및 방지 대책

1. 개요
    - 열화란 콘크리트가 시공된 후 구조물 성능이 저하되어서 일어나는 물리적,
      화학적인 현상을 말한다.

2. 콘크리트 열화 현상의 원인
    1) 구조물은 시공, 재료 등에서 열화요인을 가짐
    2) 허용량을 초과한 염화물을 함유한 해사, 혼화재의 다량 첨가,
       알칼리량이 많은 시멘트, 반응성물질 함유한 골재 등
       시공재료에 기인하는 열화요인
    3) 철근피복 부족 등 시공과 관련된 열화요인

3. 콘크리트 열화현상에 따른 종류 대책
    1) 중성화
        가. 시멘트 경화체 알칼리성이 저하하는 현상, 중성화 진행되면 철근 부식 진행
            콘크리트의 균열 및 탈락현상 발생 → 내구성 저하
        나. 원인
            - 콘크리트 탄산화
            - 산성모양의 접촉
            - 화재
        다. 대책
            - 내구성 큰 골재 사용(비중이 큰 양질의 골재)
            - 수밀한 콘크리트 생산위한 배합
            - 저발열 시멘트의 사용억제
            - W/C, 공기량 낮게
            - 충분한 초기 양생 및 피복두께 확보
            - 다짐철저, 표면 마감제 사용(에폭시-레진 모르타르)
    2) 염해
        가. 콘크리트내 염화물 한도 이상존재 - 강재부식, 조기열화 초래
        나. 원인
            - 미세척 해사
            - 경화촉진제로 염화칼슘 사용
            - 염화물 함유된 물 사용
        다. 대책
            - 에폭시 도막철근 사용
            - 해사 사용 시 세척 및 해수 사용금지
            - W/C, slump, 단위수량, s/a작게
            - 감수제, AE제 사용
            - 시공이음 발생하지 않게 타설계획 수립
            - 피복두께 확보, 적절한 방청재 사용

　　　　　- 습윤양생 실시 → 균열 발생 억제
　3) 동해
　　　가. 원인
　　　　　- 비중 작은 골재 (다공질, 흡수율이 큰 경우)
　　　　　- 초기동해 (굳지 않은 콘크리트)
　　　　　- 동결온도 지속
　　　나. 대책
　　　　　- 비중 크고 강도 높은 골재 사용, AE제, 혼화재 사용
　　　　　- W/C, 단위수량 낮게, 재료분리 방지, 다짐철저
　　　　　- 보온, 급열양생
　　　　　- 수분 접속억제, 방수처리
　4) 알칼리 골재반응
　　　가. 원인
　　　　　- 수분 : 콘크리트 다습 또는 습윤상태
　　　　　- 반응성 골재 사용
　　　　　- 시멘트의 알칼리 성분
　　　나. 대책
　　　　　- 콘크리트 표면 방수성 마감재료 피복
　　　　　- 골재 반응성 여부조사 (무반응 골재선정)
　　　　　- 양질의 포졸란 사용
　5) 유해한 균열
　　　가. 원인
　　　　　- 균질 콘크리트는 구성요소인 시멘트, 물, 골재의 구성 비율이 동일해야 하나
　　　　　　비중 차이에 따른 즉 시멘트와 골재의 국부적인 집중
　　　　　- 수분이 콘크리트 상부에 모이는 현상
　　　나. 대책
　　　　　- 단위수량 적게, 골재 입도는 양호한 것 사용
　　　　　- G-max는 크지 않게, 잔골재는 미립분 소량 포함
　　　　　- 타설 높이 높지 않게, 적절한 다짐 실시
　　　　　- 거푸집은 시멘트 페이스트 누출방지, 견고할 것

문제) 시멘트 화합물 C_3S, C_2S, C_3A, C_4AF 화학적 조성 수화특성

1. 개요
　　1) 포틀랜드 시멘트는 석회질, 점토질 원료를 혼합 소성하여 쿨링커에
　　　 석고를 가하여 분쇄한 것
　　2) 화학 조성으로서 석회, 산화철, 석고를 첨가한 무수황산
　　3) 알칼리 골재반응 염려 있는 골재 사용 시 전알칼리량이 0.6% 이하의
　　　 시멘트를 사용하도록 규정

2. 제조
　　1) 제조원리
　　　- 원료혼합 → 소성 → 쿨링커분쇄의 3단계
　　가. 석회석 : 점토 = 4 : 1
　　나. 산화철 2% 첨가
　　다. 약 1,500℃로 소성
　　라. 소성 원료는 쿨링커라는 검은 덩어리가 되고 냉각시킨 쿨링커에
　　　　2~3% 석고 가하여 분쇄
　　마. 시멘트는 응결이 빠르므로 지연제 역할로 석고 첨가
　　2) 주성분
　　가. 석회 : 약 65%
　　나. 실리카(규소Si) : 약 25%
　　3) 부성분
　　가. 산화철 : 4%
　　나. 마그네샤 : 2%
　　다. 무수황산 : 2%

3. 시멘트 화합물의 특징

종　　　　류	특 징 (기 능)		
	수 화 반 응	강　　　도	수 　화　 열
엘라이트(C_3 S규산3석회)	상당히 빠름	조기	상당히 높음
벨라이트(C_2 S규산2석회)	느림	장기	낮음
알루미네이트(C_3 A알루민산3석회)	빠름	조기	높음
알루미네이트(C_4 AF알루민산4석회)	빠름	영향 없음	낮음

* 중용열시멘트 C_3 S규산3석회, C_3 A알루민산3석회 양은 KS에서 각각
　50%, 8% 이하로 규정

문제) 콘크리트 운반시간이 품질에 미치는 영향

1. 개요
   - 콘크리트 운반 시 콘크리트 품질에 영향을 미치지 않도록 운반, 장비, 방법, 경로 및 시간, 속도 등 유의하여 운반

2. 운반 시 고려사항
   1) 운반 장비
   2) 운반 방법
   3) 운반 경로
   4) 운반 시간 및 속도

3. 운반 장비
   1) 운반 거리별
      가. 장거리 : 트럭믹서, 에지데이터
      나. 단거리 : 버킷, 펌프, 콘베이어, 슈트
   2) 슬럼프 크기별
      가. 슬럼프 5cm 이상 : 에지데이터
      나. 슬럼프 5cm 이하 : 운반시간 1시간 이내 덤프트럭

4. 운반 방법
   1) 한중 콘크리트
      가. 운반시간 최소화
      나. 운반도중 동해 방지
      다. 운반차량 대기시간
   2) 서중 콘크리트
      가. 운반 중 가열 건조방지
      나. 덤프 사용 경우 콘크리트 표면 직사광선 바람에 보호되도록
      다. 펌프 사용 경우 수송관을 젖은 천으로 보양
      라. 운반차량 대기시간 최소화 (사전배차 계획수립)
   3) 포장 콘크리트
      가. 기계포설 경우 slump 25mm 정도, 덤프 이용
      나. 운반시간 1시간 이내
      다. 운반 중 건조하지 않도록 콘크리트 표면 보호
   4) 댐 콘크리트
      가. 버킷이용
      나. G-max크고 단위 시멘트량 적고 slump 적으므로 재료분리 방지

5. 운반경로
   1) 재료분리 방지 - 노면 고른 곳 선정
   2) 운반거리 시간 - 최대한 짧은 경로
   3) 타설 현장에 접근 용이한 경로

6. 운반시간 및 배차간격
   1) 비비기에서 타설까지의 시간

구 분	운 반 시 간
25 ℃ 이상인 경우	1.5 시간 이내(90분)
25 ℃ 이하	2시간 이내(120분)

   2) 양질 지연제 사용 시 책임 기술자의 승인을 얻어 변경 가능

7. 콘크리트 관리
   1) 제조 회사별
   2) 콘크리트 강도별
   3) 콘크리트 품질별 관리

8. 혼화제 사용
   1) 사용 시 품질 확인 후 사용
   2) 사용량은 시험 배합에 따라 사용하고 계량에 유의
   3) 타설까지 지연 예상 시 양질의 지연제, 유동화제 사용 검토
   4) 서중 콘크리트 경우 지연형, 한중 콘크리트 경우 고성능 감수제 사용

9. 작업원의 교육
   1) 운반 중 가수금지
   2) 운반시간 준수

10. 맺음말
   - 운반 중 콘크리트 품질에 영향을 주는 중요 요소는 운반중 가수, 운반시간 초과,
     재료분리 등을 들 수 있다, 따라서 운반 계획 수립 시 현장 도착 후 대기시간을 최소화
     배차간격을 조정, 작업원의 사전 교육 통해 운반 중 가수방지에 최선을 다해야
     한다고 사료됨

문제) 침하균열 발생 원인과 방지 대책

1. 개요
    1) 콘크리트의 균열은 시공 중, 시공 후 다양하게 발생, 균열은 구조물의 내력,
       내구성, 수밀성, 미관 등을 저하, 구조물의 기능을 저하
    2) 균열 발생은 복합적인 원인에 의해 발생
       원인을 규명하고 철저한 품질관리를 함으로써 결함을 효과적으로 제어

2. 콘크리트 구조물에 발생되는 균열
    1) 굳지 않은 콘크리트 균열
        가. 초기 건조수축 균열
        나. 침하균열
        다. 동바리 거푸집의 이동 변형 등에 의한 균열
        라. 기초의 침하에 의한 균열
    2) 굳은 콘크리트의 균열
        가. 건조수축 균열
        나. 온도에 의한 균열
        다. 외력에 의한 균열
        라. 철근 부식에 의한 균열
        마. 화학반응에 의한 균열
        사. 동해에 의한 균열

3. 침하균열의 발생 원인 및 대책
    1) 침하균열
        가. 콘크리트 타설 후 재료의 비중 차이에 의한 블리이딩 및 침하현상 등으로
            인한 균열
        나. 구 타설된 콘크리트에 신 타설시 타설 높이에 따른 침하로 발생되는 균열
    2) 원인
        가. 콘크리트 침하가 철근 기타 매설물로 인하여 국부적인 방해를 받으면
            철근 등의 밑부분에 공극이나 표면에 균열 발생
        나. 어느 정도 응결된 콘크리트위에 콘크리트를 타설할 경우 불균등에
            표면 균열 발생

그림

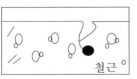

침하방해에 의해 균열 발생   어느 정도 응결한 콘크리트 위에
                                        콘크리트를 타설한 경우

3) 대책

    가. 단위수량을 가능한 적게 (bleeding 가급적 억제)

    나. 다짐을 효과적으로 실시, 골재, 철근 주위 밀실한 다짐

    다. 소요의 workability 범위 내에서 슬럼프치를 최소화

    라. 타설속도를 늦게 하고 1회 타설 높이를 작게

    마. 마무리 철저하게 관리

4. 맺음말

    1) 콘크리트의 균열은 내구성, 수밀성 저하시킬 뿐 아니라 구조물 내화력 감소

    2) 균열 발생 원인에 대해 충분히 숙지 초기에 발생할 수 있는 원인 제거

        균열 발생 시에는 적절한 보수보강 공법 선정

    3) 균열 발생은 한 가지만의 이유로 판단하기 어렵다.

        여러 복합적으로 타설 전·중·후 유지관리에 이르기까지 철저한 관리가 따른다.

■ 콘크리트 강도, c/w 비 상관도

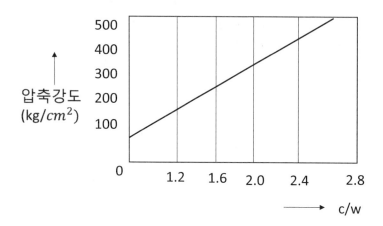

→ c/w비가 크면 강도 증가

" 당신을 바꾸는 말은
바로 오늘 이라는 단어이다 "

문제) 고강도 콘크리트의 시공과정에서 발생하는 강도측면 품질 저하 대책

1. 개요
    1) 고강도 콘크리트 강도는 표준양생을 한 콘크리트 공시체의 재령 28일 강도를 표준
    2) 고강도 콘크리트의 설계기준강도는 일반적으로 40Mpa 이상

2. 고강도 콘크리트의 특징
    1) 응력-변형률 곡선 : 최대강도까지 선형에 가깝고 곡선구배가 급함
    2) 변형 : 최대강도 발생시 보통 콘크리트보다 약간 크다.
    3) 취성파괴 우려

그림

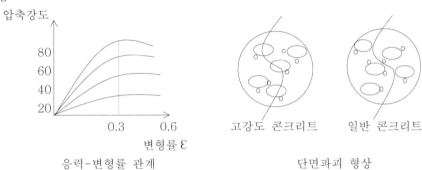

응력-변형률 관계   단면파괴 형상

3. 고강도 콘크리트 장점 및 단점
    1) 장점
        가. 부재 단면의 최소화
        나. 부재의 경량화
        다. 내구성 증대
        라. 구조체 고층화

    2) 단점
        가. 품질관리가 난이
        나. 취성파괴 우려
        다. 강도발현 변동 심함
        라. 화재 시 폭열 우려

4. 고성능 감수제 종류 및 성분
    1) 종류
        가. 표준형
        나. 지연형
    2) 고성능 감수제 성분
        가. 멜라닌계
        나. 나프탈렌계
        다. 폴리카본산계
        라. 리그닌계

5. 품질 저하 대책
    1) 설계적 관리
        가. 부재 단면의 최소화
        나. 적정한 철근 배근
        다. 내구성 증대
    2) 재료 배합관리
        가. W/C : 50% 이하
        나. 단위수량 적게 : 180kg/㎥ 이하
        다. 단위 시멘트량 적게 : 450kg/㎥ 이하
        라. 굵은골재 최대치수는 적게
        마. slump : 150 mm 이하
    3) 시공관리
        가. 낙하고 1m 이하
        나. 습윤양생 철저
        다. 압송 pipe의 plug(막힘) 현상주의
        라. 철저한 다짐, 타설 높이 준수
        마. 타설시 재료분리 주의
        바. 운반차량 대기 최소화

문제) 건축공사 표준시방서 규정 「고내구성 콘크리트」관련 적용대상
　　　　품질규정상 특징 설명

1. 개요
　　1) 고강도 콘크리트 설계기준 강도는 일반적 40Mpa 이상
　　2) 고강도 콘크리트는 부재 단면의 축소가 가능, 내구성, 수밀성 증대와 시공
　　　능률의 향상을 기할 수 있으나 품질관리에 특히 유의

2. 고강도 콘크리트의 특징
　　1) 장점
　　　가. 강도의 증가
　　　나. 내구성 증대
　　　다. 수밀성 증대
　　　라. 부재단면의 축소 - 구조물 자중감소, 소요단면 감소
　　　마. 시공 능률의 향상 - 인력절감, 공사기간 단축
　　2) 단점
　　　가. 취성파괴 우려
　　　나. 강도발현의 변동 크다.
　　　다. 품질관리 어렵다.
　　　라. 화재 시 폭열 우려

3. 고강도 콘크리트 제조 방법
　　1) 결합재의 강도개선 방안
　　　가. 혼화재의 사용
　　　　- 고성능감수제
　　　　- 유동화제
　　　　- Silica Fume 사용
　　　나. Resin의 사용
　　　다. MDF의 사용
　　2) 적합한 골재의 사용
　　　가. 견고하고 내구적, 입형이 양호할 것
　　　나. 입도 분포가 양호
　　　다. 알루미나 쿨링커 골재 사용
　　　라. 인공코팅 골재 사용

4. 품질관리 시 고려사항
　　1) 설계 시
　　　가. 복잡한 단면 설계 피한다.
　　　나. 적절한 피복두께 고려

2) 배합 시
　가. W/C비
　　　- 소요의 강도, 내구성 고려
　　　- W/C비는 시험에 의한 관계식 이용
　　　- 관계식의 신뢰성 고려
　나. 단위시멘트량
　　　- 소요 workability 및 강도를 얻을 수 있는 범위 내 가능한 적게
　　　- 수화열 발생 고려
　다. 단위수량
　　　- 180kg/㎥ 이하
　　　- 소요 workability 범위 내 가능한 적게
　라. 잔골재율(s/a)
　　　- workability 시험에 의해 결정
　　　- 가급적 적게
　마. slump 값
　　　- 일반적인 경우 : 150mm 이하
　　　- 유동화 콘크리트 : 210mm 이하
3) 시공시
　가. W/C비 유지
　나. 수화열 발생고려
　다. 재료분리 방지
　라. 쇄석 사용 시 알칼리 골재반응에 유의
　마. 양생이 필요한 온·습도 유지
　바. 심한 품질 변동에 유의

5. 맺음말
　- 콘크리트 고강도를 위해서는 지속적 재료 개발과 품질관리 개선
　　고강도 콘크리트 설계기준 설정 등에 관한 지속적인 연구가
　　필요하다고 사료됨

문제) 콘크리트의 동해발생 원인 및 방지 대책

1. 동해의 개요
   1) 콘크리트에 함유되어 있는 수분이 동결되면 콘크리트 팽창함으로써
      콘크리트 파괴를 유발한다.
   2) 굳지 않은 콘크리트가 초기에 동해를 입으면 강도, 내구성, 수밀성이 저하
      반드시 동해의 원인을 제거 후 재타설
   3) 한중 콘크리트 타설시 빈번 발생우려

2. 동해의 원인
   1) 비중이 작은 골재 사용 시
      가. 기공이 많은 골재 사용
      나. 흡수율이 큰 경우
   2) 초기동해 (굳지 않은 콘크리트)
      가. 일반적으로 압축강도 5Mpa 이상 되면 동해영향을 받지 않음
      나. 기온 변화를 체크 (외기온도가 적정)
   3) 콘크리트가 수분 함유
      가. 콘크리트 중의 자유수 동결에 의한 팽창으로 조직의 파괴
      나. 경화 후 강도, 수밀성, 내구성 저하
   4) 동결온도 지속
      가. 콘크리트를 소요온도로서 양생 보양
      나. 외부 노출 되어도 동결 입지 않게 최소양생온도 기간 유지

3. 동해방지 대책
   1) 콘크리트의 내동해성을 증대시키는 중요 요소는 AE, AE감수제 사용
      적정량 3~6% 정도의 공기연행
   2) 공기량은 경화 후 물로서 충만되지 않고 동결 시 이동수분의 피난처
   3) W/C 적게, 밀실 조직의 콘크리트로 내동해성을 증대
   4) 재료 선정 시
      가. 비중 크고 강도 높은 골재 사용
      나. 다공질 골재 사용금지
      다. 혼화제, AE, AE감수제 사용
   5) 배합
      가. W/C비는 가급적 낮게
      나. 단위수량은 필요 범위 내에서 최소값
   6) 타설 및 다짐
      가. 골재 분리방지
      나. 진동다짐 및 구석구석 다짐 실시
   7) 양생
      가. 보온양생
      나. 급열양생

8) 유지관리
　　가. 수분접속 억제
　　나. 방수처리

4. 동해의 보수보강 방법
　1) 동해입은 콘크리트의 조직은 매우 이완되어 내구성 저하
　2) 균열주입, 표면처리 공법으로 보강곤란
　3) 동해 콘크리트를 파취 후 단면복구 공법 실시
　4) 철근 부식된 경우는 철근의 방청처리

5. 맺음말
　1) 동해는 외기온도 및 콘크리트 온도 즉 한중 콘크리트 타설 경우 발생
　2) 굳지 않은 콘크리트는 외기에 노출된 경우 많으므로 초기강도의 증진이
　　늦고 양생기간이 길어지며 양생기간 중 충분한 보양의 대책 마련이 요구

문제) 콘크리트 작업중 발생되는 재료분리 원인 및 방지 대책

1. 개요
    1) 콘크리트 재료분리란 콘크리트 타설 전, 타설 중 균질성을 잃고
    2) 굵은골재, 잔골재, 물, 시멘트의 비중의 차이로 분리되는 현상
    3) 가장 큰 현상은 굵은골재와 시멘트 페이스트와의 분리현상

2. 구조물에 미치는 영향
    1) 강도 저하
    2) 내구성 저하
    3) 수밀성 저하
    4) 마감성 저하

3. 재료분리의 원인
    1) 타설 중 발생되는 재료분리
        가. 굵은골재의 분리
            - 단위수량, W/C가 클 때
            - 골재의 입도, 입형 불량 시
            - 시공 연장이 길 때
        나. 타설관련 작업에 대한 재료분리
            - 교반기 없는 콘크리트 운반차로 운반 시 진동으로 인해
            - 슈트 사용 시
            - 과도한 다짐 시
        다. 근본적인 원인
            - 몰탈과 굵은골재와의 비중 차이
            - 몰탈의 점성
            - 굵은골재의 품질
    2) 콘크리트 타설 후의 재료분리
        가. 블리딩 현상
            - 굳지 않은 콘크리트 성질 중 콘크리트 내부로부터 물이 상승하는 현상
            - 시멘트 페이스트가 물의 상승과 함께 콘크리트 표면으로 부상하는 현상
        나. 블리딩에 영향을 주는 요인
            - 시멘트 종류 및 혼화제 종류
            - 시멘트 품질 (분말도 높으면 감소)
            - W/C
            - 타설조건 및 기상조건

    3) 경화후의 재료분리
        가. 레이탄스
            - 타설 후 블리딩으로 인해 콘크리트 표면에 떠올라 가라앉은 미립자
            - 성분 : 시멘트 불활성 미분말, 골재불순물, 혼화제, 미소입자

나. 레이탄스에 영향을 주는 요인
　　　　　- 시멘트 풍화 정도
　　　　　- 미세립분이 많은 골재
　　　　　- 골재에 포함된 불순물

4. 재료분리 문제점 및 대책
　1) 문제점
　　　가. 콘크리트 강도 저하
　　　나. 철근 부착 강도 저하
　　　다. 수밀성, 내구성 저하
　　　라. 미관저해 (마무리성 불량)
　　　마. 블리딩 발생
　　　　→ 콘크리트 침하, 공극발생, 레이탄스, 건조수축 발생
　2) 대책
　　　가. 재료상
　　　　　- 굵은골재 입도 및 입형이 양호
　　　　　- 잔골재는 세립분이 다소 많을 것
　　　　　- 적절한 W/C비 유지
　　　　　- slump 는 적게
　　　　　- 혼화제 적정한 사용 (AE제, AE감수제, 포졸란 등)
　　　　　- s/a 적게, 골재 내 불순물 유입 방지
　　　나. 시공상
　　　　　- 슈트에서 직접타설보다 모은 후에 타설
　　　　　- 적절한 타설 속도
　　　　　- 거푸집의 밀실화 (페이스트 누출 방지)
　　　　　- 레이탄스 제거
　　　　　　→ 압축공기 치핑, 습윤상태 시공조치

5. 재료분리 판정법
　1) 육안 판정
　2) 굳지 않은 콘크리트 씻기분석시험
　3) 콘크리트 낙하 방법
　4) 진동에 의한 방법

6. 맺음말
　- 굳지 않은 콘크리트는 타설 전, 타설 중, 경화 중에도 재료분리가 발생되어서는 안 된다.
　　재료분리는 콘크리트의 품질 저하에 영향을 주므로 적절한 W/C유지 및 양호한
　　재료를 사용하는 등 품질관리에 주의를 요한다.

■ 관리 기능 순환도

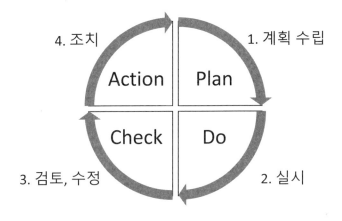

4. 조치   1. 계획 수립

Action   Plan

Check   Do

3. 검토, 수정   2. 실시

" 내 생에 최대의 자랑은
한번도 실패하지 않았다는 것이 아니라

넘어질때마다
다시 일어섰다는 것이다 "
– 골드 스미스

문제) 굳지 않은 콘크리트 시료 채취 방법

1. 시료량
   1) 강도 시험용 : 20L 이상
   2) 슬럼프, 공기량 함유량 시험용 : 필요량보다 5L 이상

2. 채취 방법
   1) 고정식 배치믹서 : 배출 지점의 중간에서 채취
   2) 포장용 믹서 : 배출 콘크리트 각 부위에서 5개소 채취해서 합침
   3) 회전설비 : 3회 또는 규칙적 간격으로 채취
   4) 호퍼, 버켓 : 배출 지점의 중간에서 수개소 채취
   5) 덤프 : 배출 콘크리트의 중간쯤에서 수개소 채취
   6) 손수레 : 중간 수개소 채취

3. 거듭 비비기(Remixing)
   - 콘크리트가 굳기 시작하지는 않았으나 비빈 후 상당시간이 지났거나
     재료분리가 생긴 경우에 다시 비비는 작업

4. 되 비비기(Retempering)
   - 콘크리트가 굳기 시작했을 경우 물과 유동화제등을 첨가해서 다시 비비기

5. 맺음말
   - 시료를 채취하면 콘크리트 공시체를 만들기 위해 되 비빔을 해야 하고
     15분 이내로 타설하여야 한다.
   - 즉 타설 전에는 햇빛이나 바람을 피하는 보호 조치가 필요하다.

문제) 수중 콘크리트 문제점과 대책

1. 개요
   1) 수중 콘크리트란 해수 중, 담수 중 시공되는 콘크리트로서 공기 중 시공할 때보다
      높은 배합강도를 갖는 콘크리트 타설해야 하며 재료분리가 최소화되도록
      세심한 주의를 요한다.
   2) 수중 콘크리트 시공법상 분류로는 일반 콘크리트 현장말뚝 및 지하연속벽,
      수중 불분리성 콘크리트 등이 있다.

2. 수중 콘크리트 문제점 및 대책
   1) 문제점
      가. 철근과의 부착강도 저하
      나. 품질의 불균질
      다. 품질확인 곤란
      라. 재료분리 발생
      마. 시멘트 페이스트 접착성 문제
   2) 대책
      가. 필요에 따라 가물막이 통한 dry work, 프리케스트 부재 이용
      나. 수중 시공 시에는 배합강도 높이거나 설계기준 강도를 낮게 정함

3. 재료 및 배합
   1) 재료
      가. 시멘트 : 보통포틀랜드 시멘트
      나. 골 재 : 양질 입도, 비중 큰 것 사용
      다. 혼화재료 : 플라이애쉬, 고로슬래그 미분말, AE제, AE감수제, 유동화제
   2) 배합
      가. 다짐 불가로 큰 유동성 필요
          → 단위 시멘트량 높게 (370kg/㎥ 이상)
          → 잔골재율 많게 (40~50%)
      나. 재료분리 최소화
      다. 점성이 풍부한 콘크리트 사용
      라. W/C : 50% 이하
      마. slump : 트레미 콘크리트 펌프 → 150~200mm
                밑열림상자 포대 → 120~170mm

4. 시공 방법(타설)
   - 타설 방법에 따라 프리펙트 콘크리트, 수중 콘크리트로 구분
   - 수중 콘크리트에는 트레미, 콘크리트 펌프, 밑열림상자, 포대 등이 있다.

1) 트레미(Tremi) 공법

　가. 트레미는 수밀성을 가져야 한다.

　나. 트레미 안지름 규격 → 굵은골재 최대치수 8배 이상

수　심(m)	내　경(cm)
3m 이내	25
3~5m	30
5m 이상	30~50

　다. 수중에서 콘크리트 유동거리가 멀어지면 품질 저하요인

　　→ 트레미 1개당 30㎡ 정도가 타설 적당

　라. 타설 중 수평 이동금지, 항상 콘크리트로 충만

2) 콘크리트 펌프 타설

　가. 펌프의 배관 수밀성 유지

　나. 배관 안지름은 10~15cm가 적당

　다. 배관 1개당 5㎡ 정도 타설 적당

　라. 배관 선단부는 콘크리트 상면에서 30~50cm 아래로 유지

3) 밑열림 상자

　가. 콘크리트 타설면에서 쉽게 열릴 수 있는 구조

　나. 콘크리트 타설 후 콘크리트가 작은 언덕 모양이 되어 그사이 구석까지 콘크리트
　　가 들어가지 않으므로 수심 깊은 곳부터 타설

　다. 소규모 공사에 사용 → 콘크리트 펌프, 트레미 사용 권장

5. 타설 시 주의사항

　1) 물막이 시설로 정수 중에 타설 → 경화 시까지 유지
　　(물막이 없을 시 유속 5cm/sec 이하 유지)

　2) 수중낙하 타설금지 → 재료분리 및 시멘트 유실 방지

　3) 타설면은 수평유지, 거푸집 변형주의

　4) 1회 타설 후 레이탄스 제거 후 재타설

6. 맺음말

　- 수중 콘크리트 타설 시 재료분리에 의한 품질 저하에 가장 세심한 주의를 기해야 하며
　　재료 및 배합 타설 시 품질관리에 철저를 요한다.

　　또한 cold joint 방지 위해 연속타설해야 하며 이음부분 방수처리도 주의해야 한다.

문제) 거푸집 품질관리 및 존치기간 설명, 콘크리트 마무리 상태의 검사 방법

1. 개요
    1) 거푸집 존치기간은 콘크리트 경화 후 거푸집, 동바리가 압력받지 않을 때까지
    2) 거푸집 해체 시기는 시멘트 종류, 기후, 기온, 하중, 보양상태, 구조물
       종류에 따라 다르다.
    3) 일반적으로 강도를 기준으로 해체 시기를 결정

2. 거푸집 해체 시기
    1) 동바리는 콘크리트 부재가 안전하게 자중과 상재하중을 견딜 수 있는
       강도에 달할 때까지 존치
    2) 강도를 기준으로 하는 경우

부 위	기 준
기둥, 벽, 보의 측면	5Mpa 이상
slab 보 하면	14Mpa, 설계기준강도 2/3 이상
동절기 공사	온도고려 존치기간 결정

3. 거푸집 해체 방법
    1) 하중받지 않은 부분부터
    2) 연직 부재보다 수평 부재 먼저
    3) 보는 양측면 먼저 제거, 저판 거푸집 제거

4. 거푸집 해체 시 주의사항
    1) 해체 시 구조물에 해로운 영향 주지 않도록
    2) 구조물 진동, 충격 주지 않도록
    3) 해체 후 부위별 보관 정리

5. 맺음말
    1) 존치기간은 구조물에 따라 차이가 있으므로 단순한 경험적인 판단에 의해
       존치기간을 단축시키는 것은 위험한 발상
    2) 현행 시방서 규정도 부분적으로 구조물의 안전만을 강조
    3) 향후 이 부분에 대한 연구가 필요하다고 사료됨

6. 콘크리트 표면마감 측정
    1) 표면먼지 (Dusting)
       가. 블리딩에 의하여 물, 시멘트, 모래 등 혼합물이 콘크리트 표면에 부상하는 것
       나. 표면에 먼지와 같이 흔적이 남아 있는 현상
    2) 기포발생 (Air pocket)
       - 수직, 경사면에 10mm 이하의 기포발생

3) 모래 줄무늬
   - 블리이딩 현상으로 시멘트 입자가 물과 함께 표면으로 부상하여
     모래만 남아 있어 모래 줄무늬가 나타난 것
4) 곰보 (Honey comb)
   가. 콘크리트 표면에 조골재가 노출
   나. 모르타르가 없는 상태
5) 백태 (Effloresconce)
   - 콘크리트면에 흰색의 가루가 생기는 현상
6) 얼룩
7) 동결융기
   - 입자 내 수분이 동결, 팽창력의 작용으로 Mortar층 밖으로
     골재가 노출되는 현상

7. 맺음말
   1) 콘크리트 표면에 발생하는 결함은 주로 재료상의 원인과 시공상의 원인으로
      발생
   2) 표면결함은 미관을 해칠 뿐 아니라 내구성, 수밀성에 영향을 주므로 재료선택
      및 시공 시에 주의를 요한다.

문제) 철근 특수 이음종류

1. 개요
    1) 철근은 이음하지 않는 것을 원칙
    2) 철근길이 제한이 있어 부득이 이음할 경우 발생
    3) 이음의 종류는 겹침, 용접, 기계적 이음

2. 철근 이음의 종류 및 특징
    1) 겹침이음
        가. 철근 겹이음 길이는 부재종류, 철근응력, 철근량에 따라 달라짐
        나. 이음길이는 30cm 이상 확보
        다. 이음길이 확보 후 양단, 중앙부 3개소 이상 결속
    2) 용접이음
        가. 시공능률 좋고 시공 방법 간단
        나. 강풍, 우천과 같은 기상조건 영향 받는다.
    3) 가스압점
        가. 접합할 철근 맞댄 후 축방향력을 가하여 Gas로 이음부
            가열하여 철근이음
        나. 장점
            - 직경 19mm 이상 경우 경제적
            - 가공단순, 가공길이가 짧다.
            - 이음에 따른 철근량 송실 저감
            - 콘크리트 타설 작업용이
        다. 단점
            - 철근조립, 이음의 동시 작업으로 번거롭다.
            - 내부 결함 관측이 곤란
            - 화재우려
            - 악천후 시 작업이 곤란
        라. 시공주의 사항
            - 압점기계 30Mpa 이상 축하중 가한다.
            - 가스압점 금지하여야 할 경우
                → 철근 지름 차 6mm 이상 경우
                → 철근 재질 서로 상이한 경우
                → 항복점 상이한 경우
            - 철근 중심축 편심
            - 악천후 시 작업 금지

마. 품질관리 및 검사
- 외관검사 - 육안 및 자에 의한 측정
- 샘플링검사
→ 초음파 탐사법 : 1검사로트 20개소 이상
→ 인장시험법 : 1검사로트 3개소 이상
→ 불합격2개소 : 전체 불합격

4) sleeve joint (슬리브 압착)
가. 방법
- 철근 이음부 강재 슬리브 끼워 유압 press이용
- 슬리브 길이는 철근 지름 5~8배
나. 특징
- 직경무관, 숙련공 필요 없다.
- 화재위험 없고 기계운반 및 조작 간편
그림

압착체결

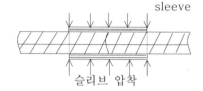

슬리브 압착

5) Cad weld
가. 방법
- 이음부분 슬리브 끼워 연결, 철근, 슬리브사이 공간에 발파제 및 Cad weld
금속분 넣어 발파, 용융으로 접합하는 방법
나. 장점
- 직경에 무관 적용, 철근이음 신뢰성 크다.
다. 단점
- 철근 규격 상이한 경우 적용 안 됨
- 외관검사 곤란, 화재위험
6) 약액주입법 (충전방식)
가. 슬래브 내부 약액충전
나. 충전자재 전단강도, 슬래브 인장력 이용
7) 나사이음구조
가. 방법 : 철근을 커플러에 연결 후 너트 조여서 철근이음
나. 특징
- 시공간단, 굵은 철근 이음에 적당
- 유압토크 렌치가 필요
- 나선이 커플러에 잘 물리도록 주의

8) 이음 시 주의사항

　가. 철근은 이음하지 않는 것을 원칙

　나. 최대 인장 응력이 작용하는 곳은 이음하지 않는다.

　다. 이음부는 서로 엇갈리게

　라. 원형철근 경우 갈고리 붙인다.

　마. 철근 간 순간격은 겹이음길이 1/5 이하, 15cm 이하

　바. 지름 35mm 초과 시 겹이음 미 실시

　사. 용접에 의한 맞댐 이음실시

　　－ 이음부 항복강도의 125% 이상 인장력 발휘

문제) 고유동 콘크리트 정의 제조 방법 장단점 및 활용방안

1. 개요
   - 유동화 콘크리트란 보통 콘크리트에 분산성이 우수한 고성능 감수제 또는
     유동화제를 첨가함으로써 유동성을 일시적으로 증가시켜 단위수량이
     적으면서 양호한 시공성을 가지도록 한 콘크리트

2. 고유동 콘크리트 목적
   1) 타설 다짐 조건에 구애 없이 시공가능
   2) 철근 배근 복잡구역도 시공가능
   3) 시공성 우수, 고도 기술을 요하지 않음
   4) 고품질, 고강도 콘크리트 생산

3. 특징
   1) 유동성 확보할 수 있도록 배합, 단위수량 증가 없이 슬럼프 현저하게 증대
   2) 단위수량 증가 없이 W/C감소시켜 높은 강도, 내구성, 수밀성 등의
      고품질의 콘크리트를 얻을 수 있다.

4. 유동화 콘크리트 제조 방법
   1) 현장첨가 방식
      가. 현장에서 시공자가 유동화제 계량, 첨가 교반하는 방식
      나. 현장에서 계량장치 두어 유동화제 첨가
   2) 공장첨가 방식
      가. 레미콘 공장에서 믹서트럭 상부에 유동화제 투입
      나. 현장 도착하면 교반하는 방식
      다. 수송 거리가 단거리 유동화제 투입하여 30분 이내 타설할 경우
   3) 공장유동화 방식
      가. 레미콘공장 B/P에서 유동화제 첨가 교반하는 방식
      나. 운반 중 슬럼프 변화 때문에 현장과 B/P근접시

5. 유동화 콘크리트의 운반 및 품질관리
   1) 운반은 가능한 신속히 운반
   2) 보통 콘크리트 비해 시간 경과에 따른 slump 저하가 크므로
      타설속도가 빠른 콘크리트 펌프 사용
   3) 유동화에서 외부온도 25℃ 미만 : 30분
                     25℃ 이상 : 20분 이내 타설완료
   4) 콘크리트 펌프는 운반거리, 배관계획, 1회 타설량, 속도, 다짐 고려선정
   5) Base콘크리트 품질과 유동화제 첨가 전후 slump 관리
   6) 첨가량은 보통 0.3~1% (시멘트중량), 사용량은 현장에서 확인 결정

6. 효과
    1) 믹서트럭의 배출용이, 펌프압송 효율, 충전 속도, 충전성, 작업성 향상
    2) Bleeding 감소, 강도향상, 마무리 시간단축
    3) 구조 부재의 상·하 균질성 향상, 균열방지, 내구성, 수밀성, 철근부착성 향상
    4) Base 콘크리트의 단위 시멘트량, 단위수량 줄일 경우 경제성 향상

7. 문제점
    1) 거푸집 재질
        가. 압력이 수압과 비슷, 큰 압력 작용
        나. 재질 및 구조적 충분한 검토 요망
    2) 블리딩이 거의 없어 표면 마무리 곤란
    3) 믹싱시간이 약간 길다.
    4) 유동거리 먼 경우 조골재 분리

8. 맺음말
    - 고성능 콘크리트는 사용하는 혼화재 및 시멘트 제조 방법에 따라 차이가 많이
      발생, 이에 대한 해결책은 연구 중이며 차후 건설공사의 신소재로 사용될 것이다.

■ 공정관리의 기능

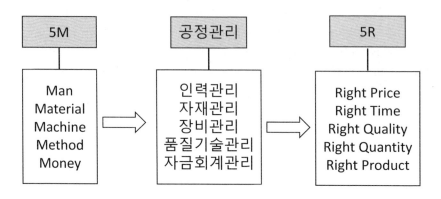

" 시도해보지 않고는 누구도
자신이 얼마만큼 해낼수 있는지 알지 못한다 "
– 푸블릴리우스 시루스

문제) 재생골재 특성 문제점 활용방안

1. 개요
   1) 자연골재의 과다 채취에 환경파괴, 자영훼손 문제로 재생골재 사용이
      보편화, 재생골재를 사용한 콘크리트의 품질에 대한 연구는 부족한 현실
   2) 골재의 부족현상 해결, 안정적인 수급 방안으로는 부순골재와 폐 콘크리트를
      적절히 활용, 골재 사용 절감 공법 개발 등이 절실히 필요한 실정

2. 골재수급 부족 원인과 현황
   1) 골재수급의 불균형
      가. 시기별 골재수급 불균형
      나. 지역별 골재수급 불균형
      다. 적기 공급의 불균형
   2) 골재 품질의 저하
      가. 바다모래, 산림골재의 비중 증가
      나. 수요 집중 시기 불량골재 사용률 증가
      다. 바다골재 경우 골재 채취와 하역 보관시설 부족
   3) 관련법규 및 정책적 지원 부족
      가. 골재 채취관련 법규의 경직성
      나. 폐석 이용의 정책적 지원 부족
      다. 정부예산 부족에 따른 골재 부존량 파악 미흡
      라. 골재 운반 시의 교통 대책마련 필요

3. 재생골재의 특징
   1) slump치 감소
   2) 공기량이 현저하게 증가
   3) 흡수율 증대
   4) 불순물 함유량 증가
   5) 건조수축 현상 증가
   6) 압축강도 30~40% 감소
   7) 비중 20~30% 감소
   8) Bleeding량 감소

4. 종류와 문제점
   1) 재활용 골재의 종류
      가. A종 콘크리트 사용
         - 50% 이상 재생골재 사용
         - 설계기준강도 15Mpa
      나. B종 콘크리트 사용
         - 30~50% 재생골재 사용
         - 설계기준강도 18Mpa

다. C종 콘크리트 사용
　　- 30% 이상 재생골재 사용
　　- 설계기준강도 21Mpa
　2) 콘크리트 품질 저하
　　가. 건조 수축 크고 압축강도 저하
　　나. 불순물을 함유하고 있어 세척요구
　　다. 혼화재료의 사용비중이 증가
　　라. 100% 재생골재 사용하는 경우 품질 저하 우려
　3) 재생골재의 수급부족
　4) 낮은 재활용 비율
　　가. 폐 콘크리트 재활용 비율 낮고 대부분 폐기물로 매립
　　나. 골재선별 비용 높다.
　5) 제도적 지원미비

5. 재생 골재의 활용 방안
　1) 입형 시공성 향상 위해 AE제, 감수제 사용
　2) 미립 불순물 제거 - 완전세척
　3) 살수하여 표면건조 포화상태로 사용
　4) 자연골재와 혼합 사용
　5) 등급별로 분류, 사용용도 제한
　6) 제도개선
　　가. 재생골재 채취에 대한 제도적 지원 필요
　　나. 별도 골재 저장소 설치하지 않고 기존 저장소 이용 방법 연구
　　다. 재생(순환)골재 품질 인증제도 실시

문제) 콘크리트 코어채취 강도시험 절차

1. 개요
    1) 콘크리트 구조물에서 직접 시험체 채취하여 콘크리트 품질 시험 중
       압축강도 시험을 측정하는 방법
    2) 구조물 내부 결함 확인가능
    3) 강도시험결과 정확도(신뢰도) 높다.

2. 일반사항
    1) 구조물에서 재령 14일 이상 경화된 콘크리트 대상
    2) 구조물에 특별한 결함이 있거나 채취 중 손상이 발생된 것은 시험에서 제외

3. 코어채취 방법
    1) 하향 직각 채취 시
       가. 결함부나 가장자리는 피함
       나. 콘크리트 구조체와 코어 채취기는 직각되게 설치
    2) 수평채취 시
       가. 결함부나 가장자리는 피함
       나. 가능한 구조체 중앙부에서 채취
    3) 시험코어 크기
       가. 압축강도 공시체 크기는 최대 굵은골재의 3배 이상
       나. 지름보다 높이가 작아서는 안 됨
           → capping전 높이는 지름의 95% 이상 확보되어야 함
       다. capping부는 깨끗하고 평활하게 마무리

4. 강도시험
    1) 시험체 건습에 따른 차이
       가. 구조물 사용 상태가 건조한 경우
           - 시험 전 7일 동안 공기중 건조 (실제현장 환경재현)
           - 기건 상태에서 시험실시
       나. 구조물 사용 상태가 습윤일 경우
           - 20℃ 수조에서 수중양생(40hr)
           - 수조에서 꺼내어 시험 전까지 젖은 습포로 습윤상태 유지
    2) 압축강도 계산
       가. 직경은 평균치 적용 (d_1 + d_2) / 2
       나. 시험체 H/D < 2.0 경우 보정계수 적용하여 강도계산
       다. 최소한 H/D ≥ 1.0 이어야 한다.
       라. 표의 값들 사이값은 직선보완법 산출
       마. 보정계수

H / D	보 정 계 수
2.0	1.0
1.75	0.98
1.5	0.96
1.25	0.93
1.0	0.89

바. δ = P / A $\times$ 보정계수

사. ACI규정 (미국 콘크리트 협회)

　- 코어 3개 평균강도가 기준치의 85% 이상이거나

　　3개 전부 75% 이상일 경우 합격으로 판정

문제) 한중 콘크리트 시공 온도관리 측면 품질관리 대책

1. 개요
   1) 한중 콘크리트란 일평균 기온 4℃ 이하에서 시공되는 콘크리트
   2) 동결 피해를 입은 콘크리트는 사용이 불가한 만큼 품질관리에 주의
   3) 한중 콘크리트의 동결온도는 -5℃~+2℃

2. 한중 콘크리트 특징
   1) 초기동해 발생
      가. 4℃ 이하 시 콘크리트 경화불량
      나. 초기동결 시 강도증진 어렵다. (제거 후 재시공)
      다. 동결 시 내구성, 수밀성 저하
   2) 수화작용 및 응결 경화시간 지연
      가. 빠른 시간에 시공 하중을 받는 구조물에서는 균열, 잔류변형이 남는다.

3. 한중 콘크리트 시공목표
   1) 응결, 경화 초기에 동결방지
   2) 양생 종료 후 봄까지 동결, 융해 작용에 대한 충분한 저항성 가질 것
   3) 공사 중 각 단계에서 예상되는 시공 하중에 대해 충분한 강도 가질 것

4. 시공 시 유의사항
   1) 재료적 측면 관리계획
      가. 시멘트 → 직접 가열해서는 안 된다.
         - 보통포틀랜드 시멘트 사용
         - Mass 콘크리트 제외하고는 조강, 초조강, 촉진형, 시멘트 사용 가능
      나. 골재 → 적당히 가열하여 혼합
         - 동결되지 않게 보관
         - 심하게 건조되지 않은 방법으로 가열
      다. 혼화제
         - AE제, AE감수제, 고성능감수제 사용, 공기량 확보(3~6%)
         - W/C비 적게, 동결에 대한 저항성 높임
      라. 혼합수
         - 물 가열하여 투입, 온수보일러 이용
         - 가장 간단하고 효과적인 방법   - 가열 용이, 열용량 크다.
   2) 시공 측면 온도 품질관리 대책
      가. 시공 준비
         - 빙설이 철근, 거푸집에 부착되어서는 안 됨
         - 지반, 시공이음부, 구 콘크리트가 동결 시는 녹여야 한다.
      나. 배합
         - AE제, AE감수제 사용한 AE 콘크리트 사용함이 원칙
         - 단위수량 최소화 (소요의 workability 확보)

다. 비비기
- 재료가열 : 기온에 따른 대책

기 온	조 치 (대 책)
4℃ 이상	상온 시공법
4℃~0℃	간단 보온 (타설 콘크리트 보양)
0℃~-3℃	물, 골재가열 (어느 정도 보온)
-3℃ 이하	물, 골재가열 (급열 양생)

- 재료투입순서 : 물 → 굵은골재 → 잔골재 → 시멘트
시멘트는 믹서온도 40℃ 이하일 경우 투입
→ 이상응결 방지
라. 운반
- 운반거리는 가능한 짧게 → 재료의 열손실 최소화
- 온도저하 방지 대책 강구
- 운반차량의 대기시간 최소화 → 온도상승 방지
마. 타설
- 타설시 콘크리트 온도 10~25℃ 유지
- 부재 얇은 경우 10℃, 두꺼운 경우 5℃ 이상
- 콘크리트 펌프 사용 시 배송관 예열 및 보온
- 거푸집 측압이 동절기에 크게 작용 → 타설 높이, 시간 적정관리
바. 양생
- 초기동결로부터 보호, 바람막이 설치
- 양생 중 콘크리트 온도 : 5℃ 이상 유지
- 보온양생 : 단면이 크거나 외기온도가 낮지 않을 때
단열성이 높은 재료로 콘크리트 보양, 시멘트 수화열 이용
- 급열양생 : 단면이 얇거나 보온양생으로 동결온도 유지 불가능 시
급히 건조되거나 국부적인 가열금지
- 양생 종료 후 2일간 콘크리트 온도를 0℃ 이상 유지
사. 거푸집 및 동바리
- 거푸집은 보온성이 좋은 재료
- 동바리 기초는 동결 지반의 침하 발생주의
- 거푸집 제거 시 콘크리트의 급냉에 주의

5. 맺음말
- 한중 콘크리트는 배합 이전, 재료보관 및 배합 시 적절한 가열로 콘크리트 생산
운반 시 보온, 타설 시 각종 시공관리에 주의를 해야만 초기동결에 의한 피해를
방지할 수 있으며 양생 시 보온유지도 아주 중요하다 사료됨

문제) 단위수량이 콘크리트 품질에 미치는 영향

1. 개요
    1) 단위수량은 콘크리트 단위 체적당 물의 양을 나타냄
    2) 콘크리트 1㎥ 생산 재료중 물을 몇 kg을 사용하는가를 판단
    3) 가능한 동일 조건하에서 적게 사용해야 slump값의 저하를 기대

2. 단위수량 감소에 따른 영향
    1) 단위시멘트량 감소 → 경제적 콘크리트 제조가능
    2) 건조수축 감소 (균열감소)
    3) 수밀성 구조체 이룸 (강도, 내구성우수)
    4) 블리이딩 및 공극률 감소
    5) 수화열 감소
    6) 동결융해 저항성 우수

3. 단위수량 감소 방법
    1) AE제, AE감수제, 고유동화제 사용
    2) G-max크게, s/a작게 (공극, 표면적 감소)
    3) 입도, 입형이 양호한 골재 사용
    4) slump 측정해 가면서 각 재료량 조정

4. 맺음말
    - 콘크리트 배합에 있어 단위수량은 w/c비에 직접적 영향을 주며
      이로 인한 품질 저하가 가장 큰 요인이 되고 있다.
      충분한 시험과 양질의 재료를 사용, 가장 경제적이면서 내구성과
      강도를 갖춘 콘크리트 생산이 필요할 것이다.

■ 공정관리 역할(시공관리)

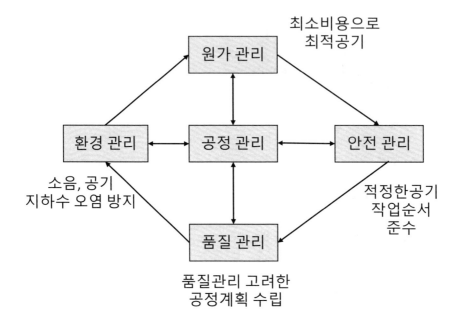

> " 자신의 능력을 믿어야 한다
> 그리고 끝까지 굳세게 밀고 나가라 "
> — 로잘린 카터

문제) 콘크리트 조기강도 측정 방법

1. 개요
   1) 콘크리트는 일반적으로 28일 강도를 표준으로 한다.
   2) 품질확인 위해서 단기간의 품질확인이 요구
   3) 콘크리트 강도를 단기간에 발현 되도록하여 조기강도 판정하는 방법

2. 조기강도 측정 시험법이 갖춰야 할 조건
   1) 콘크리트 재료 특성을 적합하게 판정할 수 있는 것
   2) 시험 방법이 신속간단
   3) 판정 정확도가 양호
   4) 판단 기준이 표준화
   5) 재현성이 있을 것

3. 콘크리트 조기강도 판정
   - 여러 가지 방법 중 현장에서 적용할 수 있는 55℃ 온수법, 비중계법,
     급진 촉진양생법이 있다.
   1) 55℃ 온수 양생 방법
      가. 시험법
         - 굳지 않은 콘크리트에서 시료 채취 공시체 제작
         - 3시간 방치 후 밀봉함
         - 55℃ 양생 : 20시간 30분
         - 꺼내어 20 ± 3℃에서 30분 냉각 후 압축강도 시험
         - 24시간 동안 28일강도 얻음

방 치	양 생	냉 각
3시간	20시간 30분 (55 ± 3℃)	20분 (20 ± 3℃)

      나. 특징
         - 작업이 용이
         - 양생 온도가 고온일수록 방치 시간이 길어지고 냉각시간 길어짐
   2) 비중계 이용법
      가. 개념 : 콘크리트에 대한 강도 비중간의 상관관계를 data화한 후
                 시공 시 콘크리트 비중만 체크, 기설정 된 data에서 강도 측정
      나. 시험 방법
         - 몰탈채취 300g → 매스실린더 (1,000cc투입)
         - 분산제 투입 후 물 1,000cc까지 채움
         - 입구 막아 29초 동안 10회 반전
         - 15초 내로 거품제거
         - 현탁액 속에 비중계로 1~5분 사이 30초 간격 측정

- 기 설정된 data에서 시험 비중값으로 강도측정
3) 급속촉진 양생법 : 약 100분 소요
  가. 개념 : 공사 2개월 전 사용된 콘크리트의 조기몰탈 강도와 재령28일 강도와의
        관계 data시켜 관계식에 의해 몰탈 강도만으로 재령28일 강도 추정
  나. 조기몰탈 강도와 재령28일 강도와의 관계 data
    → 조기몰탈 강도와 재령28일 강도 간의 관계 성립
  다. 시험 방법
    - 시료 채취 : No4체가름 몰탈채취 (콘크리트 500g당 6g채취) → 15분
    - 급결제 첨가 후 교반하여 몰탈 공시체 제작 → 3분
    - 70℃ 항온 항습기에 90분 양생 → 90분
    - 강도시험실시
    - 기 추정된 관계 data로 재령28일 강도 추정 가능
4) 재령7일 강도에서 추정법
  가. 조강 시멘트 재령28일 = 재령7일 + 80(kg/㎠)
  나. 보통. 혼합시멘트 재령28일 = 1.37재령7일 + 30(kg/㎠)

4. 맺음말
  - 콘크리트 조기강도 추정 방법은 가능한 시간소요가 적으며 정확한 값이 추정
    간단하고 신속하게 측정할 수 있는 것이 좋다.
    현재까지 여러 방법들이 제시되었지만 아직 이 분야의 연구 개발이 진행 중이다.

문제) 콘크리트 균열종류 대책기술

1. 개요
    1) 콘크리트는 재료 특성상 균열 발생
    2) 균열은 구조물의 내구성 저하, 철근 부식 등의 영향
    3) 심각한 경우 구조물의 붕괴를 초래
    4) 균열의 미연방지 및 사후보수가 무엇보다 중요

2. 균열의 종류와 방지 대책
    1) 경화 전 균열
        가. 소성수축 균열
            원인
            - 타설 후 건조수축으로 콘크리트 수축, 철근은 인장력 발생
            - 철근 인장력이 콘크리트 인장력보다 크면 균열 발생
            - 블리딩량이 수분 증발량보다 적을 때 표면에 균열 발생
            대책
            - 양생 시 습윤양생 실시 (비닐, 피막양생)
            - 콘크리트 표면 포화상태 유지
        나. 침하균열
            - 원인
                → 거푸집과 철근 배근 불량
                → 불충분한 다짐, 공극발생, 배근모양, 균열 발생
            - 대책
                → 거푸집 정확 배치
                → 콘크리트 피복두께 확보
                → 충분한 다짐
                → slump, w/c적게
    2) 경화 후 균열
        가. 건조수축균열
            - 원인
                → 단위수량 과다 시
                → 콘크리트 인장응력보다 콘크리트내부 응력이 크게 작용할 때
            - 대책
                → 분말도 낮은 시멘트 사용
                → 굵은골재량 증가 투입 (s/a가 적게)
                → W/C 감소
                → 습윤양생철저

나. 화학적 균열
- 원인
  → 알칼리 골재반응
- 대책
  → 무반응 골재 사용
  → 포졸란 사용
  → 저알칼리 시멘트 사용(0.6% 이하)
  → 내 황산염 시멘트 사용
다. 기상작용에 의한 균열
- 원인 → 중성화, 동결융해, 건습반복, 온도변화
- 대책 → W/C저하(공극감소), 부재단면증가, AE제사용, 내구성 큰 골재 사용
라. 온도변화에 의한 균열
- 원인 → 시멘트 수화 작용 후 냉각 시 인장균열
  → 대기온도 변화로 급냉 시 인장응력 발생
  → 상기응력이 콘크리트 인장응력보다 클 때 균열 발생
- 대책 → 수화열 저하 (배합수 냉각, pipe cooling)
  → 단위 시멘트량 감소
  → 플라이애쉬 사용
마. 철근 부식 팽창에 의한 균열
- 원인 → 중성화 및 염해
  → 철근 부식으로 부피 팽창 → 철근방향으로 균열 발생
- 대책 → 흡수성 낮은 골재 사용
  → 피복두께 확보, 철근방청코팅
  → 해사 사용주의 (염분 총 0.04% 이하)
바. 시공불량에 의한 균열
- 원인 → 현장 레미콘 가수, 다짐 및 양생 불량
  → 거푸집 동바리 불량, 시공이음 부적절
- 대책 → 철저한 시공계획 및 품질관리 수립
사. 하중 초과에 의한 균열
- 원인 → 설계하중 초과한 하중 재하 시
  → 운반 설치 중 급작 제동으로 인한 충격
- 대책 → 시공 시 실제 재하하중 고려
  → 강도발현, 충분 양생 후 재하
  → 양생 전, 충격 진동금지

3. 맺음말
- 콘크리트 구조물의 균열은 재료적인 요인뿐만 아니라 시공 중 환경적인 요인 및 구조설계적 요인에 의해 발생, 여러 조건에 대해 철저한 대책 및 관리가 요구된다.

문제) 콘크리트 압축강도 관리 방법

1. 개요
    1) 콘크리트 강도 중 가장 중요하게 여겨지는 것이 압축강도
    2) 압축강도로부터 콘크리트 여러 가지 성질 추정
    3) 압축강도로부터 다른 강도들도 추정가능
    4) 구조 설계상 일반적으로 압축강도를 활용

2. 콘크리트 종류별 강도 기준
    1) 보통 콘크리트 : 재령28일 압축강도
    2) 포장 콘크리트 : 재령28일 휨강도
    3) 댐 콘크리트 : 재령91일 압축강도

3. 압축강도 시험법
    1) 공시체 규격
        가. 굵은골재 최대치수 25mm일 경우
            - Ø10 × 20cm 원주형
            - G-max의 3배 이상 또는 Ø10 이상
        나. 굵은골재 최대치수 40mm 이상 시
            - 원주형 공시체 지름:높이 = 1:2 이상
            - 최대 굵은골재 최대치수 3배 이상 되는 지름 확보
    2) 공시체 제작
        가. 몰드에 2층 각층 11회 봉다짐 (Ø10 경우)
        나. 공극 및 재료분리 주의 (심한 진동주의)
    3) Capping
        가. 시멘트 페이스트 및 유황 Conpound
        나. Capping 두께 : 2~3mm 정도 평탄하게
    4) 양생 및 탈형
        가. 제작 후 24~48시간 후에 탈형(수중양생)
        나. 온도 : 20 ± 2℃
    5) 강도시험
        가. 재하속도 : 2~3kg/㎠ 속도로 일정하게 가압
        나. 파괴 시 최대하중 기록
        다. 계산 δ = P / A Mpa
4. 압축강도에 미치는 영향
    1) 공시체 형상과 치수에 대한 영향
        가. 형상에 따라 강도가 다르게 나타남
        나. 치수가 클수록 강도가 적게 나타남

2) 각국의 공시체 규격

    가. 일본, 미국은 국내와 동일 적용

    나. 영국 : Cube mold 적용(정육면체)

           → 10×10×10, 15×15×15cm

    다. 독일 : Cube mold 적용(정육면체)

           → G-max 40mm 이상 : 30×30×30cm

           → G-max 40mm 이하 : 20×20×20cm

3) 원주형 공시체의 높이 직경비에 따른 영향

    가. D : H = 1 : 2가 표준

    나. 직경에 대한 높이의 비가 2보다 크면 보정 실시

4) 재령 및 양생 방법의 영향

    가. 재령 증가 시 강도 증가

    나. 양생 방법에 따라 강도 다름

    다. 습윤 양생 시 장기강도 증대

    라. 건조 양생 시 초기강도 증대 되지만 장기강도는 저하

    마. 시험 시 공시체 온도 증가 시 강도 저하 (20±2℃)

5) 시험관련 영향

    가. 공시체 가압면 평활하지 않을 시 편심하중으로 강도가 낮게 나옴

    나. 재하속도가 빠르면 강도는 크게 나오고

    다. 수중 양생 후 시험 시는 강도가 낮게 나옴

5. 맺음말

    - 콘크리트의 여러 가지 품질시험 중 압축강도가 가장 중요, 관리면에서도
가장 유의해야 할 부분, 항시 설계상 제시된 강도 이상의 강도발현이 가능해야만
콘크리트 구조물로서 가치가 있다고 사료됨

문제) 레미콘 회수수 및 슬러지의 활용방안

1. 개요
   1) 회수수란 레미콘 차량, 플랜트믹서, 콘크리트배출, 호퍼 등을 세정한 배수와
      되반입되는 콘크리트를 세정할 때 나오는 물
   2) 회수수는 PH가 높아 정화 과정 없이 배출되면 하천, 토양 등 환경오염 원인이
      되며 배출물에는 자갈, 모래 등 자원이 포함되어 재이용하는 것이 바람직

2. 회수수의 분류 처리 방법
   1) 회수수 분류
     가. 회수수
       - 레미콘 생산 관련시설을 세척하고 난 배출물로서 슬러지수와 상징수로 구분
     나. 슬러지수
       - 씻고 난 배수 및 기타 배수에 골재를 분리수거한 나머지 물
     다. 상수(상징수)
       - 슬러지수에서 슬러지 고형분을 침강, 기타 방법으로 제거한 맑은 상태의 물

그림

   2) 회수수 처리(활용) 방법
     가. 중화처리
       - ph높은 물을 산성과 혼합, 중화처리 후 방류, 환경오염방지
       - 침강 잔재는 건조하여 폐기물로 매립처리
     나. 재사용(ECO Con'c제조)
       - 상징수
         → 레미콘 운반차량 세정 시
         → 골재회수 장치 시설물 세정 시
         → 슬러지수 농도 조절용
         → 콘크리트 배합 비빔용으로 사용(고강도 콘크리트 사용금지)
       - 슬러지수
         → 침강, 침전 통해 미세분말, 골재 분리시켜 건조 분쇄
         → 분쇄된 미세분말을 시멘트 원료로 재활용(재활용 시멘트 제조)
         → 석회석 자원보존 CO_2 배출량 감소효과

　　　　－ 골재
　　　　　　→ 세척 중 회수되는 자갈, 모래입자는 재활용
　　　　　　→ 골재의 부족문제 해결 및 자원 재활용 효과

3. 재활용 시 콘크리트 품질확보
　　1) 회수수의 수질
　　　　가. 시멘트 응결시간 압축강도에 영향을 주지 않아야 한다.
　　　　나. 수질기준(일본 Jis) : 시멘트 응결 시간 차이는 일반물을 비교
　　　　　　－ 응결 시작 시간 차이 : 30분 이내
　　　　　　－ 종결 시간 차이 : 60분 이내
　　2) 슬러지 고형분의 품질
　　　　－ 고형분은 부용잔분 모래분 함유량으로 25% 이하
　　3) 회수수의 제한 농도
　　　　－ 회수수 비율이 시멘트 중량의 3% 이하
　　4) 회수수 검사
　　　　－ 일상농도 검사 실시
　　　　－ 고형분 3% 이하로 유지

4. 맺음말
　　1) 회수수를 재활용할 경우에는 콘크리트 품질확보를 위해 검사를 통해 사용
　　2) 회수수로 인한 콘크리트의 문제점이 발견 시에는 사용비율은 조절해서
　　　　사용할 필요가 있다고 사료됨

■ S/F치환율과 단위 수량 관계

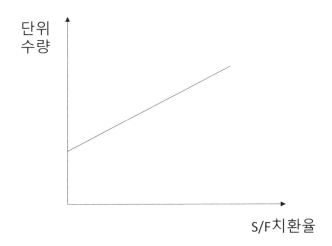

" 세상에세 가장 행복한 사람은?
일하는 사람
사랑하는 사람
희망이 있는 사람 "

– 에디슨

문제) 콘크리트 컨시스턴시(반죽질기) 시험 방법 5가지

1. 개요
   1) 수량의 다소에 따른 반죽의 되고 진 정도를 나타내는 굳지 않은 콘크리트 성질
   2) 시멘트 페이스트, 모르타르 또는 콘크리트의 유동성 정도 확인시험

2. 반죽질기
   1) 반죽질기에 영향을 미치는 요인
      가. 시멘트의 성질과 양, 골재입도와 모양, 혼화재료의 종류와 양
      나. W/C, 공기량, 배합비율, 콘크리트 온도
   2) 반죽질기의 시험 방법(측정 방법)
      가. slump 시험
         - 목적 : 굳지 않은 콘크리트의 반죽질기 측정하는 재료적 시험
                  워커빌리티를 가장 정확히 확인
                  작업의 난이도 및 골재의 분리 정도
         - 슬럼프 기준값 (KS F 4009)

기 준 치(mm)	허 용 치(mm)
25	± 10
50~65	± 15
80~180	± 25
210	± 30

         - 슬럼프차에 비례되는 사항
            → 단위수량 증가
            → 재료 분리, 강도 저하
         - 시험법
            → slump cone에 3층 25회 봉다짐
            → slump cone 빼올려 무너진 높이 측정(mm 단위측정)
      나. Flow시험(흐름시험)
         - 목적 → 된비빔 콘크리트의 유연성 측정, slump 5cm 이하 시 적용
                  → 진동 시 철근 통과하는 유연성 및 분리정도 측정
         - 시험법
            → 진동대 수평한 곳에 놓고 낙하높이 0.5inch로 고정
            → 원주형 몰드내에 콘크리트 다져 채움
            → 진동은 15초, 낙하는 15회
            → 3개소 측정치의 평균치 선택
         - 계산
            $F = D-25.4 / 2.54 \times 100\%$ (D : 퍼진거리(cm), F : inch단위)

다. Vee-bee시험
- 목적 → 포장 콘크리트의 반죽질기 측정(된반죽)
→ 슬럼프 25mm 이하의 된반죽에 사용
- 시험법
→ 반죽질기 측정기 진동대에 설치 후 콘크리트 채우고 다짐
→ 몰드 빼내고 진동가함
→ 진동 시 원판 전면에 몰탈 접촉 시까지 진동시간 측정(sec)
라. Compacting factor 시험(다짐계수)
- 목적 → 유동성 강한 콘크리트외의 모든 콘크리트 적용
→ G-max 40mm 이하 적용
- 시험법
→ 20*20*40cm 장방향 용기 및 진동봉, 진동대 준비
→ A용기에 콘크리트 다져서 B용기에 낙하 후 다시 C용기에 낙하시킨다.
→ C용기에 받아진 콘크리트 무게측정, C용기와 같은 용기에 충분히
다진 콘크리트의 무게와의 비율
- 슬럼프 시험보다 정확하고 예민한 시험법
마. 구 관입시험
- 목적 → 깊이 15cm 이상이고 포장 콘크리트 다짐 전에 적용가능
→ 측정간단, 슬럼프값의 2배 값이 됨
- 시험법
→ 반구형 철강제(3.6 pound)가 콘크리트 속에 일정시간에 침하되는 깊이 측정

3. 맺음말
- 콘크리트 반죽질기 시험은 슬럼프치 파악뿐 아니라 재료분리, 마무리 정도, 성형성 등
판단 기준이 되므로 관리가 철저히 이루어져야 한다.

문제) 콘크리트 폭열현상, 고강도 콘크리트 폭열 매카니즘 방지 대책

1. 개요
    1) 콘크리트 폭열현상이란 화재 시 콘크리트 구조물에 물리적, 화학적 영향으로
       파괴되는 현상
    2) 건축구조물은 화재 시 인명, 안전 및 재산보호 관점에서 내화성능 필요
    3) 건축법에는 공공시설물 및 공동주택의 주요부는 내화구조로 시공규정
    4) 고층화될수록 화재 시 안전대책 마련 중요

2. 화재에 의한 콘크리트 손상
    1) 100℃ : 자유수 방출
    2) 100~300℃ : 물리적 결합수 방출
    3) 400℃ 이상 : 화학적 결합수 방출

3. 영향을 미치는 요인
    1) 화재의 강도 : 300℃ 까지 손상 없음
    2) 화재 지속시간
    3) 콘크리트의 고강도
    4) W/C 낮을 때
    5) 콘크리트 혼입물질 (PP섬유)
    6) 횡방향 구속 (메탈라스)
    7) 화재시 발생되는 가스영향
    8) 골재종류 (내화성)
    9) 3% 이상 함수율

화재지속시간에 따른 파손 깊이

화 재 지 속 시 간	파 손 깊 이 (mm)
80분 (800℃)	약 5
90분 (900℃)	약 25
180분 (1100℃)	약 50

4. 고강도 콘크리트 폭열특성
    1) 콘크리트는 강도, 경제성, 내화성 우수한 재료
    2) 고강도, 고성능 콘크리트는 화재 시 폭열 발생 및 내화성능 저하문제

5. 폭열의 종류
    1) 파괴폭열 : 여러 개 큰 파편 비산
    2) 국부폭열 : 작은 파편 비산
    3) 단면 점진 폭열 : 단면이 단계적으로 파괴
    4) 박리 폭열 : 중력에 의해 박리

6. 저감 대책
   1) 현재 국내에는 폭열방지 및 내화성능 향상에 대한 특별한 대책이 없고
      연구 개발 중
   2) 일본은 PP섬유 혼입하여 폭열방지

7. 국내 연구사례
   1) 폴리프로필렌섬유(PP섬유)와 메탈라스 횡구속에 의한 내화성능 연구사례
      가. 청주대학 및 두산산업 개발에서 PP섬유 혼입, 폭열을 방지하고 메탈라스로
         횡구속하여 잔존내력 향상시키는 공법연구개발
      나. 고성능 RC기둥, 실구조체를 재하조건 3시간의 내화시험 실시 후 폭열성상 및
         내화성능 향상 방안연구

8. 맺음말
   1) 고성능 콘크리트를 주로 사용하는 고층건물 등의 화재 시 폭열방지 및 내화성능
      향상 위해서는 시공 시 Mock up시험 실시
   2) 일본에서는 PP섬유만으로 폭열방지(화재에 강한 안산암주로 사용)
   3) 한국은 화재에 약한 화강암 사용, 폭열뿐 아니라 잔존 내력을 향상시켜야 하므로 PP
      섬유 혼입 및 메탈라스 보강공법이 내화성능행상에 유리

   * Mock up test : 풍동 시험을 근거로 실물 모형을 최악 위기조건에서 시행

문제) 콘크리트에 사용되는 부순골재의 요구조건

1. 개요
    1) 부순골재는 내구성 우수한 암석을 원석으로 생산
    2) 부순골재는 환경규제로 인하여 습윤상태 생산
        → 다량의 미립자 부착되므로 세척 후 사용

2. 콘크리트 특성
    1) 단위수량 증가
        가. 모난형상 및 거친 표면 → 단위수량 10% 정도 증대
        나. 시멘트 페이스트와의 부착력 우수 → 보통 콘크리트 이상강도 발현
    2) 수밀성, 내동해성
        가. 부순골재 콘크리트의 수밀성, 내동해성은 저하 (일반골재 콘크리트 대비)
    3) 강도
        가. 골재표면은 거친 표면적이 많아야 부착력 크다 → 강도증가
        나. 부순골재 콘크리트가 천연골재보다 강도 높다.
    4) 내 마모성
        가. 휨강도, 마모저항이 큰 부순돌 사용
        나. 주로 포장 콘크리트에 사용
    5) 혼화제 사용
        가. 수밀성 위해 AE제 시멘트 분산제 사용
        나. 작업성 개선, 단위수량 8% 이상 줄일 수 있다.
        다. 강도, 경제성, 수밀성 개선
    6) 알칼리 골재반응
        가. 알칼리 골재반응에 유의 (무반응 골재 사용)
        나. 피복두께 확보
    7) 잔골재율
        가. S/A 적게
        나. slump 저하 방지 위해 잔골재율 낮춘다.
    8) 재료분리 감소효과
        가. 재료분리 감소효과 크다. (부순모래)
        나. 부순모래 경우 3~5%의 석분혼입지향
    9) 공기량
        가. 미세한 분말량이 많아지면 공기량 감소

3. 배합설계 시 고려사항
    1) 배합강도
        가. 설계기준강도 얻기 위해 현장에서 시멘트와 부순자갈 불균성
        나. 각 재료 계량오차, 시험오차 등 고려 배합강도 결정

2) W/C

　가. 동일 W/C 경우 부착력 우수

　나. 수밀성, 내동해성은 W/C에 의해 결정

3) slump test

　가. 시공연도의 양부측정

　나. 미세한 분말량이 많아지면 slump 저하

4) 굵은골재 최대치수

　- 최대치수 20mm 부순돌에 대해서 실적률 55% 이상으로 규정

5) S/A

　가. 미세한 분말량이 많아지면 slump 저하 → s/a 낮춘다.

　나. 하천골재에 비해 실적률이 3~5% 적기 때문에

　　　실적률 1% 증감에 잔골재율 증감은 1%

6) 단위수량

　가. 단위수량 10~20kg/㎥ 증가

　나. 실적률 1% 저하 → 단위수량 4% 증가

7) 시방배합

　가. 계량은 1회 계량분 0.5% 정밀도 유지

　나. 비빔시간은 일반적으로 3분

　다. slump 조정은 19cm 이하에서 약 1.2%

　　　　　　　　18cm 이상에서 약 1.5%

　라. 골재분리와 유동성 조정

문제) 포졸란 반응

1. 개요
    1) 혼화재 일종 실리카 분말로서 그 자체는 수경성이 없으나 콘크리트속의 물에
       융화되어 있는 수산화칼슘과 화합해서 불용성 화합물을 만드는 반응
    2) 플라이애쉬, 고로슬래그, 포졸란 반응을 일으켜 콘크리트는 워커빌리티,
       피니셔빌리티의 개선 및 Bleeding을 감소효과

2. 콘크리트 혼화재료 분류
    1) 2차 반응형 포졸란 반응 - 플라이애쉬, 실리카흄
    2) 잠재 수경성 반응 - 고로슬래그
    3) 팽창재
        - 혼화제 → 계면활성제 - AE제, 감수제
                   응결시간 조절제 - 급결, 촉진, 지연, 초지연제

3. 포졸란 반응과 잠재수경성 반응

구 분	포졸란 반응	잠재수경성 반응
반 응	플라이애쉬, 실리카흄	고로 슬래그
효 과	볼베어링, 2차반응	AAR저항성, 2차반응
사 용 량	5~30%	5~70% (1~3종 구분)
발생장소	화력발전소, 실리콘제조시	제철소 (광양, 포항제철)

4. 포졸란 반응이 콘크리트에 미치는 영향
    1) 굳지 않은 콘크리트
        가. workability 향상
        나. Bleeding 및 재료분리 감소
        다. 2차반응 → 수화열감소 → 온도저감
        라. 미세분말 공극채움
    2) 굳은 콘크리트
        가. 수밀성, 내구성 우수
        나. 초기강도 낮고 장기강도 높다.
        다. 해수 등에 화학적 저항성 크다.
        라. 인장강도, 인장능력이 크다.

5. 맺음말
    1) 포졸란 반응을 하는 혼화재료는 반드시 품질확인 후 사용
    2) 혼화재료는 사용 목적에 적합한 것 사용
    3) 정확한 계량 실시 후 사용해야 양질의 콘크리트를 생산할 수 있다고 사료됨

문제) 콘크리트 품질시험과 시험관리 업무 설명

1. 개요
1) 콘크리트 요구조건으로서 소요강도 확보, 내구성, 수밀성, 경제성 등이 만족해야만 양질의 콘크리트라 할 수 있다.
2) 콘크리트 생산, 타설과정에서 시행되는 콘크리트 시험이 중요
3) 타설되고 경화되면 저 품질의 콘크리트라 해도 철거 제거하지 않으면 구조물로서 기능을 상실
4) 따라서 경제적 시간적 막대한 손실발생, 타설 전 시험에 철저를 기해야 한다.

2. 품질검사의 구분
1) 선정시험 - 공사 개시 전
2) 관리시험 - 시공 중 검사
3) 검사시험 - 완료 후 검사 (외부기관)

3. 품질시험 항목
1) 슬럼프 시험
    가. 목적
        - 굳지 않은 콘크리트 consistency 측정하는 대표적 시험
        - workability 가장 정확히 알 수 있는 시험
        - 작업의 난이도 및 골재의 분리 정도
    나. 슬럼프 기준값 (KS F 4009규정)

기 준 치(mm)	허 용 치(mm)
25	± 10
50~65	± 15
80~180	± 25
210	± 30

    다. 슬럼프값에 비례되는 사항
        - 단위수량 많음
        - 재료분리 발생
        - 강도 저하
    라. 시험법
        - 슬럼프 콘에 콘크리트를 3층 각 25회 다짐
        - 슬럼프 콘을 빼올려 무너진 높이 측정 (10mm 측정)

2) 공기량 시험

　가. 목적 (AE특성)

　　- 워커빌리티 향상

　　- 내구성, 수밀성 향상

　　- 해수 저항성, 동결융해 저항성 증대

　　- 단위수량 감소

　나. 심한 기상 작용을 받지 않는 곳에서는 소요워커빌리티 확보 내에서
　　적은 공기량 사용 (공기량 1% 증가 → 강도 4~6% 저하)

　다. KS 규정 (KS F 4009 규정)

구　분	기 준 치	허 용 치
경량 콘크리트	5.0	
일반 콘크리트	4.5	± 1.5%
고강도 콘크리트	3.5	

　라. 시험법

　　- 공기실 압력법

　　　→ 워싱턴 공기량시험기 사용

　　　→ 공기실 일정 압력 가할 시 공기량으로 인해 압력저하되므로
　　　　공기량 측정가능

3) 온도측정

　가. 포장, 매스, 댐 콘크리트 경우 온도 측정

　나. 150㎥ 당 1회 측정

　다. 수화열에 의한 온도 상승대비

　라. 온도균열 대책강구

4) 공시체 제작 및 강도측정

　가. 종류 : 압축, 휨, 인장강도

　나. 재령 : 재령7일, 재령28일, 6개월 등

　다. 규격 : 압축강도용 Ø10*20 (휨강도용 15*15*45cm)

　라. 측정규정

　　- 일반 콘크리트 : 재령28일 압축강도

　　- 포장 콘크리트 : 재령28일 압축강도

　　- 댐 콘크리트 : 재령91일 압축강도

4. 맺음말

　- 콘크리트 생산 전 투입될 재료에 대해 선정시험 실시, 합격된 재료로서
　콘크리트 생산하고 이때 콘크리트의 관리시험도 철저하게 이루어져야만
　양호한 품질의 콘크리트 구조물을 만들 수 있다.

■ 혼화재료

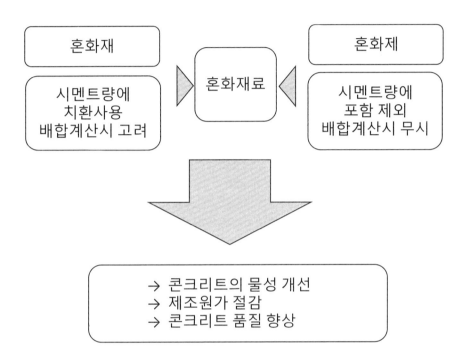

" 내일은 우리가 어제로부터
무엇인가 배웠기를 바란다 "

– 존 웨인

문제) 골재모양 표현 방법과 모양이 콘크리트 물성에 미치는 영향

1. 개요
    1) 골재는 몰탈이나 콘크리트에서 물·시멘트와 함께 혼합되어 콘크리트라는
       제품을 만들며
    2) 골재의 규격, 성질, 모양에 따라 콘크리트의 여러 가지 특성을 좌우

2. 골재의 분류
    1) 입경에 따른 분류
        가. 굵은골재 : No4체에 거의 다 잔류
        나. 잔골재 : No4체에 거의 다 통과, No200체 거의 다 남는 골재
    2) 생산에 따른 분류
        가. 천연골재 : 강자갈, 강모래, 해사
        나. 인공골재 : 쇄석, 쇄사, 슬래그
    3) 중량에 따른 분류
        가. 중량 골재
        나. 경량 골재

3. 콘크리트용 골재로서 요구되는 성질
    1) 깨끗하고 유해물 기준치 이내 함유할 것
    2) 안정, 내구성일 것
    3) 화학적으로 안정, 내화성일 것
    4) 시멘트 부착력이 좋을 것
    5) 입도 및 입자모양이 양호할 것
    6) 비중이 기준치 이상일 것

4. 골재규격 및 성질
    1) 비중
        가. 일반적으로 2.5 이상
        나. 비중이 크면 흡수율 작고 내구성 양호, 동결융해 저항성 우수
        다. 배합설계, 실적률, 경도판정에 사용됨
    2) 입도
        가. 대 소립 입자가 연속적 입도일 것
        나. 입도 양호하면 공극률, 단위수량 감소, 경제적 콘크리트 제조 가능
    3) 단위중량
        가. 단위중량 크다는 것은 골재 비중 크며 공극률이 적다는 뜻
        나. 단위수량 및 단위 시멘트량 감소
        다. 공극률 및 실적률 산정에 이용
    4) 마모율
        가. 마모율은 굵은골재만 적용 40% 이하 규정
        나. 입자가 작은 것일수록 견고, 내구성이 큼

5) 안정성 → 황산나트륨으로 5회 실시

    가. 굵은골재 : 12% 이하

    나. 잔골재 : 10% 이하

    다. 내구성 판단기준 → 동결융해 저항성

6) 흡수율

    가. 잔, 굵은골재 모두 3% 이하

    나. 비중이 클수록 흡수율 적다.

7) 골재형상

    가. 편, 세장석이 작아야 한다.

       - 단위수량, 단위 시멘트량 감소원인

       - 부분 잔골재의 입자모양 판정 실적률이 53% 이상

    나. 경제적 콘크리트 제조에 중요한 요소

8) 유해물 함량

    가. 규정치 이상 골재는 강도, 내구성 저하

    나. 점토 함유량

       - 굵은골재 : 0.25% 이하

       - 잔골재 : 1% 이하

    다. 씻기시험(No200 통과량)

       - 굵은골재 : 1% 이하

       - 잔골재 : 3% 이하

    라. 비중 2.0 액체에 뜨는 것 (석탄, 갈탄 등)

       - 굵은골재 : 0.5% 이하 / 외관 중요시

       - 잔골재 : 0.5% 이하 / 외관 중요시

       - 그 밖의 경우 : 1% 이하

    마. 연한 석편량 : 굵은골재만 해당 5% 이하

    바. 염화물 이온 : 잔골재만 해당 0.04% 이하

5. 맺음말

   - 골재 모양에 따른 콘크리트 물성에 미치는 영향은 상당히 크다.
     양호한 입도 분포를 가진 골재는 경제적인 콘크리트 제조가 가능
     워커빌리티 및 내구성 증가의 효과가 있다.

문제) 콘크리트 타설시 이어치기 부위 품질확보 방안
부어치기 시 유의사항 및 표면 마무리 방법

1. 개요
    1) 콘크리트 구조물은 하성 구조물로서 일체식 구조가 되도록 시공관리에
       각별한 주의를 요한다.
    2) 시공현장에는 콘크리트 구조물에 대한 충분한 지식을 가진 기술자를 배치하여
       시공관리를 실시하여야 한다.

2. 좋은 철근 콘크리트 구조물을 만들기 위한 시공 방법
    1) 콘크리트 표준시방서의 규정준수
    2) 콘크리트에 대한 지식과 경험이 풍부한 기술자의 현장투입
    3) 공사 시작 전에 시공계획서 작성
    4) 공사 기록을 통한 시공관리 실시

3. 타설 시 이어치기 부위 품질확보 방안
    1) 시공이음
       가. 전단력이 작은 위치에 설치
       나. 압축력이 작용하는 방향과 직각설치
       다. 전단력이 큰 곳에 설치 경우, 장부 홈 적절한 강재를 배치
       라. 해양, 항만 콘크리트 구조물에는 가급적 시공이음을 설치하지 않는다.
          (단 설치 경우 만조위로부터 위로 0.6m, 간조 위아래로 0.6m 사이를 피한다)
    2) 신축이음
       가. 양쪽 구조물 부재가 구속되지 않아야 한다.
       나. 필요에 따라 줄눈재, 지수판 등 배치
       다. 단차 피하기 위해 장부, 홈, 전단연결재 설치
    3) 균열 유발줄눈
       가. 구조물 강도 기능을 해치지 않도록 그 구조 및 위치를 결정
       나. 수밀 요하는 경우에는 미리 지수판 설치하여 지수대책을 수립

4. 부어넣기 시 유의사항
    1) 타설 시 주의사항
       가. 타설 전 준비
           - 철근, 거푸집, 설비배관 등 배치
           - 운반장치, 타설설비, 거푸집 등 청소실시
           - 배수 (고인물 제거)
           - 운반 및 타설에 사용되는 설비와 타설 계획 비교
           - 일기 예측과 대비

나. 타설 작업 시 유의사항
　　　- 시공 계획서에 따라 연속적으로 타설
　　　- 타설작업 중 철근, 매설물 및 거푸집 변형방지
　　　- 타설 콘크리트를 거푸집 내에서 횡방향 이동방지
　　　- 콘크리트는 한 구획 내에서 거리 수평이 되도록 타설
　　　- 타설 1층 높이는 다짐능력 고려 결정
　　　- 콘크리트를 2층으로 나누어 타설 경우 허용 이어치기 시간간격 준수

외　기　온	허용 이어치기 시간간격
25℃ 초과	2.0 시간
15℃ 이하	2.5 시간

　　　- 타설 중 표면에 고인 블리딩 수 제거
　　　- 타설 중 펌프 배출구로부터 타설면 높이 : 1.5m 이하
　　　- 타설속도
　　　　→ 겨울철 : 1m/hr 이하, 여름철 : 1.5m/hr 이하
　2) 다짐 시 유의사항
　　가. 공극은 적게, 거푸집 구석구석 콘크리트를 균질하고 치밀하게 채움
　　나. 내부 진동기 사용원칙, 얇은 벽 등에 거푸집 진동기 사용
　　다. 내부 진동기 사용 방법
　　　- 간격 : 0.5m 이하, 시간 : 5~15 초, 깊이 : 0.1m 정도
　　라. 거푸집, 철근, 굳기 시작한 콘크리트에 닿지 않도록 주의
　　마. 과도한 진동 시 재료분리 Bleeding현상으로 강도 저하주의
　　바. 거푸집 변형대비, 목공, 철근공 항시 대기
　　사. 재진동 경우 초결 진행 전 실시

5. 표면 마무리 방법
　1) 표면에 나온 물 완전히 제거 후 실시
　2) 소요의 마무리면이 얻어지는 범위 내 최소한으로 실시
　3) 지나친 마무리 작업은 주의
　4) 블리딩, 들뜬골재, 부분침하 등 결함은 응결 전 수정처리

6. 맺음말
　1) 철근 콘크리트는 성질이 다른 재료, 구조상 일체화를 위하여 계획단계에서
　　시공, 유지관리 단계까지 철저한 관리요망
　2) 콘크리트는 품질변동 발생, 계량, 비비기, 운반, 타설, 양생 등에 전공종에
　　대하여 유의하여야 한다고 사료됨

문제) 고성능 콘크리트의 폭열특성과 영향

1. 개요
   1) 건축 구조물은 화재 시 인명안전 및 재산보호 관점에서 일정 시간 동안
      내화성능이 필요
   2) 건축법에는 공공시설물 및 공동주택의 주요부는 내화구조로 시공토록 규정
   3) 건축물이 고층화될수록 화재 시 안전대책 마련이 중요함

2. 고강도 콘크리트의 폭열특성
   1) 콘크리트는 일반적으로 강도, 경제성 우수하고 내화성이 우수한 재료
   2) 고강도 등의 고성능 콘크리트는 내구성에 따른 화재 시 폭열 발생 및
      내화성능 저하가 우려

3. 영향을 미치는 요인
   1) 콘크리트의 고강도
   2) W/C비
   3) 화재온도
   4) 콘크리트 혼입물질(PP섬유)
   5) 횡방향 구속(메탈라스)

4. 폭열 저감 대책
   1) 현재 국내에는 폭열방지 및 내화성능 향상에 대한 특별한 대책이 없고 연구개발 중
   2) 일본은 화재에 강한 골재 적용 및 PP섬유 혼입으로 폭열 방지

5. 국내연구사례
   1) 폴리프로필렌섬유(PP섬유)와 메탈라스 횡구속에 의한 내화성능 연구사례
      가. 청주대학 및 두산산업개발에서 PP섬유를 혼입하여 폭열을 방지하고
          메탈라스로 횡구속하여 잔존내력 향상시키는 공법 연구개발
      나. 고성능 RC기둥 실 구조체를 재하조건 3시간의 내화시험 실시 후
          폭열성상 및 내화성능향상 방안연구

6. 맺음말
   1) 고성능 콘크리트를 주로 사용하는 고층건물 등의 화재 시 폭열방지 및 내화성능
      향상을 위해서는 시공 시 Mock Up시험 등을 실시하는 것이 효과적
   2) 일본에서는 PP섬유로 폭열 방지(골재는 안산암 사용)
   3) 우리나라에서는 화재에 약한 화강암을 사용
      폭열뿐만 아니라 잔존 내력을 향상시켜야 하므로 PP섬유 혼입 및 메탈라스
      보강공법이 내화성능향상에 유리

* Mock Up Test : 풍동시험을 근거로 실물모형을 최악의 외기 조건에서 시행
  예비, 기밀, 정압수밀, 동압수밀, 구조, 층간변위 추종성, 내구성파악 시험

문제) 레미콘 운반시간 한도에 대해 KS F 4009규정과 콘크리트 표준시방서 기준 비교기술

1. 개요
   1) 레미콘 운반시간은 slump 저하, 공기량 감소, 온도상승 기타 품질 저하 요인과
      관련된 중요한 품질관리 항목 중 하나
   2) KS규격과 시방서 규정 간에 차이로 실무적으로 혼돈이 초래되는 경우 발생

2. 레미콘 운반시간 규정
   1) 레디믹스트 콘크리트 규정(KS F 4009)
      가. 트럭 믹서 및 트럭 에지데이터 운반 시
         - 혼합 후 1.5시간 이내에 공사지점에서 배출토록 운반
         - 주문자 지시 경우 주문에 따를 것
      나. 덤프트럭 운반 시
         - 혼합 후 1시간 이내에 공사 지점에서 배출토록 운반
   2) 콘크리트 표준시방서 규정
      가. 외기온도 25℃ 이상 시 1.5시간
      나. 외기온도 25℃ 이하 시 2.0시간

3. 운반시간 규정의 준수
   1) 콘크리트 표준시방서 규정
      가. 부어넣기 완료 시까지의 소요시간을 규정
      나. 시공을 기준으로 규정
      다. 배출완료 후 펌프압송, 소운반, 다지기 시간 포함
   2) 레디믹스트 콘크리트 규정(KS F 4009)
      가. 공사지점에서 배출완료시점 기준
      나. 생산된 제품 기준으로 규정

4. 레미콘 운반시간 준수대책
   1) 레미콘 배차간격 조절
      가. 레미콘 타설속도, 배관작업, 휴식시간 고려
      나. 거푸집 보수보강, 안전사고 등 고려
      다. 현장에서 출하실과 수시연락 조치
   2) 서중 콘크리트 공사 시
      가. 시공계획서에 운반대책 수립
      나. 레미콘 공장 선정 시 운반 소요시간 고려
      다. 산간, 도심 공사 시 지연제, 유동화제 사용고려
   3) 고 내구성 콘크리트 공사
      가. 운반시간 단축 필요
         - 외기온 25℃ 이상 시 : 1시간 이내
         - 외기온 25℃ 이하 시 : 1.5시간 이내
      나. 일반 콘크리트보다 30분 단축하여 운반시간 초과에 의한 품질 저하 방지목적

5. 한도 규정을 준수해야 되는 이유
   1) 콘크리트 재료분리 발행
   2) Cold Joint 발생
   3) 공기량 변화 (감소)
   4) 슬럼프 저하에 따른 워커빌리티 변화
   5) 압송관 막힘 Plug현상 발생

6. 맺음말
   1) 건설현장에서 레미콘의 운반시간에 관한 규정은 중요한 품질관리항목
   2) KS F 4009, 콘크리트 표준시방서와의 일원화로 철저한 관리 필요
   3) 콘크리트 표준시방서에 따라 시공계획을 수립하고 운반시간 초과되지 않게
      시공 시 철저한 품질관리를 하여야 한다.

■ 배합설계순서

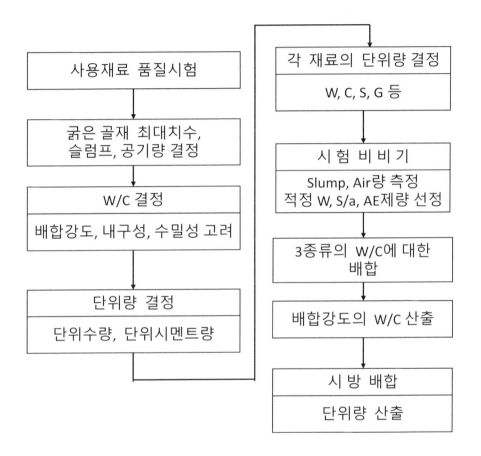

" 노력은
배신하지 않는다 "

문제) 유기불순물이 골재에 함유되어 있을 경우 콘크리트 품질에 미치는 영향

1. 개요
    1) 유기불순물이란 잔골재, 굵은골재에 포함되어 있는 점토, 연한석편, 염화물, 미세물질 등으로 콘크리트 품질 저하에 영향
    2) 골재에 유기불순물이 함유 되어 있을 경우 시멘트 Paste와 골재와의 부착력이 감소, 시멘트 수화반응을 저하
    3) 콘크리트의 큰 체적변화에 따른 균열 발생 쉽고 단위수량 증가로 강도, 내구성, 수밀성, 안정성 저하

2. 유기불순물 시험 방법
    1) 시료를 시험용 무색 유리병에 130ml되는 눈금까지 채운다.
    2) 여기에 3% 수산화나트륨 용액을 가하여 모래와 용액이 200ml 되게 한다.
    3) 병마개를 닫고 잘 흔든 후 24시간 방치한다.
    4) 시료에 수산화나트륨 용액을 가한 용기와 표준색용액을 넣은 용기를 육안으로 비교
       (표준색 용액보다 연한지 진한지 : 표준색용액보다 연하면 합격)

3. 유기불순물이 콘크리트 품질에 미치는 영향
    1) 시멘트의 응결, 경화를 지연
    2) 콘크리트의 강도 및 내구성 저하
    3) 시멘트 페이스트와의 부착력 저하
    4) 건조수축 및 소성균열 발생
    5) 단위수량의 증가
    6) 황산 및 석회분 반응으로 팽창성 물질생성으로 철근 부식
    7) 동결융해 작용에 따른 체적변화
    8) 균열, 박리, 붕괴 등의 손상유발

4. 골재시험
    1) 비중 및 입도시험
    2) 마모율
    3) 안정성
    4) 단위용적중량
    5) 유기불순물 함유량시험

5. 유기불순물 함유량 종류 및 허용한도

구 분	잔골재	굵은골재
점토덩어리	1.0	0.25
연한석편	–	5.0
0.08mm체 통과량	3.0	1.0
석탄 및 갈탄	0.5	0.5
염화물(Nacl)	0.04	–
유기불순물	표준색보다 연할 것	–

6. 맺음말

   1) 유해물질이 함유된 콘크리트는 골재와 시멘트 페이스트와의 부착력 저하로
      건조수축 및 소성수축 균열 발생
   2) 또한 철근 부식 등 강도, 내구성, 수밀성이 저하되어 구조물의 조기열화로
      재료의 선정 및 생산 시 철저한 품질관리가 필요하다.

문제) 블리딩과 레이턴스

1. 개요
    1) 블리딩은 콘크리트 내부의 잉여수가 콘크리트 상부에 고이는 현상
       재료 중 비중이 작은 물은 상승하고 비중이 큰 골재, 시멘트 입자는 침강하는
       일종의 재료분리 현상
    2) 레이턴스란 블리딩과 함께 시멘트, 골재중의 미립분이 콘크리트 표면에 떠오르는
       부유물을 말하며 레이턴스를 제거하지 않으면 부착강도가 저하
    3) 블리딩에 의해 채널링(channeling)현상을 일으키며 모래 줄무늬(sand streak) 발생

2. 블리딩의 평가
    1) 블리딩 시험에 의해 블리딩수를 측정
    2) 블리딩량은 콘크리트의 단위표면적당 블리딩수량
       블리딩량(cm^3/cm^2) = V / A
    3) 블리딩률은 콘크리트 시료중의 수량에 대하여 블리딩 수량의 백분율
       블리딩률(%) = 블리딩량(B) / 콘크리트시료수량(Ws) × 100(%)
    4) 블리딩 기준
       KS규정 없고 일본의 경우 0.3 cm^3/cm^2 이하로 규정

3. 블리딩에 미치는 영향요인
    1) W/C가 클수록 단위수량 및 잔골재율이 클수록 많이 발생
    2) 시멘트의 분말도가 클수록 응결시간이 빠를수록 작게 발생
    3) 부순골재가 강자갈에 비해 크게
    4) AE제, 감수제, 고성능 감수제 사용 시 크게
    5) 1회 타설 높이, 타설 속도를 작게 하면 낮다.
    6) 진동 다짐이 과다 시 크게
    7) 거푸집치수가 크고 누수가 적을 경우 크게 발생

4. 블리딩과 레이턴스가 콘크리트에 미치는 영향
    1) 침하균열 발생
       가. 규칙적으로 발생
       나. 콘크리트 타설 후 60분 전후에서 발생
       다. 블리딩이 크면 침하균열 발생 우려
    2) 소성수축균열
       가. 블리딩 발생 속도보다 물의 표면 증발속도가 빠를수록
       나. 표면의 수축작용으로 발생
    3) 내구성 저하
       가. 강도 및 수밀성, 내구성 저하
       나. 중성화촉진 원인

5. 레이턴스의 제거

   1) 상부레이턴스를 제거하지 않고 이어치기 시 50% 이상 강도 저하
   2) 레이턴스로 강도 저하 및 물의 침입 저항성도 낮다.
   3) 콘크리트 굳기 전 또는 경화 후에 제거
   4) 콘크리트 연속 타설로 레이턴스층 제거

6. 맺음말

   1) 한중 콘크리트 타설시 블리딩수가 많으면 초기동해의 우려
      서중 콘크리트 타설시 블리딩수가 적으면 소성수축 균열의 발생 우려
      배합설계 시 최적의 배합이 되도록 관리
   2) 블리딩 저감 대책은 현실적으로 시공성 및 경제성 등의 문제로 쉽지 않다.
   3) 콘크리트의 강도, 내구성, 수밀성 등 품질의 변화가 없는 범위 내에서
      효과적인 AE감수제의 개발이 필요하다 판단됨

문제) 염화물함유량의 기준 및 측정 방법

1. 개요
    1) 염화물은 콘크리트 내에서는 염화칼슘, 염화나트륨, 염화마그네슘, 염화칼륨 등으로 존재한다.
    2) 염해란 콘크리트 내에 염화물이 어느 한도 이상 존재하여 강재를 부식시키며 구조물이 조기 열화하는 현상

2. 염분의 침투경로
    1) 내부염해(재료로부터 유입)
        가. 미세척 바다모래의 사용
        나. 경화촉진제로 염화칼슘의 사용
        다. 염화물이 함유된 물의 사용
    2) 외부염해
        가. 제설제로 염화칼슘의 사용
        나. 해안에서 250m 이내 지역인 경우
        다. 화학약품으로부터의 침입

3. 염화물함유량의 규제
    1) 굳지 않은 콘크리트
        가. 0.3kg/㎥ 이하
        나. 감독자, 책임 기술자 승인 시 : 0.6kg/㎥ 이하
    2) 잔골재의 경우
        가. 절대건조 중량의 0.04% 이하
        나. 감독자, 책임 기술자 승인 시 : 0.1% 이하(무근 콘크리트)

4. 잔골재 제염대책
    1) 수중침적법
    2) 옥외에서 강우
    3) Screening할 때 주수
    4) 80cm 이상 포설 후 주수
    5) 보통 모래와 혼합

5. 염화물 이온 측정 방법
1) 질산은 측정법(KS F 2515)
가. 0.1N 질산은 용액과 5% 크롬산 칼륨용액제조
나. 상등액(50ml)을 취하여 삼각 플라스크에 담고 크롬산칼륨용액 1ml를
첨가시킨 후 0.1N질산은 용액을 떨어뜨린다.
다. 용액의 색이 황색에서 적갈색으로 변할 때 소요된 질산은 용액의
양을 구함(A)
라. 바탕시험으로 증류수 50ml에 크롬산칼륨용액 1ml, 0.1N질산은 용액 적정
소요된 질산은 용액 구함(B)
마. 시험은 2회 이상 실시
바. 계산식

염화물함유량(%) = $0.00584 \times (A-B)^{10} / W \times 100$
사. 실내 시험이며 전문지식이 요구
아. 정확한 염분함유량을 측정

2) 이온전극법
가. 측정 시 표준액(0.1%와 0.5%)과 정제수로 염도조정실시
나. 500g시료 물 : 모래 = 1 : 1 중량 비율로 혼합 NaCl을 측정
다. 모래의 건조 중량의 0.04% 이하
라. 간이 시험법으로 측정 시간은 보통 10분 이내
마. 현장시험 등 신속한 결과 요구 시 사용
3) 시험지법
가. 모세관의 흡입현상으로 중크롬산(다갈색)과 염소이온을 반응
백색의 산화물을 생성시켜 백색이 변색한 부분의 길이로 염소이온 농도측정
나. 시험지를 이용한 간이 시험법으로 간단
다. 시험 오차가 크다.

6. 맺음말
해사를 사용 시 효율성이 좋은 제염 장치 및 염도 측정기의 개발이 필요하며
산지에서 현장까지의 재료 관리는 염분함유량 허용치 이하로 유지해야 함

■ 콘크리트 배합 표시방법

시방 배합(Specific mix)		현장 배합(Job mix)	
골제	표면건조 포화상태 잔 골재 5mm체 전부 통과 굵은 골재5mm체 전부 잔류	골제	입 도 보 정 표면수율 보정

" 눈 위를 거닐 때에는
어지러이 걷지마라

그 발자국은 뒷 사람의
길잡이가 되는 것 이다 "

– 백범 김구

문제) 콘크리트 폭열현상

1. 개요
   1) 콘크리트 폭열현상이란 화재 시 콘크리트 구조물에 물리적, 화학적 영향을 주어
      열화 및 파괴를 시키는 현상
      가. 건축 구조물은 화재 시 인명안전 및 재산보호 관점에서 내화성능 필요
      나. 건축법에는 공공시설물 및 공동주택의 주요부는 내화구조로 시공규정
      다. 고층화될수록 화재 시 안전대책 마련중요

2. 화재에 의한 콘크리트 손상
   1) 100℃ : 자유수 방출
   2) 100~300℃ : 물리적 결합수 방출
   3) 400℃ 이상 : 화학적 결합수 방출

3. 폭열현상에 미치는 영향
   1) 화재의 강도 : 300℃까지 손상 없음
   2) 화재지속시간
   3) 콘크리트의 고강도
   4) w/c비 낮을 때
   5) 콘크리트 혼입물질(PP섬유)
   6) 횡방향 구속(메탈라스)
   7) 화재 시 발생하는 가스 영향
   8) 골재종류

표)

화재 지속시간	파손 깊이(mm)
80분 (800℃)	약 5
90분 (900℃)	약 25
180분 (1,100℃)	약 50

4. 고강도 콘크리트의 폭열특성
   1) 콘크리트는 강도, 경제성, 내화성이 우수한 재료
   2) 고강도 등의 고성능 콘크리트는 화재 시 폭열 발생 및 내화성능 저하문제

5. 폭열의 종류
   1) 파괴폭열 : 여러 개의 큰 파편이 비산
   2) 국부폭열 : 작은 파편이 비산
   3) 단면점진폭열 : 단면이 단계적으로 파괴
   4) 박리폭열 : 중력에 의해 박리

6. 폭열방지 대책
    1) 콘크리트 내화성 확보
        가. 피복두께 확보
        나. 내화성이 높은 골재 사용
        다. 콘크리트 표면보호
        라. 메탈라스 보강공법
    2) 콘크리트 구조체 원심 성형제작
        가. 콘크리트 내 잉여수 방출
        나. 고온의 환경에서 수증기압 감소
    3) 내부수분을 이동시키는 방법
        가. PP섬유 혼입하여(0.1% 이상) 폭열 감소
        나. PP섬유가 수증기압을 빠져나가는 통로 역할
    4) 콘크리트의 온도 상승을 억제시키는 방법
        가. 내화도료, 내화피복 적용
    5) 콘크리트의 비산을 억제하는 방법
        가. 강판피복이나 메탈라스에 의한 비산방지

7. 맺음말
    1) 원심성형, 내화피복, 내화도료, 강판피복 등의 적용은 시공성의 확보와 경제적으로
       비현실적
    2) PP섬유를 혼입하여 폭열을 방지하고 메탈라스로 횡구속하여 잔존 내력을
       향상시키는 공법의 적용이 필요
    3) 콘크리트 내부의 수분을 빠르게 건조시켜 폭열에 이르는 함수율 이하로 낮추어
       콘크리트 자체의 내 폭열성을 높이는 방안과 연구가 필요

토목

문제) 구조물 뒷채움시 재료의 품질기준과 다짐 방법에 대하여 설명, 시험 방법 및 기준에 대하여 설명하시오

1. 개요
   1) 교량, 암거 등 구조물과 토공의 접속부는 재료의 이질성 등으로 부등침하에 의한 단차가 발생하게 되므로 도로포장의 평탄성이 저하되고 차량의 주행성이 저하되므로 설계, 재료, 시공, 품질관리에 유의해야 한다.

2. 재료의 품질기준
   1) 골재최대치수 : 100mm 이하
   2) 5mm 체 통과량 : 25% 이상
   3) 0.08mm 체 통과량 : 15% 이하
   4) PI : 10 이하
   5) 수정 CBR : 10% 이상
   6) 1층 시공두께 : 20cm 이상
   7) 실내다짐도 시험 방법 : E 방법
   8) 다짐기준밀도 : 95% 이상
   9) 평판재하시험 : 0.25cm 침하시 30kg/㎠ 이상

3. 다짐시공 방법
   1) 뒷채움과 석공을 동시 시공 시 다짐 방법

그림

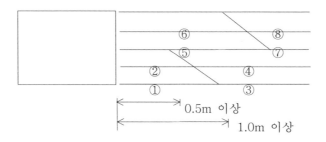

   2) 토공을 선시공하고 뒷채움 시공 시 다짐 방법
      가. 뒷채움 성토 저면을 3.0m 이상굴착
      나. 계단식 층따기 최소폭을 0.5m 로 층따기 실시
      다. 뒷채움재료와 일반성토 재료를 동시포설 층따기 실시
      라. 뒷채움재 저면폭 0.5m 경사 1:1
      마. 뒷채움재 및 성토시공 저면측 3.0m

그림

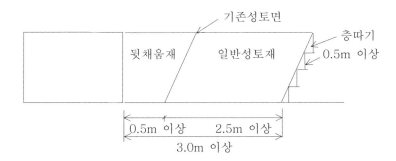

4. 시험 방법 및 기준치
   1) 실내 다짐시험 방법 : E 다짐
   2) Density Test : 95% 이상
   3) 평판재하시험 : 0.25cm 침하 시 30kg/㎠ 이상

5. 맺음말
   1) 교량이나 암거 등 뒷채움과 성토 시에 완료 후 눈, 비를 맞춰서 자연침하 유도
      하자없는 시공이 될 것으로 사료됨

문제) 연약지반의 지지력조사를 위한조사 방법, 연약지반 판단기준 조사에서 결과 이용까지를 단계별로 설명하시오

1. 개요
   1) 연약지반이란 상부의 하중을 충분히 지지할 수 없는 지반
   2) 연약지반은 주로 물로 포화된 점토, Silt, 유기질토, 느슨한 사질토로 구성
   3) 연약지반의 문제점은 침하와 안정이다.
   4) 기준

사 질 토			점 성 토		
N치	qu	Dr (상대밀도)	N치	qu	C(kg/㎠) 점착력
70이하	1.0이하	35이하	4이하	0.5이하	0.25이하

2. 조사 방법
   1) 현장조사
      가. PBT(평판재하시험)
      나. Sounding
      다. Boring
      라. Sampling
   2) 실내시험
      가. 흙분류 시험
      나. 토성시험
      다. 강도시험

3. 연약지반 판단기준
   1) 사질토
      가. N치 : 10 이하
      나. qu : 1.0 이하
      다. Dr(상대밀도) : 35 이하
   2) 점성토
      가. N치 : 4.0 이하
      나. qu : 0.5 이하
      다. C(kg/㎠) 점착력 : 0.25 이하

4. 측정결과이용
   - Boring 조사 성과와 표준관입성과를 주상도에 기입하고 몇 개의 주상도를
     단면으로 연결하면 지층을 확인하고 지지층과 지지력 결정
   1) Boring(표준관입시험) 결과 판정
      가. 조사 결과의 인장강도부터 종합판정사항
         - 구성토질, 길이 방향의 강도변화, 지지층 위치, 연약층 유무, 배수조건
      나. N치에서 직접판단되는 사항
         - 모래 : 상대밀도, 내부마찰각, 침하에 대한 허용지지력, 지지력계수, 탄성계수
         - 점토지반 : Consistency, 일축압축강도, 파괴에 대한 극한 및 허용지지력
   2) 모래지반에 대한 이용
      가. 모래지반의 상대밀도, 내부마찰각 추정
      나. 모래지반의 파괴에 대한 지지력 추정
      다. 모래지반의 침하에 대한 허용지지력 추정
      마. N치와 상대밀도, 전단저항각 ∅과의 관계

N치	Dr=emax-e/emax-emin	∅	
		Deek	mayerhof
2 이하	very loose 0.2	28.5 이하	30이하
4~10	loose 0.2~0.4	28.5~30이하	30~35
10~30	medium 0.4~0.6	30~36	35~40
30~50	dense 0.6~0.8	36~41	40~45
50 이상	very dense 0.8~1.0	41이상	45이상

   3) 점토지반에 대한 이용
      가. 점토의 허용지지력 산출추정
      나. 점토의 Consistency와 일축압축강도 N치와의 관계

N치	Consistency		qu(kg/㎠)
2 이하	대단히 연약	very soft	0.25 이하
2~4	연약	soft	0.25~0.5
4~8	중간	medium	0.5~1.0
8~15	굳다	stiff	1.0~2.0
15~30	대단히 굳다	very stiff	20.~4.0
30 이상	고결상태	hard	4.0 이상

■ 배합선정 기준

구　분	내　용
단위수량(W)	다짐 가능한 범위에서 최소 사용
굵은골재 최대치수 (Gmax)	경제적 관점 및 설계상 허용범위내에서 최대한 크게 사용
내 구 성	기상, 화학, 침식작용 등에 충분히 내구적
강 도	소요 강도 필요

" 오늘 가장 좋게 웃는 자는
역시 최후에도 웃을 것이다 "

− 니체

문제) 콘크리트 교량 등의 구조물 평가 시 사용되는 재하시험과 내하력 산정 방법에 대하여 설명하시오

1. 개요
    1) 콘크리트 휨강도는 포장두께의 설계 콘크리트 slab, 말뚝 등에서는 매우 중요
    2) 콘크리트 휨강도는 압축강도의 1/5~1/7 정도
    3) 콘크리트 휨강도 시험은 공시체를 탄성 Beam으로 가정하여 실시

2. 재하시험의 종류
    1) 3등분점 재하법
        가. 공시체 길이를 1/3간격으로 나누어 하중으로 재하하는 방법
        나. 중앙점, 하중법에 의한 휨강도의 75~80% 정도의 값을 나타낸다.
        다. KS F 2408에 규정된 표준 휨강도 시험법이다.

그림

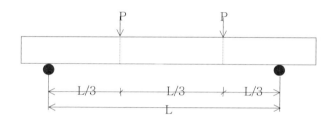

    2) 중앙점 재하법에 의한 휨강도계산

$$fb = 3PL \ / \ 2bh^2$$

3. 휨강도 시험공시체
    1) 공시체 규격
        가. 3등분점 재하법에 사용되는 공시체는 15 × 15 × 53cm
        나. 중앙점 재하법에 사용되는 공시체는 10 × 10 × 38cm
    2) 공시체 제작
        가. 굳지 않은 콘크리트에서 시료를 채취
        나. Mold 의 1/2까지 콘크리트를 채운다.
        다. 공시체 표면적 10㎠당 1회의 비율로 다짐봉으로 다진다.
            - 15×15×53cm 공시체는 80회 다짐
            - 10×10×38cm 공시체는 38회 다짐
        라. Mold 의 윗면까지 콘크리트를 채우고 규정된 다짐횟수대로 다진다.
        마. 공시체 제작 후 20~48시간 후 Mold를 해체하고 양생실시
        바. 공시체를 20±3℃ 수중에서 양생실시

4. 시험순서

    1) 양생수조에서 꺼내어 습윤상태로 시험 실시

    2) 공시체 옆면을 시험 시 상·하면이 되도록 한다.

    3) 공시체를 지지 block 중심에 위치하도록 놓는다.

    4) 매분 8~10kg/㎠ 속도로 하중을 재하한다.

    5) 공시체 파괴 시 최대하중을 측정

    6) 휨강도는 재령 f14, f28에서 실시하고 장기재령은 6개월, 1년에서
       휨강도 시험실시

    7) 3개 이상의 공시체를 시험하여 평균값으로 한다.

문제) 최적 함수비(OMC)의 정의와 다짐에 있어서의 최적함수비가 가지는 의미를 설명하시오

1. 개요
   1) 최적함수비의 정의
      - 함수비가 증가함에 따라 흙속의 물이 윤활제 역할을 하게 되어 다짐효과가 높아지고 건조밀도가 높아지는데 다짐효과가 가장 좋을 때 최대건조밀도가 얻어지는바 이때의 함수비를 최적함수비라 한다.

2. 다짐의 목적
   1) 지지력 증대
   2) 투수성 감소
   3) 압축성 최소화
   4) 전단강도 증대

그림

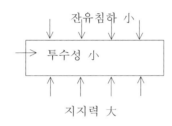

3. 다짐곡선
그림

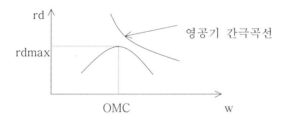

4. 현장시험시공

   1) 다짐도 Rc = rd(현장건조밀도) / rdmax(실내시험 최대건조밀도) × 100%

2) 다짐조건결정
   가. 다짐장비
   나. 다짐속도
   다. 다짐횟수
   라. 포설두께
   마. 다짐 후 두께

5. 현장다짐시공
   1) 토취장에서 현장으로 흙 운반하여 포설 후 정해진 다짐기준에 의해 시험 다짐 실시
   2) 현장에서 다져진 흙에 대한 건조밀도를 측정하여 실내에서 측정된 건조밀도와
      비교하여 상대 다짐도를 판정한다.
   3) 상대다짐도는 표준 다짐의 90% 또는 수정다짐의 95% 등과 같이 말해야 하며
      이것은 토질구조물의 중요성 다지는 흙의 종류 다짐의 목적 등에 따라 정해진다.
   4) 예를 들면 고속도로의 기층을 다지는 경우에는 상대 다짐도를 수정다짐의
      95% 이상 요구한다.

6. 다짐효과
   1) 함수비
      가. 제1단계 (수화단계)
      나. 제2단계 (윤활단계)
      다. 제3단계 (팽창단계)
      라. 제4단계 (포화단계)

그림

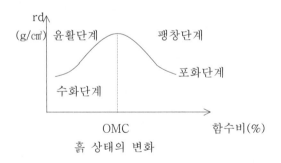

흙 상태의 변화

2) 흙의 종류
   가. 조립토일수록 다짐곡선이 급경사이고 rdmax가 크고 OMC가 작다.
   나. 양입도는 rdmax가 크고 OMC가 작다.

3) 다짐에너지

    가. 다짐에너지가 클수록 rdmax가 크고 OMC가 작다.

4) 다짐횟수

    가. 다짐횟수가 많을수록 다짐에너지가 커진다.

    나. 다짐횟수가 너무 많으면 오히려 과도전압이 될 수 있다.

문제) 교량바닥의 열화발생 원인과 대책에 대하여 기술하시오

1. 개요
   1) 열화란 콘크리트 구조물이 내, 외적요인으로 인해 구조물 부재의 강도, 내구성, 수밀성 등이 저하되는 것
   2) 열화현상이 계속되면 균열, 누수로 인한 구조물의 국부적으로 손상을 입고 심각하면 붕괴까지 된다.
   3) 콘크리트 구조물 열화의 내적요인 : 알칼리골재반응, 중성화, 염화 등
   4) 콘크리트 구조물 열화의 외적요인 : 동결융해, 전식, 침식작용, 화학작용, 하중 등

2. 열화의 요인별 분류
   1) 외적요인
      가. 하중작용 : 부등침하, 지진, 피로, 과하중, 기타외력 등
      나. 기상작용 : 동결융해, 온도, 습윤팽창, 건조수축
      다. 기계적작용 : 마모, 유수에 의한 손상, cavitation
      라. 화학적작용 : 황산염, 산성수, Gas, 수산화석회의 용출
   2) 내적작용
      가. 골재와의 반응 : 알칼리골재반응
      나. 강재의 부식 : 콘크리트의 중성화 염분(0.04% 이상) 혼입
                      염분침입

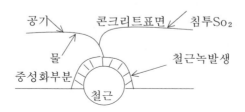

콘크리트 중성화 모형

3. 열화현상의 원인
   1) 염해
      가. 염분중의 염소이온(cl^-)이 철근의 부동태 피막을 파괴
          철근을 부식시켜 콘크리트속의 철근의 체적팽창으로 균열 발생
   2) 물의 침식
      가. 유수에 의한 손식(cavitation)
      나. 마모충격

3) 전류의 피해(전식)

    가. 철근 콘크리트에 직류가 흐르면 철근이 산화되어 팽창균열 발생

        → 콘크리트 연약화 → 부착강도 감소

    나. 무근 콘크리트 교류영향 無

4) 동결융해

    가. 온도상승, 하강으로 콘크리트 내부의 공극수가 변화하여 성능저하

    나. 균열부위 중성화 촉진되어 철근 부식

    다. pop-out, D-Line crack, scaling

5) 알칼리골재반응

    가. 팽창성 화합물 생성하여 콘크리트의 팽창균열

6) 콘크리트의 중성화

    가. $Ca(OH)_2$ 가 강알칼리성의 콘크리트가 공기 중의 Co_2 의 반응하여

        탐산염화가 되어 알칼리성을 상실한 현상

    나. 중성화는 콘크리트 표면부터 서서히 내부로 진행

7) 온도변화

    가. 콘크리트의 건, 습 반복으로 구조물 수축, 팽창작용으로 균열 발생

8) 전해 : 지진, 진동

9) 화해 : 고온도에 의한 피복탈락, 내구성 저하

4. 대책

1) 염해

    가. 해사세척(염분 0.04%이하 관리)

    나. 철근방청 및 아연도금

    다. 고로slag, flyash cement 사용

    라. 콘크리트 철근 피복두께 확보

    마. w/c비 작게

    바. 허용균열 최소화

    사. 혼화제 사용

    아. 수밀성 콘크리트 타설

2) 침식

    가. w/c비 작게

    나. 단위수량 작게

    다. 양생철저

    라. 마모율 적은골재 사용

    마. 콘크리트면 유선형으로

    바. 골재 단단하고 cement 부착력 좋을 것

3) 전류

　　가. 콘크리트 건조

　　나. 지하구조물 방수

　　다. 철선제거

　　라. 염화칼슘 사용금지

4) 동결융해

　　가. w/c비 작게

　　나. 단위수량 작게

　　다. 흡수율 적은 골재 사용

　　라. AE제, 감수제 사용

5) 알칼리 골재반응

　　가. AE제 사용

　　나. 알칼리량(0.6% 이하) 저알칼리 cement 사용

6) 콘크리트 중성화

　　가. 피복두께 증가

　　나. w/c비 작게

　　다. 수밀한 콘크리트시공

　　라. 타설 후 양생철저

7) 온도변화 : joint설치(수축, 팽창 방지)

8) 지진 : 철근보강(내진설계)

9) 화해 : 피복두께 증가

■ 배합의 종류

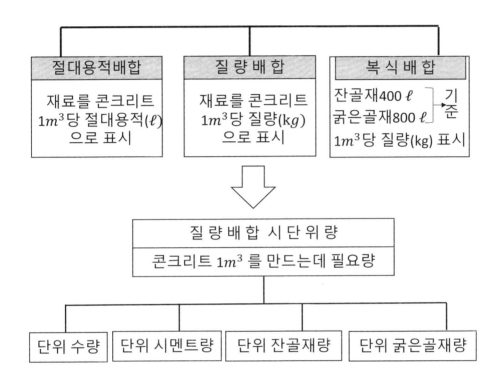

"내 앞에 쉬운 건 없다
근데 못할 것도 없다 "

문제) 장대터널현장에서 터널 내부의 도로노면이 누수로 동절기에 빙판이 형성되어
차량 주행 시 대형사고 발생이 예상된다
이에 대한 원인과 대책을 설명하시오

1. 개요
   1) 공사 현장의 안전과 위생을 확보하고 좋은 작업환경을 만들기 위해
      시공에 있어서는 작업 중의 안전과 적정 환경 확보에 최선을 다해야 한다.
   2) 특히 Tunnel 내의 방수 부실로 용수가 나타날 경우에는 문제점과
      이에 대한 대책이 필요하다.

2. 조사
   1) 조사목적
      가. 갱구나 토피가 적은 구간의 할증, 붕괴확인
      나. 단층 파쇄대, 습곡구조 등의 성상파악
      다. 용수, 갈수 여부확인
      라. 지열, 온천의 용출 여부확인
      마. 팽창성 토압의 유무확인
   2) 조사항목
      가. 지표의 형태, 형상 및 지층의 성인
      나. 지질구조
      다. 용수 및 지하수
      라. 이상지압
   3) 용수 문제점
      가. 막장의 붕괴
      나. shotcrete의 부착불량
      다. rock bolt의 정착불량
      라. 동상현상
   4) 용수대책
      가. 수발 boring공
         - 갱내의 수압저하
         - cu<5.74mm 이하 세립분이 10~20%의 미고결 사질지반에 적용
         - 경제적이다.
      나. 수발갱
         - 소단면의 갱도를 선진시켜 물을 뽑아 지하수위 저하
         - 미고결의 사질 원지반 적용
         - 수발갱도는 조사갱 또는 우회갱으로 이용
      다. well point
      라. deep well

마. 압기공법과 수발 boring의 병용

    - 갱내에 공기압과 대기압의 차를 이용하여 막장의 배수효과 높임

    - well point보다 수발효과 크다.

바. 주입공법

    - cement milk, 규산소다 등의 액체를 지반 중에 고화시켜 지반의 투수성을
      감소시키고 용수를 지수하는 공법

    - 단층, 파쇄대 등 균열이 발달한 지층에 적용

문제) 도심지에서 지하터파기 공사의 인접지역에 콘크리트 조적조 및 강재구조물등이 존재한다. 지하터파기로 인한 굴착 배면지반의 침하예측 방법 및 방지 대책에 대하여 설명하시오

1. 개요
   1) 기초 침하에는 구조물 자체의 침하와 기초 지반 침하가 있다.
   2) 기초 지반의 침하는 탄성침하, 압밀침하, 2차침하 등이 있으며 이러한 기초 지반에서 일어나는 침하가 상부 구조물에 의해서 결정되는 허용 침하량을 넘어서는 안 된다.

2. 기초의 변화
   1) 탄성침하, 즉시침하
      가. 재하와 동시에 침하발생
      나. 모래지반에서는 압밀침하가 없으므로 탄성침하를 전침하로 한다.
   2) 압밀침하
      가. 점성토 지반에서 재하 직후 발생하는 탄성
      나. 침하 후 장기간에 걸쳐 발생
   3) 2차침하
      가. 점성토 creep에 의해 발생하고
      나. Terzaghi의 압밀이론에 따르지 않는 침하

3. 침하관리
   1) 허용침하량을 넘지 않아야 한다.
   2) 과다침하나 부등침하가 발생하면 부재각이 생겨 부재에 과다한 응력이 발생

4. 허용침하량과 그 대책
   1) 신축이음 설치
   2) 구조물 강성 높임 → 수평재 보강
   3) 구조물 형상과 배분에 주의
      가. 길이 짧게
      나. 단부 중량 크게
   4) 구조물 경량화 또는 지하실 설치
   5) 지지말뚝 pier, caission 등을 사질 지반에 설치
   6) 연약 지반치환

5. 맺음말
 - 침하는 구조물의 종류, 위치, 크기 등 여러 가지 많은 요인에 의하여 발생하므로
   조사 설계 시의 조건과 비교 검토하고 현장관리를 철저히 함으로써 지반의
   변화를 사전예측 지반파괴 및 침하에 대응하여야 한다.

문제) 도로포장의 평탄성 평가 방법과 기준을 제시하고 평탄성 측정 후 불합격 판정시 조치방안을 제시하시오

1. 개요
   1) 포장도로의 평탄성은 도로의 종방향 요철의 정도를 나타내는 것
   2) 포장도로를 주행하는 차량의 승차감을 좌우하므로 포장공사 시 평탄성이 확보될 수 있도록 철저히 품질 및 규정 관리를 실시해야 한다.

2. 평탄성에 영향을 주는 요소
   1) 포장 방법
      가. 콘크리트 포장에서 시공 joint 및 expension joint 시공철저
      나. 팽창 줄눈의 폭과 간격준수
      다. 보조기층에 요철이 생기지 않게 시공관리 철저
   2) 포장장비
      가. 무거운 장비 일수록 평탄성 양호
      나. 장비 조합이 완벽할 것
      다. batch plant 용량이 충분하여 작업의 연속성 유지
   3) 포설시공
      가. 2차선 동시 포설시 평탄성 양호
      나. 콘크리트 slump가 작고 배합이 균질할 때 평탄성 양호
      다. 빈배합 콘크리트 기층은 습식혼합이 건식 혼합보다 양호
      라. 인력보다 기계포설 양호

3. 평탄성 평가 방법
   1) 3m 직선자에 의한 방법
      가. 정밀을 요하지 않는 경우 적용
      나. 직선자 반 이상 겹쳐서 측정
      다. 포장 횡방향 평탄성 측정
      라. 아스팔트 포장 3mm, 콘크리트 포장 5mm
   2) 3m profile meter에 의한 방법
      가. 시험전 평탄성 저해 물질제거(진흙, 잔토, 부순돌)
      나. 차로당 1개의 측정선을 차로 중앙선과 평행하게 측정
      다. 차바퀴가 주행하는 소성변형, 저부를 측정선으로 선정 후 실시
      라. 규격관리, 검사목적인 경우 차로 line marking에서 80~100m를
         측정선으로 선정하여 검사 실시
   3) 7.6m profile meter에 의한 방법
      가. 정밀한 포장의 평탄성 조사 및 검사에 사용
      나. 3.0m 측정법과 동일하게 측정
      다. 중심선을 기준으로 상하로 2.5mm 평행선을 긋는다.
      라. pri(profile index)로 나타낸다.

그림   pri = Σh / L

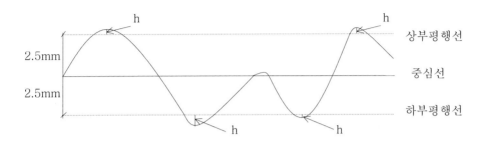

4. pri 기준치
    1) 아스팔트 포장
        가. 1구간을 50m 이상 측정
        나. 본선토공부 : pri = 10cm/km 이하
        다. 교량부 : pri = 24cm/km 이하
        라. 기타 확장 및 시가지도로
            - 본선 pri = 16cm/km, 교량부 pri = 24cm/km 이하
    2) 콘크리트 포장 : pri = 16cm/km 이하

5. 불합격 판정 시 조치사항
    1) Grinding
    2) 재시공

■ 배합설계(Design of mix proportion)

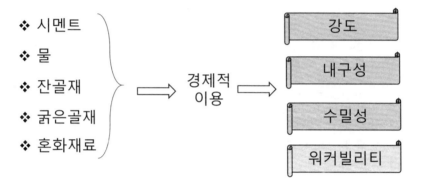

- ❖ 시멘트
- ❖ 물
- ❖ 잔골재
- ❖ 굵은골재
- ❖ 혼화재료

⟹ 경제적 이용 ⟹

- 강도
- 내구성
- 수밀성
- 워커빌리티

" 내일을 위한 최선의 준비는
오늘의 일을 모두 마치는 것이다 "
\- W. 오슬러

문제) 흙의 공학적 분류에 대하여 기술하시오

1. 개요
   1) 건설공사에서 흙이 중요한 건설재료로 사용되고 있으며 각 구조물은 흙 위에
      축조되어 있다. 따라서 건설공사에 재료로 사용되는 흙이 사용목적에 적합한
      공학적 성질을 갖추었는지 파악하는 것이 매우 중요하다.
   2) 흙을 분류하기 위해서는 흙입자의 크기에 따른 입도 분포나 흙속에 함유된 세립토인
      점토광물의 종류, 함유량에 따라 흙의 성질이 다르므로 흙의 Atterbeg Limit를
      고려하여 흙의 종류를 분류한다.

2. 흙의 공학적 분류

3. 흙의 공학적 분류법
   1) 입도에 의한 분류법
      가. 입도시험에서 구한 2.0mm체 통과 시료의 입경가적곡선 이용
      나. 삼각좌표에 의해 분류 : 모래질, 실트질, 점토질로 분류

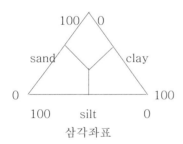

삼각좌표

      다. 조립토에 대해서 적용곤란
      라. 도로토공 흙 분류에는 부적합
      마. 성토 구조물 기초지반 흙 분류에 적합

2) AASHTO 분류법
- AASHTO 분류법은 미국도로국에서 개발된 분류법으로 입자크기와 소성에
  따라 흙을 분류
가. 입자의 크기
- 자갈 : 75mm체를 통과하고 2mm체에 남는 흙
- 모래 : 2mm체를 통과하고 0.08mm체에 남는 흙
- 실트와 점토 : 0.08mm체를 통과한 흙
- 전석 : 75mm보다 큰 돌을 말하며 흙 시료에 포함된 경우 제외
나. 소성
- 소성지수가 10이하일 때 실트로 분류
- 소성지수가 10이상일 때 점토로 분류
다. 군 지수
- 도로 노상토로 사용되는 흙의 품질평가를 위해 사용
- 군 지수(GI) 값이 음수가 나오면 GI = 0
- 군 지수는 반올림하여 정수로 나타냄
- 군 지수가 클수록 흙의 질은 불량하다.
라. 흙의 분류
- 0.08mm체 통과율 < 35%이면 조립토
- 0.08mm체 통과율 > 35%이면 실트, 점토
- 조립토는 7개로 분류
- 세립토는 5개로 분류
3) 통일분류법
- 통일 분류법은 Casagrande가 개발한 흙의 분류 방법으로 주로 많이 사용
가. 0.08mm체 통과량이 50% 미만인 경우 : 조립토로 분류 제1문자 S. G
- G : 자갈, 자갈 섞인 흙
- S : 모래, 모래 섞인 흙
나. 0.08mm체 통과량이 50% 이상인 경우 : 세립토로 분류 M, C, C
- M : 무기질 실트
- O : 유기질 실트, 점토
- C : 무기질 점토
- pt : 이 탄토
다. 제2분류 문자
- W : 입도 분포가 좋음
- P : 입도 분포가 나쁨
- L : 액성한계 50% 이하로 소성이 작음
- H : 액성한계 50% 이상으로 소성이 크다.
4. AASHTO 분류법과 통일분류법의 비교
1) 조립토와 세립토 분류
가. AASHTO 분류법에서는 0.08mm체 통과량이 35% 기준으로
   이상이면 세립토, 이하는 조립토
나. 통일 분류법에서는 0.08mm체 통과량이 50% 기준으로

이상이면 세립토, 이하는 조립토

    다. 조립토에서 약 35% 이상의 세립토가 포함되면 조립토의 공극을 세립토가 채우고
       세립토가 조립토 입자 사이를 분류시켜 세립토 통과량 35% 기준으로 세립토,
       조립토를 나누는 것이 적당하다.

  2) 자갈질 흙과 모래질 흙의 구분

    가. 통일분류법 : 자갈질 흙과 모래질 흙을 명확히 구분

    나. AASHTO 분류법 : A-2군에 여러 입자 크기들이 포함되어 있어
       자갈질 흙과 모래질 흙의 구분이 명확하지 않다.

    다. 세립토의 분류
      - 통일 분류법 : 무기질세립토 ML, CL, MH, CH로 구분하고
                       유기질토 OH, OL로 분류
      - AASHTO 분류법 : 세립토의 분류가 나타나지 않음

5. 맺음말

  1) 흙의 분류는 건설공사용으로 많이 사용되는 건설재료인 흙을 공학적 특성에
    맞게 분류하기 위한 것으로 사용목적에 맞는 흙의 성질을 파악할 수 있는 방법을
    적용해야 한다.

  2) AASHTO 분류법은 주로 도로용, 노상토, 보조기층 재료로 사용되는 흙에 대해
    적용하고 통일분류법은 일반적인 흙에 많이 적용된다.

문제) 최근 교량slab 표면열화로 인하여 LMC, HPC 등 개질 콘크리트 재료의 활용이 확대하고 있다. 교량 slab의 성능개선을 위한 고성능 콘크리트의 품질요구 사항을 기술하시오

1. 개요
    1) 고강도 콘크리트란 일반 콘크리트에 비해 높은 압축강도를 가진 콘크리트를 말하며 보통 40Mpa 이상의 콘크리트를 말한다.
    2) 제조 방법에서 Auto clave를 이용한 양생, 활성골재, 고성능 감수제, slica fume 등을 사용함으로써 강도증진시킬 수 있다.

2. 특징
    1) 장점
        가. 부재의 경량화
        나. 소요단면의 감소
        다. 시공능률 향상
        라. creep 현상이 적다.
    2) 단점
        가. 강도발현에 변동이 커져 취성파괴 우려
        나. 시공 시 품질변화 크다.
        다. 내화성에 취약하다.

3. 제조 방법
    1) 결합제 강도개선
        가. 시공연도개선 : 고성능 감수제 사용
        나. 고성능 cement사용 : Resin cement, polymer cement 사용
    2) 활성골재 사용
        가. Alumina 분말을 사용, 팽창성 향상
        나. 시공성 양호 : 인공골재 사용
    3) 다짐 방법 개선
        가. 고압, 가압진동, 고주파진동, 진동탈수 다짐 사용
        나. 내부 진동기 설치
    4) 양생 방법 개선
        가. Auto clave 양생설치
        나. 피막, 습윤 양생실시
    5) 보강재 사용
        가. 섬유보강재 사용
        나. 취약성보강 : plastic polymer 콘크리트, Ferro cement 콘크리트
    6) 물, cement비 적게
        가. Slump치 15cm 이하, w/c비 50% 이하
        나. 고성능감수제 사용
        다. Silica fume, Flyash, Pozzolan 등의 미세분말사용

4. 재료
   1) cement
      가. 시험배합 필요
      나. 제조 3개월 이상된 cement 사용금지
   2) 골재
      가. 골재는 견고하고 강하고 내구적이며 입도가 양호(골재최대치수 20~25mm)
      나. w/c < 40%인 경우 굵은골재 최대치수 12.7mm 또는 10mm 이하
   3) 혼화재료
      가. Silicafume, Flyash, Pozzlan 등 사용
      나. 고성능 감수제 사용

5. 배합
   1) 물. cement비
      가. 내구성 고려 w/c : 33~38%(시험배합 시), 700kg/㎠ 이상의 고강도
         콘크리트의 경우 30% 이하
   2) 소요공기량
      가. 공기 연행제 사용하면 소요 공기량이 증가 없이 시공
   3) 단위 세민트량
      가. 고강도일 때 : 350~600kg/㎠ 정도
   4) 잔골재율
      가. 콘크리트 강도 500kg/㎠ 얻기 위해 잔골재율이 30~40%
      나. 잔골재율의 조립율(FM) 3.0 정도

6. 시공
   1) 운반 : 운반거리가 긴 경우 MIXER TRACK 사용
   2) 타설 : 비빔에서 타설까지 시간 60~90분 이내, 골재분리유의
   3) 양생
      가. 물. 시멘트비가 낮으므로 습윤양생, 피막양생
      나. 온도차에 의한 온도균열 주의
   4) 기타
      가. 공시체의 capping 두께 3mm
      나. 압축강도 6개월마다 확인

7. 고강도 콘크리트 시공의 특징
   - 고 유동화제를 사용하여 유동성을 향상시켜 아래 특징이 있다.
      가. 시공 능률의 향상
      나. 작업량의 감소
      다. 공기의 단축
      라. 진동의 감소

8. 맺음말
   - 현대 구조물의 초 고층화, 대형화, 특수화 등이 되어감에 따라 합리적이고
     경제적인 연구 개발 및 효율성 향상을 위해 계속 노력이 필요하다 사료됨

문제) 점성토의 예민비에 대하여 설명하시오

1. 개요
    1) 동일한 점성토 시료의 일축압축시험을 시행할 경우 교란된 시료는 불교란
       시료에 비해 일축압축강도가 저하되는데
    2) 교란된 시료와 불교란 시료의 일축압축강도의 비를 예민비라 한다.

2. 예민비
그림

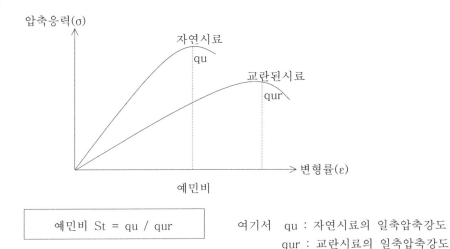

$$예민비\ St = qu\ /\ qur$$

여기서 qu : 자연시료의 일축압축강도
         qur : 교란시료의 일축압축강도

3. 예민비의 활용 및 특성
    1) 예민비로 점성토의 연약점토 파악
    2) 예민비가 클수록 공학적 성질이 나쁘다.
    3) 예민비가 클수록 설계 시 안전율은 크게 한다.
    4) 점성토 다짐시는 진동 다짐을 하지 않는다.
    5) 교란된 점성토의 전단강도 감소는 흙입자의 구조 변화로 인한 것이다.
       (면모구조 → 다산구조)

4. 토질에 다른 예민비
    1) 점토지반 : st > 1, st < 2는 비 예민성
                    st = 2~4는 보통, st = 4~8는 예민
                    st > 8은 초 예민
    2) 모래지반 : st < 1

■ 배합설계 기본 원칙

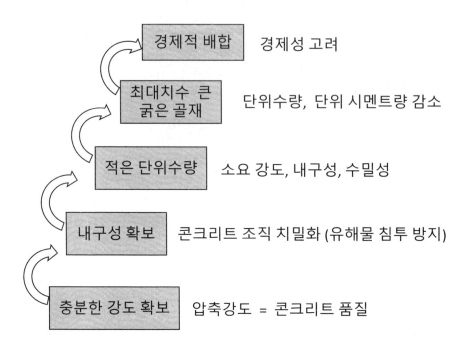

경제적 배합 — 경제성 고려

최대치수 큰 굵은 골재 — 단위수량, 단위 시멘트량 감소

적은 단위수량 — 소요 강도, 내구성, 수밀성

내구성 확보 — 콘크리트 조직 치밀화 (유해물 침투 방지)

충분한 강도 확보 — 압축강도 = 콘크리트 품질

" 일의 크고 작음에 상관없이
책임을 다하면 꼭 성공한다 "

문제) 저발열 계통 cement의 사용용도와 품질관리에 대하여 설명하시오

1. 개요
    1) 저발열 계통 cement는 혼합 cement
    2) cement는 사용 전에 현장 저장 및 관리가 콘크리트 구조체의 품질에 큰 영향을
       미칠 수 있으며 cement의 품질확보를 위해서는 체계적인 시험 실시가 중요

2. cement의 분류
    1) portlend cement : 보통, 중용열, 조강, 저열, 내 황산염
    2) 혼합 cement : 고로slag, Flyash, silica
    3) 특수 cement : 알루미나, 초속경, 팽창, 백색

3. 저발열계통 시멘트(혼합 cement)
    1) 고로slag cement
       가. 수화열이 작고 장기강도가 크며 내구적이다.
       나. 해수, 하수, 지하수 등에 내 침투성이 우수
       다. 수화열이 낮아 Dam, Mass con'c 사용
    2) Flyash
       가. 화력발전소에서 생성, 미소립자 석탄재를 말한다.
       나. 혼합성, 유동성이 좋고 수화열이 낮아 건조수축 균열이 적다.
       다. 콘크리트 장기강도가 크다.
    3) silica cement
       가. pozzolan(천연, 인공 포함)
       나. 천연산 pozzlan : 화산재, 규조토, 응회암, 규산백토 등
       다. 인공 pozzlan : Flyash, 소점토가 있다.
       라. Bleeding 감소, 백화현상이 적고 장기강도 증대

4. cement의 품질관리 시험
    1) 분말도 시험
    2) 안정성 시험
    3) 시료 채취
    4) 비중 시험
    5) 강도 시험
    6) 응결 시험
    7) 수화열 시험

문제) 지반반력계수

1. 개요
   1) 지반반력계수란 재하초기 단계의 단위 면적당 하중을 침하량으로 나눈 값
   2) 평판재하시험결과 침하량과 하중과의 관계로부터 노상과 보조기층의 지지력
      크기를 나타내는 계수를 말한다.

2. 지반반력계수의 용도
   1) 지반 지내력 정도 측정
   2) 노상 지지력 측정
   3) 보조기층 지지력 측정
   4) 콘크리트 포장 설계

그림

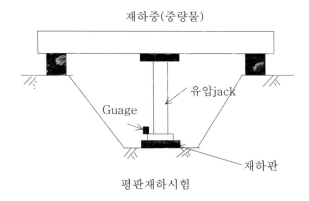

평판재하시험

3. 지반 반력계수

$$K(kg/cm^3) = P(하중강도)kg/cm^2 \ / \ S침하량(cm)$$

4. 지반반력계수 측정 방법
   1) 지반 정리
   2) 재하판 설치
   3) 재하장치 설치
   4) 재하 시험 : 사전재하 0.35kg/cm² 을 가한 후 Guage를 0으로 맞춘다.
   5) 시험 결과의 정리
   6) 재하장치
   7) 평판 크기

5. 지반반력 계수의 활용
   1) 지반 지내력 측정
   2) 아스팔트 포장, 기층의 지내력 측정 (목표치 k30 = 28kg/㎠)
   3) 콘크리트 포장의 보조기층 지내력 측정 (k30 = 20kg/㎠)

문제) 아스팔트 혼합물의 소성변형 원인 및 대책에 대하여 설명하시오

1. 개요
    1) 아스팔트 포장에서 소성변형은 포장체의 요철, 자동차 바퀴자국이 생겨 차의
       주행성, 평탄성을 저해하며 자동차의 안전성을 저해
    2) 소성변형의 발생은 온도, 교통량, 교통하중, 포장구조, 재료의 배합 등의
       요인이 복합적으로 작용하여 발생
    3) 중차량이 많이 통행하며 정체가 심한 곳, 간선도로, 고속도로 나들목 등에
       주로 발생되고 대기온도가 높을수록 소성변형이 발생

2. 소성변형 발생 원인

그림

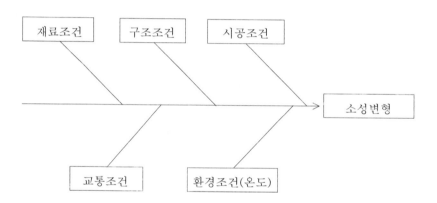

    1) 재료조건 : 배합설계 오류, 골재의 입도불량
    2) 구조조건 : 포장두께, 노상지지력 부족
    3) 시공조건
        가. 품질관리 불량
        나. 온도관리 불량 및 다짐
    4) 교통조건 : 교통량 과다, 대형차 과다
    5) 환경조건 : 아스팔트 층의 온도, 강우량, 강설량

3. 소성변형 대책
    1) 재료
        가. 역청재료 AC 60~70
        나. 개질아스팔트 사용
        다. 골재입도 양호
        라. 쇄석골재 사용
        마. 최대 입경이 클 것

2) 배합설계

    가. 아스팔트 침입도 AC 60~70 사용

    나. 안정성과 내구성을 고려하여 채움재 일부 소석회 사용

    다. 75mm 체통과분 중 plant의 회수 dust분은 30% 넘지 않게

3) 구조

    가. 포장두께 설계

    나. 표층 하부 품질관리 철저

4) 시공관리

    가. 아스팔트 온도 관리 - 1차 다짐 : 110~140℃

                              2차 다짐 : 70~90℃

                              3차 다짐 : 60℃ 이상

    나. 차량통행 24시간 경과 후 또는 상온 이하인 경우 통과

    다. 다짐도 관리 : 마샬실내다짐 실시

                다짐도 95% 이상

4. 소성변형의 보수

1) patching

2) 절삭

3) 표면처리

4) 전면 재포장

5) over lay

6) 부분 재포장

5. 유지관리를 위한 소성변형의 기준

1) 자동차 전용도로 : 25mm

2) 교통량이 많은 일반도로 : 30~40mm

3) 교통량이 적은 일반도로 : 40mm

■ 3성분계시멘트 특징

⇨ 구성

- 1종보통 포틀랜드시멘트(OPC)
- 고로슬래그(BFS)
- 플라이애쉬(FA)
- 고성능감수제

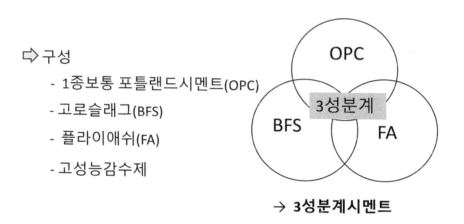

→ **3성분계시멘트**

" 신은 우리가 성공할 것을 요구하지 않는다 우리가
노력할 것을 요구할 뿐이다 "

문제) 노상표층 재생공법의 정의와 시공 방법

1. 개요
    1) 노상표층 재생공법이란 기존 아스팔트 포장의 표층을 예열한 후 Remix 또는
       Repaver를 긁어 파쇄한 후 필요에 따라 재생 첨가제를 첨가 혼합하여 새로운
       표층으로 재생하는 공법

2. 공법의 종류
    1) Remix : 기존포장을 가열하여 긁어 일으킨 후 여기에 신재의 아스팔트 혼합물을
               추가하여 혼합 포설하는 공법
    2) Repave : 기존포장을 가열하여 긁어 일으키고 다시 정형화한 후 그 위에
                신재의 아스팔트 혼합물을 포설하고 다짐하는 방법
    3) Reshope(Reform) : 기존포장을 가열하여 긁어 일으킨 후 다시 정형하여
                         이를 그대로 다시 전압하는 공법
                         단 신재 혼합물은 사용하지 않는다.

3. 재생공법의 특징
    1) 손상부위를 현장에서 재생하므로 주변에 영향이 적다.
    2) 절약, 덧씌우기보다 경제적
    3) 공사에 따른 소음, 진동이 적고 시가지에서 야간작업 가능
    4) 사토장이 필요 없고 환경에 미치는 영향이 적다.

4. 시공 시 유의 사항
    1) 중간층 이하의 포장 구조체에 문제가 있으면 충분한 검토 필요
    2) 재생가능 두께 5cm 정도
    3) 절착 덧씌우기의 경제성, 적용성에 대해 충분한 검토
    4) 단면 설계는 일반설계가 동일 신재와 동일한 품질

문제) 공학적이용 관점에서의 흙의 연경도(consistency)

1. 개요
1) 세립토가 함수비에 따라서 흙의 체적, 상태 및 성질이 변화하는 것을
   흙의 consistency라 한다.
2) 즉 건조한 흙에 물을 가하면 흙의 상태가 변하여 수축한계, 소성한계, 액성한계로
   변하는 것을 consistency한계 또는 Atterberg 한계라 한다.

2. 흙의 연경도(consistency)
1) 수축한계(Shrinkage Limit : SL)
   - 함수비가 감소하여도 체적변화가 발생하지 않을 때의 최대 함수비
2) 소성한계(Plastic Limit : PL)
   - 파괴없이 변형시킬 수 있는 함수비로 압축, 투수, 강도 등 흙의
     역학적 성질을 추정할 때 사용
3) 액성한계(Liquid Limit : LL)
   - 외력에 전단 저항력이 ZERO가 되는 함수비

3. 흙의 consistency로 구해지는 지수(index)
1) 소성지수 (PI)
   가. PI = LL - PL
   나. 소성상태에 있을 수 있는 함수비의 범위로 소성상태가 클수록 함수비를 많이 함유
2) 수축지수 (SI)
   가. SI = PL - SL
3) 액성지수 (LI)
   가. LI = Wn-PL / LL-PL   여기서 Wn : 자연함수비
   나. 흙의 안정성 판단
      - 자연 함수비가 액성한계보다 크면 L값이 1 이상이 되어 충격을 받으면
        유동하기 쉽다.

문제) 흙의 면적비

1. 개요
   1) 점성토의 불교란 시료 채취 시 시료의 교란을 최소화하기 위한 조건
      면적비, 내경비, 길이비 등이 필요하다.

2. 점성토의 불교란시료 채취용 sampler
   1) 일반 점성토   - Foil sampler
                    - Dension sampler
   2) 연약 점성토 : Thin wall sampler

3. 면적비 개념

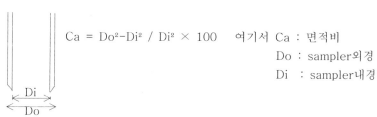

$$Ca = Do^2-Di^2 / Di^2 \times 100 \quad 여기서 \ Ca : 면적비$$
$$Do : sampler외경$$
$$Di \ \ : sampler내경$$

4. 면적비의 조건
   1) 10% 이하
   2) sampler의 강성이 매우 중요

5. 면적비 중대요인 및 시료 교란 방지 대책
   1) 요인
      가. 잉여토 혼입
      나. sampler와 시료의 마찰, 인발 시 인장응력
      다. sampler의 변형
   2) 대책
      가. 강성이 큰 sampler
      나. 채취 시 시방규정 준수

■ 굳지않은 콘크리트 요구성질

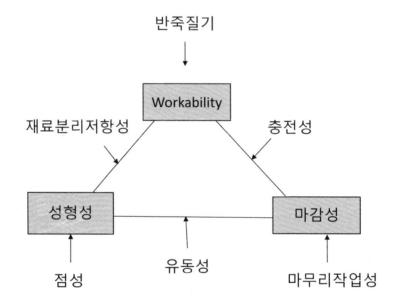

" 세상에서 가장 지혜로운 사람은
배우는 사람이고
세상에서 가장 행복한 사람은
감사하며 사는 사람이다 "

문제) R.M.R (Rock Mass Rating) : 암반평점 분류법

1. 개요
    1) R.M.R 분류 방법은 복잡한 양상을 가진 암반의 암석점토, 암질계수, 절리간격,
       절리상태, 지하수 등 5가지 요소에 대한 각각의 평점을 합산하여 총점으로
       분류하는 방법으로 암반평점분류법이라고 한다.
    2) 암반평점에 의한 분류 방법이며 Bieniaski(1974)의 제안

2. 암반의 분류 기준

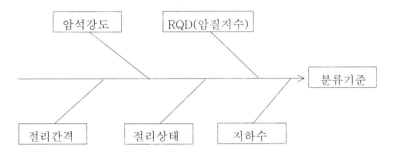

3. R.M.R 용도
    1) 각 등급별로 터널의 자립시간, 강도, 정수 등이 주어지며
       터널에서 많이 사용
    2) 암질의 특성에 따른 지보공법결정

4. R.M.R 판별방식
    1) 5개 Factor를 N치로 환산

구 분	배 점
1) R.Q.D	20
2) 일축압축강도	15
3) 절리간격	20
4) 절리상태	30
5) 지하수 상태	15

    2) 판별기준

R.U.R(등급)	I 등급	II	III	IV	V
평 점	80~100	61~80	41~60	21~40	0~20
상 태	매우양호	양호	보통	불량	매우불량

문제) 암반의 풍화작용(weatbering)

1. 개요
   1) 토양 생성이 중요한 암석은 생성 원인에 따라 화성암, 퇴적암, 변성암으로
      구분한다.
   2) 암석이 오랜 시간이 지나는 동안 비, 바람, 기온, 생물 등의 작용을 받아
      그 조직이 기계적으로 붕괴되면서 작은 크기로 변하여 결국에는 암석을
      구성하였던 물의 미세한 입자로 변해 간다.
   3) 이 과정에서 암의 부스러기와 조암 광물은 화학적인 분해를 받아 가용성
      성분을 방출하고 부분적인 변성이나 화학적 변화를 받아 새로운 2차광물을
      합성한다. 이와 같이 암석이 물리적, 화학적으로 변해가는 과정을 풍화작용이라 한다.

2. 풍화작용 종류
   1) 기계적 풍화작용
   2) 화학적 풍화작용
   3) 수화작용
   4) 탄산화 작용

3. 사면붕괴 원인

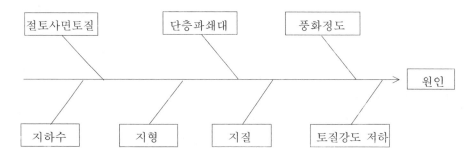

4. 사면안정대책
   1) 식생보호
   2) 구조물 보호공
   3) 응급 대책공
   4) 항구 대책공

문제) 포장 평탄성지수인 PRI와 IRI비교

1. 개요
    1) 도로포장에서 평탄성은 자동차의 주행 및 도로의 안정성에 크게 영향을 미치는
       것으로 매우 중요하다.
    2) 평탄성 측정 결과에 따라 포장면 마무리와 양부와 포장체의 품질 정도를 알 수 있다.

2. 요철측정 방법
    1) 7.6 profile에 의한 방법
        가. 측정 위치
        나. 측정 빈도
        다. 측정 단위
    2) APL에 의한 방법

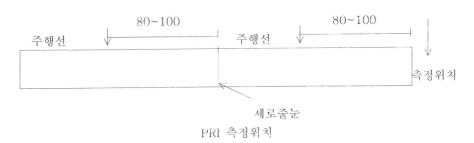

PRI 측정위치

3. PRI와 IRI 비교
    1) PRI (profile index)
        가. 7.6m profile meter를 사용하여 포장면 요철측정
        나. 특징
            - 재래식 방법, 장시간 소요
            - 도로의 교통차단 불가피
            - 사용자에 따라 편차가 크게 나타남
    2) IRI (International Roaghness Index)
        가. 1982년 세계은행에 의한 국제 도로 평탄성연구(IRRE)결과에서 발표함
        나. 특징
            - 차량에 레이저 부착 평탄성 측정
            - 자동차 속도 및 spring과의 상관관계 규명을 위해 QC(Quarter Car)
              Model을 사용하여 측정된 IRI값이 계산됨
            - 측정단위 : m/km 또는 m/m/m
            - 포장상태에 따라 0.5~10 정도를 측정되며
            - 10이상의 IRI는 비포장도로 등 상태가 불량한 포장도로임
    3) PRI와 IRI의 상관관계에 관해서는 많은 연구가 진행중이다

문제) 아스팔트 혼합물 생산 시 Cold-bin(상온) 입도와 Hot-bin(가열) 입도의 상관관계에 대해서 설명하시오

1. 개요
   1) 아스팔트 혼합물 설계에 사용되는 아스팔트 골재(잔골재, 굵은골재, filter 등)
      사용재료의 비율을 정하는 것으로 성질, 조건, 품질을 확보할 수 있도록
      배합설계를 해야 한다.
   2) 아스팔트 혼합물이 갖춰야 할 성질
      가. 안정성
      나. 내구성
      다. 연성
      라. 내 마모성
      마. 투수성
      바. 인장강도 및 피로저항성
      사. 미끄럼저항성

2. 아스팔트 혼합물의 종류(제조 방법에 따라)
   1) Cold-bin혼합식 아스팔트 혼합물
      가. 사용 아스팔트 : Cat Back Asp, 유화 Asp
      나. 상온에서 유동성 있어 가열 않고 사용
      다. 경차량의 Ascon 포장
      라. 포장의 보수 시
   2) Hot-bin혼합식 아스팔트 혼합물
      가. 아스팔트 혼합물 결합체 : 도로포장용
      나. 소정의 온도에서 유동성을 가지므로 가열하여 사용
      다. 안정성시험 : Mashall 시험적용
      라. 가열아스팔트 혼합물 : Ascon

3. 맺음말
   1) 아스팔트 혼합물은 온도에 민감하므로 배합 설계 시 Mashall 시험 실시
   2) 아스팔트 함량 결정은 시방서에 준하고 안정도, 공극률, 포화도 등
      요건 충족
   3) 시험 시공에 의거 아스팔트 함량, 다짐횟수, Filter의 투입량 결정

■ 균질성이 좋은 콘크리트 상호관계

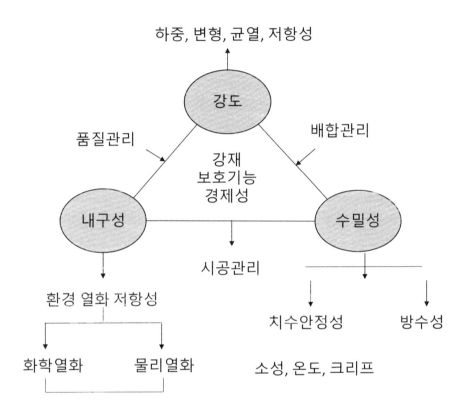

동시에 작용 → 복합열화

" 끝나기 전까지는 끝난 게 아니다 "

문제) Face Mapping (관찰조사)

1. 개요
    1) 터널막장 또는 절취면에서 육안으로 지질구조와 암반상태를 관찰하는 활동
       (암반 평점 분류법(RMR))의거

2. Face Mapping의 조사항목
    1) 지질구조 : 암종류, 단층대, 파쇄대
    2) 암반상태 : 풍화도, 강도
    3) 불연속면 : 주향, 경사, 간격, 틈새 등
    4) 지하수 상태 : 수량, 유출여부

3. 관찬조사 작성 예

그림

충적토
풍화토
풍화암
연 암
경 암

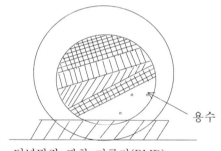

용수

터널막장 관찰 기록지(RMR)

특기사항
    - 중앙부 단층대 발달
    - 우측 하단 3곳 용수
    - 수직 및 수평 절리발달
    - 암질은 연암 섞인 풍화암

4. 자료의 활용성
    1) 당초설계 자료조건과 비교검토
    2) 지질조사 자료화
    3) 터널굴착 또는 지보공법의 참고자료
    4) 시공계획 변경시의 기초자료(설계 변경 시)

문제) R.Q.D (Rock Quality Designation)

1. 개요
   1) R.Q.D란 암반 조사를 위한 시추과정에서 연암이상의 지층을 NX규격의 Diamond Bit로 Core채취 시 10cm 이상 Core 깊이의 합을 총 길이로 나눈 값을 말한다.

2. R.Q.D 값의 계산

   R.Q.D = 10cm 이상 되는 Core 깊이의 합 / Boring공의깊이 × 100(%)

3. R.Q.D 속도지수와 암질분류

암질상태	R.Q.D	속도지수
매우 불량	0~25	0.0~0.2
불량	25~50	0.2~0.4
양호	50~75	0.4~0.6
우수	75~90	0.6~0.8
매우 우수	90~100	0.8~1.0

4. 속도지수 : $(Vf \sqrt{Vt})^2$ Vf : 현장 압축파 속도(P파)

                                                      Vt : 실내시험 압축파속도

5. TCR (Core채취율)

   TCR = 실제로 채취된 Core연장 / 조사대상의 Boring공의 길이 × 100(%)

6. RQD 값의 활용
   1) RMR 및 Q-System의 기초항목
   2) 암판정의 기초자료

문제) S.M.R(Slope Mass Rating) 또는 R.M.R(Rock Mass Rating)

1. 개요
    1) 암반 법면의 암석강도, 암질지수, 절리간격, 절리상태, 지하수 등
       5가지 요소에 대한 각각의 평점을 합산하여 총점으로 분류하는 방법으로
       암반의 법면 평점분류법(SMR)이라 한다.
    2) 점수에 따라 5가지 요소로 분류하는 암반분류법은 1974년 남아공 Bieniaski에 의해
       제안된 분류법이다.

2. 암반 분류기준

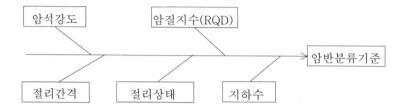

3. 평점합계에 의한 암반분류 기준

평 점	100~81	80~61	60~41	40~21	<20
암반분류	I	II	III	IV	V
상 태	매우 양호	양호	보통	불량	매우 불량

문제) 아스팔트 콘크리트 배합(마샬)설계 방법의 최적 아스팔트 함량(QAC)를 결정하는 4가지 항목

1. 개요
   1) 아스팔트 혼합물 설계는 아스팔트 골재(잔골재, 굵은골재, 석분)
      Filter 등 사용재료의 비율을 정하는 것으로 소요의 성질, 조건, 품질을
      확보할 수 있도록 배합설계를 해야 한다.
   2) 아스팔트 혼합물이 갖춰야 할 성질
      가. 안정성
      나. 내구성
      다. 연성
      라. 내 마모성
      마. 미끄럼 저항
      바. 투수성
      사. 인장강도
      아. 피로 저항성

2. 배합설계 흐름
   1) 실내 배합설계 (입도 및 OAC결정)
   2) Cold Bin 유출량 시험
   3) 현장배합 (plant에 맞게 OAC결정)
   4) 시험시공 및 현장시공

3. 최적아스팔트 함량(OAC)결정 4가지 항목
   1) 안정도 (500kg 이상)
   2) 공극률 (기준범위 4%)
   3) Flow 흐름값 (20~40 × 1/100cm)
   4) VAM(수침마샬안정도)

4. 최적아스팔드 함량 미흡 시 문제점
   1) 아스팔트 콘크리트 접착력 결함
   2) 포장 후 표면 결함 발생
   3) 과다 시 소성변형
   4) 평탄성 저하

문제) Ripperability (리퍼의 작업성)

1. 개요
   1) Ripperability란 Ripper의 작업성 또는 RIPPING 가능성으로 토공작업에서 연암 또는 굳은 지반에서 Bull Dozer에 정착된 Ripper을 이용하여 굴착 작업을 하게 되는데 이때 Ripper에 의해 작업할 수 있는 정도
   2) 판정 방법 : 탄성파 속도, 강도, 풍화도, 불연속면의 상태, 주향 등에서 얻어지는 총평점을 이용

2. 암 절취 공법

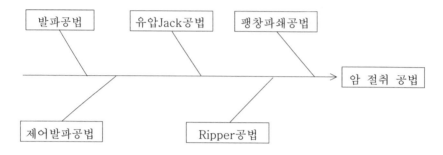

3. Ripperability 판정 방법
   1) 탄성파 속도
   2) 일축압축강도
   3) 풍화도
   4) 불연속면의 간격, 연속성 상태
   5) 주향 경사

4. Ripperability 평점표 (평점표에서 평정의 합이 75이상은 Ripper작업 곤란)

등 급	I	II	III	IV	V
암질	매우 양호	양호	보통	불량	매우 불량
탄성파속도 m/sec	2,150이상 (26)	1,850~2,150 (24)	1,500~1,850(20)	1,200~1,500(1 2)	450~1,200 (5)
일축압축강도 kg/cm²	700이상(10)	200~700(5)	100~200(2)	20~100(1)	17~30(0)
풍화도 평점	9 신선(F)	7다소풍화 (WS)	5보통풍화 (MW)	3많이풍화 (HW)	1완전풍화 (CW)
불연속간격평점	30(3m이상)	25(1~3m)	20(0.3~1m)	10 (0.05~0.3m)	5 (0.05m이하)
불연속의연속성 평점	5(연속성無)	5(약간연속성)	3 (연속,점토無)	0 (연속점토약간)	0 (연속,협재)
불연속상태평점	5 (분리흔적無)	5(약간)	4(1mm이하)	3 (틈이5mm이하)	1 (틈이5mm이상)
주향과경사평점	15(매우불량)	13(불량)	10(보통)	5(양호)	3(매우양호)
총평점	90~100	70~90	50~70	25~50	25이하
Ripperbility	발파(大)	발파(中)	발파(小)	Ripping곤란	Ripping가능

■ 배합 선정시 어떻게?

1. 단위 수량(W)
→ 다짐 가능한 범위내에서 최대한 적게

2. 굵은골재 최대치수 (Gmax)
→ 설계상 허용범위 내에서 최대한 크게

3. 내구성
→ 기상, 화학, 침식작용 등에 내구적

4. 강도(Mpa)
→ 소요강도 필요

" 우리가 무슨 생각을 하느냐가
우리가 어떤 사람이 되는지를 결정합니다 "
– 오프라 윈프리

문제) Goose 아스팔트(Guss)

1. 개요
    1) Goose아스팔트란 straight 아스팔트에 열가소성 수지 등의 개질재를 혼합한
       아스팔트에 조골재, 세골재 및 Filter를 배합해서 cooker속에서 200~260℃의 고온으
       로 혼합한 혼합물을 말한다.

2. Goose 아스팔트의 특징
    1) 불투수성으로 방수성이 크다.
    2) 휨에 대한 저항성이 우수하다.
    3) 마모에 대한 저항성이 크다.
    4) 내구성이 강하다.

3. 기존 아스팔트와의 차이점
    1) 생산온도 고온 : 200~260℃
    2) 운반 방법 : cooker활용 (1~2분가열)
    3) 다짐공정 : Roller 다짐 안함 → 유압식 시공
    4) 1층포설두께 : 3~4cm

4. Goose 아스팔트의 문제점
    1) 소성변형에 취약
    2) 강상판의 열응력 증대

5. Goose 아스팔트의 소성변형 대책 (강교포장)

SMA	: 소성변형 저항우수
Goose아스팔트	: 방수성, 부착성, 휨저항 우수
강상판	

6. 국내강교 적용사례
    1) 영종대교
    2) 광안대교

문제) Quick clay와 Quick sand

1. 개요
    1) Quick clay란 점성토에서 흙이 교란됨에 따라 흙의 일축압축강도가
       현저히 저하되는 현상(초예민성 점토) → 예민비 : 0~64인 점토
    2) Quick sand란 굴착공사 등으로 인한 수두차로 인해 흙입자가 물과 함께
       유출되는 현상 즉 전단응력이 0될 때 지반 모래와 물이 분출하는 현상

2. Quick clay의 판정
    1) 예민비(st)

    > st = qu : 자연시료의 일축압축강도 / qur : 교란시료의 일축압축강도

    2) 판정 : st > 8

3. Quick clay와 Quick sand의 차이점

구 분	Quick clay	Quick sand
발생 원인	흙의 구조 : 면모구조→이산구조	수두차
발생범위	국부적	전면적
문제점	진행성파괴, 유동화발생	Boiling, piping발생
판 정	예민비 = 0~64	동수구배, 유효응력

4. Quick clay와 Quick sand 방지 대책
    1) 전단응력 감소 및 수두차 감소
    2) 지반개량, 약액 주입 공법

문제) 지반의 함몰현상

1. 개요
   1) 지반 함몰현상이란 인위적, 자연적 원인에 의해 지반이 꺼지는 현상으로
      폐광지역에서 문제점으로 대두되고 있다.

2. 지반 함몰현상의 문제점
   1) 지반침하 및 침강 발생
   2) 구조물 변형 및 균열
   3) 도로파손 및 평탄성 저하

3. 지반 함몰현상의 원인
   1) 지하수위 변동
      가. 흙의 단위질량변화 (저하시 : $\gamma sub \rightarrow \gamma t$)
      나. 흙 무게 증감에 따른 지반 침하
   2) 지각변동
   3) 폐광지역 지하 갱도의 붕괴
   4) 인근 굴착공사의 진행
      가. 흙막이 구조물 변형
      나. 굴착부 내외의 수위차 : Boiling, Quick sand 등

4. 방지 대책
   1) 지반조사 철저
      가. 토질 종단면 확인 : Boring
      나. 지하수위조사
      다. 연약지반 등의 조사
   2) 흙막이 공사 시 벽체 및 지지구조 시공철저

문제) 군지수 (Grup Index : GI)

1. 개요
1) 군지수란 AASHTO 분류법에서 흙의 입도, 액성한계 및 소성지수 등을 통해 노상토의 적합성 판단을 위해 사용되는 지수를 말한다.
2) 군지수가 0에 가까울수록 조립토이고 클수록 미립자의 함유량이 큰 재료이며 노상토에서 사용 곤란

2. 군 지수 산정 방법

$$GI = 0.2a + 0.005ac + 0.01b.d$$

a : 0.075mm체 통과 중량 백분율 : 35% (0~40정수)
b : 0.075mm체 통과 중량 백분율 : 15% (0~40정수)
c : u - 40% (0~20정수), u = 액성한계
d : PI -10% (0~20정수), PI = 소성지수

3. 군 지수의 특성
1) 값이 클수록 흙입자 크기가 작고 팽창 수축이 크다.
2) 값이 20에 가까울수록 노상토 부적합
3) 군 지수 값이 클수록 두꺼운 포장 두께 설계가 필요하다.
4) 노상재료로 좋은 흙은 군 지수에 반비례한다.

4. 군 지수의 적용
1) 흙의 AASHTO 분류법에 활용
2) 0~20의 정수로 노상토의 적합여부판단
3) 가요성 포장 두께 판단

문제) 허용최대 입경보다 큰 입자를 포함하는 흙의 다짐특성

1. 개요
   1) 도로에서의 성토재료는 암버럭, 자갈, 모래, silt, 점토질 등의 종류가 있다.
   2) 성토재료의 품질관리 기준 확인을 위한 시험항목을 확인하고 다짐 방법에 대해 알아
      보자.

2. 성토재료의 요구조건
   1) 전단강도 : $T = c + \sigma tan \varnothing$
      점착력이 크고 내부 마찰각이 클 것
   2) 공학적으로 안정
   3) 입도 양호 : 균등계수 (cu), 곡율계수(cg)
   4) Trafficability 확보
   5) 지지력이 클 것

3. 성토재료 판정시험(실내)
   1) 입도분석시험 : 체가름, 비중계법 (세립토)
   2) 흙의 비중시험 : 함수량, 다짐시험
   3) Atterberg 한계시험 : 액성한계, 소성한계, 수축한계
   4) CBR시험 : 수정CBR, 설계CBR
   5) 통일분류법

4. 성토재료의 품질관리 기준
   1) 노체
      가. 다짐도 : 90% 이상
      나. 다짐두께 : 토사 30cm, 암 60cm
      다. 수침 CBR > 2.5
   2) 노상

구 분	상 부 40cm	하 부 60cm
최대치수(mm)	100	150
5mm체 통과분(%)	25~100	–
0.075체 통과분(%)	0~25	50이하
소성지수(PI)	10이하	30이하
수침 CBR	10이상	5이상

3) 뒷채움

    가. 노상에 준하나 일부항목은 노상보다 복잡하다.

4) 동상방지층

    가. 최대치수 : 100mm 이하

    나. 0.075mm체 통과분 : 15% 이하

    다. 0.02mm체 통과분 : 5% 이하

    라. 모래당량 : 20% 이상

5. 다짐 방법

  1) 평면다짐

$$다짐도\ Rc\ =\ \gamma d\ /\ \gamma dmax\ \times\ 100\%$$

    가. 사질지반 : 동적다짐 (진동식, 충격식)

    나. 점토지반 : 정적다짐 (전압식)

    다. 좁은공간 : 충격식

  2) 비탈면

    가. 피복토설치시 : 사질토, 비점착성흙, 침식성흙

    나. 피복토 설치 無 : 기계다짐 → winch Roller

                    더돋기 후 절취

    다. 완경사 : 다짐 후 절취

6. 다짐도 판정 방법

  1) 건조밀도규정 : 보통흙

  2) 포화도규정 : 초예민성점토

  3) 강도규정 : 암반

  4) 상대밀도규정 : 사질토 (간극비, 건조밀도)

  5) 변형량 : 보통흙 (proof Rolling, Benkelman Beam)

  6) 다짐, 두께, 횟수, Scale Effect

■ 콘크리트 배합시 어떻게 할까요?

⇨ 시방 배합

골재 : 표면 건조 포화상태
잔골재 5mm체 전부통과
굵은골재 5mm체 전부 잔류

⇨ 현장 배합

골재 : 입도 보정
표면수율 보정

" 꿈을 기록하는 것이 나의 목표였던 적은 없다
꿈은 실현하는 것이 나의 목표다"
– 만 레이

문제) 아스팔트 포장 완성면의 검사항목 및 기준

1. 개요
    1) 도로 공사에서 완성노면의 검사는 완성된 포장이 설계서, 시방서를 만족하는지의
       여부를 판단하는 것으로서 폭, 규격, 균열, 평탄성 관리, 밀도, 노면상태 등을
       최종 검사하는 것을 말한다.

2. 완성면 검사의 목적
    1) 평탄성 관리
    2) 시공 불량에 따른 열화방지
    3) 노면의 균열검사
    4) 기술축적

3. 완성면의 검사항목

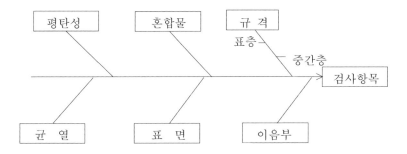

4. 평탄성 기준관리
    1) 평탄성 기준 (pri)
       가. 종방향 : 10cm/km 이하
       나. 횡방향 : 5mm 이하
    2) 평탄성 관리
       가. 종방향 : APL, 7.6m profilemeter
       나. 횡방향 : 3m직선자

5. 혼합물 기준
    1) core채취 : 500m에 1개소 이상
    2) 검사항목
       가. 다짐도 : 95% 이상
       나. 두께 : ± 10% 이내

문제) 흙의 동결 및 융해시 각각 발생하는 도로포장 파손형태

1. 개요
    1) 흙의 동결이란 0℃ 이하의 기온이 지속하여 동상방지층 이상의
       흙이 어는 현상
    2) 흙의 융해란 0℃ 이상의 기온으로 인해 동결되었던 흙이 상부부터
       녹는 현상

2. 흙의 동결 메카니즘
    1) 열역학 이론

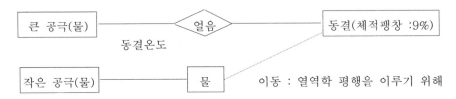

    2) 모세관 이론

        hc(모세관높이) = ∅.T.cos α / ɤ.D   (hc = 1.5/D10)

3. 흙의 동결 시 발생하는 도로포장 파손형태
    1) 포장융기 및 단차발생
    2) 거북등 균열

4. 흙의 융해 시 발생하는 도로포장 파손형태
    1) 침하균열
    2) 파손(부등침하)
    3) 포장의 변형 및 스폰지 현상

5. 대책
    1) 동상방지층 설치(노상 위에)
    2) 배수시설
    3) 주입공법

문제) 골재의 입형이 아스팔트 혼합물에 미치는 영향 및 골재 생산 시 유의사항

1. 개요
    1) 골재의 입형이란 골재가 편평하거나 둥근정도
    2) 정량적 판정
       - 입형판정 실적률 : %
       - 실적률이 클수록 입형이 둥글고 양호

2. 골재 입형이 아스팔트 혼합물에 미치는 영향
    1) 아스팔트 혼합물의 밀도
    2) 아스팔트 혼합물의 공극률
    3) 소성변형 : 입형이 모나거나 편평한 경우

3. 부순골재의 생산
    1) 쇄석골재 사용
       - 아스팔트 혼합물은 입자간 부착력을 좋게 하기 위해 쇄석골재 사용
       - 자연골재의 고갈
    2) Crusher
       가. 1차 Crusher : Jaw crusher, Gyratory crusher
       나. 2차 Crusher : Cone crusher, Roll crusher
       다. 3차 Crusher : Rod Mill, Ball Mill

4. 골재생산 시 유의사항
    1) Crusher 장의 청결화
    2) 쇄석입형개선 : impack crusher 설치
    3) 비산먼지, 소음, 진동 등의 환경관리 철저

문제) Lugem계수 시험목적과 정의

1. 개요
    1) Lugem계수란 기초 지반의 투수정도를 알기위하여 지반을 천공하여 규정의
       압력으로 물을 투과시킬 때 얻어지는 수치를 말한다.
    2) Dam의 기초지반 Grouting을 실시하기 전에 지반의 투수정도를 알기 위하여
       기초부위 전반에 걸쳐 Lugem test을 실시하여 Lugem 값을 나타내는 Map을
       그려 기초 암반의 투수정도를 나타낸다.

2. Lugem test 목적
    1) 기초지반의 투수성 검토
    2) 지반 개량의 목표 선정
    3) Grouting 재료 및 방법 결정
    4) Grouting 결과 확인

3. Lugem test 방법

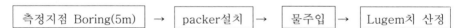

측정지점 Boring(5m) → packer설치 → 물주입 → Lugem치 산정

4. Lugem 값의 계산

$$Lu = 10.Q \ / \ P.L$$

여기서 Q : 주입량(L/min)
        P : 주입압(kg/㎠)
        L : 시험구간길이(m)

5. Lugem 계수적용
    1) 지반개량의 Lugem Map 작성
    2) 지반개량목표(Dam의 경우)
        가. 콘크리트 Dam : 1~2 Lu
        나. Fill Dam : 2~5 Lu

문제) 입도양호조건 (토공재료선정)

1. 개요
    1) 입도양호조건이란 흙을 구성하는 토립자를 입경에 의해 분류한 후 균등계수(Cu)와 곡률계수(Cg)를 동시에 만족시키는 조건

2. 입도분석 방법
    1) 체 분석법 : 0.08mm 이상

    ┌───┐
    │ 각체의 통과백분율 = 각체에 남는 잔량 / 전시료중량 × 100 │
    └───┘

    2) 침강분석법 : 0.08mm 이하
                    비중계법, 광투과법

3. 입도양호조건
    1) 균등계수 $Cu = D60 / D10$ 여기서 D60 : 가적통과율60%에 해당하는 입경
        가. 자갈 : $Cu > 4$ D10 : 가적통과율10%에 해당하는 입경
        나. 모래 : $Cu > 6$ D30 : 가적통과율30%에 해당하는 입경
        다. 점토 : $Cu > 10$

    2) 곡률계수(Cg) = $(D30)^2 / D10 \times D60$
        - 입도양호조건 : $1 < Cg < \sqrt{Cu}$

■ 시간경과와 슬럼프손실 관계

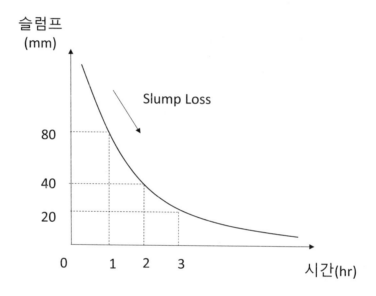

" 가는데까지 가거라
가다 막히면 앉아서 쉬거라
쉬다 보면 새로운 길이 보이리 "

문제) 흙의 전단시험

1. 개요
    1) 흙의 전단시험이란 흙의 공학적 특성에는 전단특성과 일반특성이 있으며
       전단특성은 대표적으로 내부마찰각과 점착력이 있다.

2. 흙의 전단강도식 (couloml의 법칙)

$$\tau = C + \delta'\tan\varnothing = C + (\delta-u)\tan\varnothing$$

   여기서 τ : 전단강도
           C : 점착력
           δ' : 유효응력
           δ : 전응력
           u : 간극수압

3. 흙의 전단시험
    1) 직접전단 시험

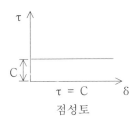

$\tau = C$

점성토

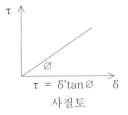

$\tau = \delta'\tan\varnothing$

사질토

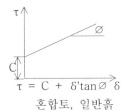

$\tau = C + \delta'\tan\varnothing$

혼합토, 일반흙

    2) 삼축압축시험 : Mohr Ciycle
        가. uu Test
        나. Cu Test
        다. Co Test
    3) 일축압축시험 : 점성토, 사질토無

4. N값에 의한 흙의 전단특성 추정 (표준관입시험)
    1) peck 공식 : $\varnothing = 0.3N + 27$
    2) Danham 공식 : $\varnothing = \sqrt{12N} + (15-25)$
    3) 점착력 추정 : $C = qu/2 = N/16$

문제) 성토관리에서 현장 밀도 시험과 다짐도 판정 방법

1. 개요
    1) 현장밀도시험이란 도로의 노상, 노반 또는 흙 구조물의 다짐도를 판정하기 위해
       직접 현장에서 밀도를 구하는 시험

2. 현장 밀도시험의 종류
    1) 모래치환법 : 표준사를 이용, 주로사용
    2) 고무주머니법 : 물치환, 기름 치환
    3) 방사능법 : RI계기

3. 모래치환법 (들밀도 시험)
    1) 시험 방법
       가. 구멍굴착 → 표준사채움 → 표준사체적측정 → 흙의단위질량측정
           → 흙의 함수량측정
    2) 결과정리
       - 습윤밀도(rt) = M(흙의질량) / V(구멍의 체적)
       - 건조밀도(rd) = rt / 1+(w/100)   여기서 w : 함수비(%)
    3) 다짐도 = rd / rdmax(시험실에서 구한 최대건조밀도) × 100%

4. 다짐도 판정 방법
    1) 다짐도 : 노체 -90%, 노상95%
    2) 포화도, 간극비 : GS.w = s.e에서
       - 포화도 s = Gs.w / e
       - 간극비 e = Gs.w / s
    3) 강도특성 : 현장에서 측정한 지반지지력 계수, K치, CBR치, Cone지수 등으로 산정
    4) 상대밀도 : Dr = emin - e / emax - emin × 100
                     = rd - rdmin / rdmax - rdmin × rdmax / rd × 100
    5) 변형량 : proof Rolling, Benkelman Beam 변형량이 시방기준에 맞게
    6) 다짐기종, 다짐횟수 : 현장시험 결과에 따라 결정

문제) G.P.R (Ground Penentration Radar)

1. 개요
    1) G.P.R탐사법이란 지반 물리탐사의 일종으로 25~1,000MHZ의 전자파를
       방사시켜 지하구조의 상태 및 지칭구조를 개략적으로 알아보기 위한 탐사법

2. 지반 물리탐사의 분류
    1) 파이용 : 탄성파 – TSP(반사법)
                전자기파 – GPR
    2) 파 미이용 : 전기 비저항
                방사선

3. G.P.R. 탐사 메커니즘
    : 전자파 송신 → 지하매질반사 → 수신기(수집, 기록) → 컴퓨터(해석)
       → 영상화 (지하구조상태)

4. G.P.R의 활용
    1) 지하매설물 조사
    2) 지층구조 및 상태탐사 (고고학 발굴을 위한 조사)
    3) 구조물 내부 상태 조사
    4) 도로 아스팔트 두께 및 결함조사
    5) 영구 결빙대 조사

5. G.P.R의 한계성
    : 고함수, 염분함유 지질의 경우 신뢰성 떨어짐
    1) 측정 오차 발생
    2) 측정값의 해석오차
    3) 해석에 의한 판정오차 등은 신뢰성이 떨어짐

문제) 말뚝 지지력의 시간효과 (Time effect)

1. 개요
   1) Time effect란 말뚝 항타 후 시간경과에 따라 말뚝 지지력의 변화는
      현상을 말한다.

2. Time effect의 문제점
   1) 과다 설계에 따른 공사비 증가 → set up
   2) 지지력 감소에 따른 불안정 설계 → Relaxation

3. 허용지지력
   1) Ra = Ru / Fs
      여기서   Ra : 허용지지력
              Ru : 극한 지지력
              Fs : 안전율

그림

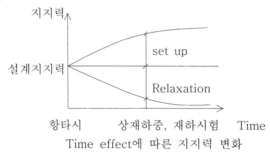

Time effect에 따른 지지력 변화

4. Time effect의 토질별 영향
   1) set up효과
      가. 느슨한 사질토
      나. 정규압밀 점토
   2) Relaxation효과
      가. 조밀한 모래
      나. 과압밀 점토

5. Time effect의 대응방향
   1) 흙의 물리시험 실시
   2) 재하시험을 항타 후 약 15일 이후 실시 → 흙의 Thixotropy 현상

문제) 흙의 내부마찰각(∅)과 점착력(C)에 대하여 기술

1. 개요
    1) 내부마찰각이란 흙의 파단면에 작용하는 수직응력(δ)과 전단강도(τ)의
       관계 직선이 이루는 각도
    2) 점착력이란 흙의 점성에 의한 끈적끈적한 성질을 의미하며
       점성토에만 존재한다.
    3) 안식각이란 안정된 비탈면과 원지반의 이루는 흙의 사면각도를 말하며
       자연경사각이라고 한다.

2. 내부마찰각(∅)과 점착력(C)관계 Graph
    1)

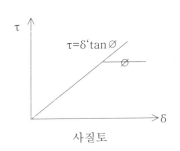

    사질토   점성토

    2) 전단응력 $\tau = c + \delta\tan\varnothing$
       여기서 τ : 전단응력
                  δ : 수직응력
                  $\varnothing$: 내부마찰각
                  c : 점착력
    3) 특성
       가. coulomb의 이론
       나. 흙의 입자간의 마찰성분표시
       다. 흙의 전단 방법 및 배수조건에 따라 상이함
       라. 전단강도 결정의 중요한 강도 정수

3. 내부마찰각(∅)과 점착력(c)의 차이점

구 분	내부마찰각	점착력
토질특성	사질토	점성토
시험 방법	직접전단, 3축압축	직접전단, Vane, 1축압축

4. 내부마찰각의 크기에 영향을 주는 요인
    1) 상대밀도
    2) 입도분포 및 입자의 크기

■ 잔골재율이 너무 큰 경우

⇨ S/a ≥ 55% 이상

→ 성형성 불량

→ 비경제적 배합

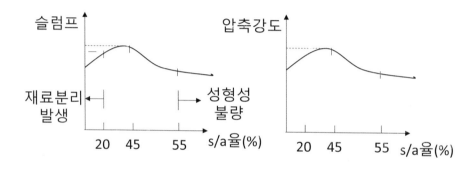

S/a율과 슬럼프값의 관계   S/a율과 압축강도의 관계

" 인생은 한번이지만
행복은 셀 수 없기를 "

문제) 유동지수에 대하여 기술하시오 (Flow Index FI)

1. 개요
    1) 유동지수란 흙의 Atterberg 한계에서의 액성한계 (LL)시험중 함수비(W)와
        타격수(N)의 관계

2. 유동지수의 계산
    1) 유동지수 (FI)

$$FI = W_1 - W_2 \ / \ logN_2 - logN_1$$

여기서 W_1 : 타격수 N_1 에 해당하는 흙의 함수비
        W_2 : 타격수 N_2 에 해당하는 흙의 함수비
        N_1 , N_2 : 타격횟수

3. 흙의 Atterberg 한계
그림

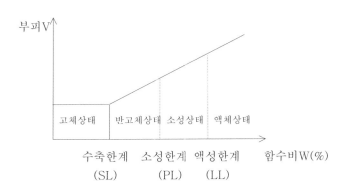

4. 유동지수의 활용
    1) 액성한계 값의 계산
        N = 25인 함수비
    2) 흙의 물리적 성질 추정

문제) 흙의 동다짐에 대하여 기술하시오

1. 개요
   1) 동다짐이란 연약지반에 충격에너지를 발생시켜 이때 수반되는 P파(압축파),
      S파(전단파), R파(표면파)에 의해 지반을 다져 강도를 증진시키는 공법
   2) 점토지반에는 동치환 공법을 사용하고 사질토 지반에는 동다짐 공법을 적용

2. 동다짐 공법의 메카니즘
   1) 사질토 P파 → S파
      가. P파 : 간극수압 상승을 통한 액상화 유도
      나. S파 : 입자 재배열 → 전단강도 상승
   2) 점성토
      가. 반사균열 → 간극수배출 → 전단강도 상승

3. 동다짐공범의 특징
   1) 장점
      가. 적용 범위 넓다.
      나. 깊은 심도까지 효과
      다. 개량효과 우수
   2) 단점
      가. 주변 구조물의 피해예상 우려
      나. 소음, 진동, 분진 등의 지반엔 효과가 감소

4. 동다짐 공법 활용
   1) 사질지반 개량동법
   2) 넓은 면적 개량
   3) 연약지반 지지력 증가
   4) 침하방지

5. 시공 Flow chart

   사전조사 → tamping계획 → tamping작업 → 중간조사 → 마무리tamping
        → 사후검사

문제) 액상화 현상에 대하여 기술하시오

1. 개요
   1) 액상화 현상이란 포화된 느슨한 사질토에서 지진, 진동 등에 의해 간극수압
      발생으로 전단강도가 Zero화되는 현상
   2) 또는 모래지반에서 충격, 지진, 진동 등에 의해 간극수압 상승 때문에 유효응력이
      감소되어 전단저항을 상실하고 지반이 액체와 같은 상태로 변하는 현상

2. 액상화의 문제점
   1) 구조물의 부등침하 및 파괴
   2) 지반의 이동 및 침하
   3) 지반 지지력 저하

3. 액상화 발생 메카니즘
   1) 전단강도(τ) = c + δ'tan$\varnothing$ = c + (δ-u)tan$\varnothing$ 에서

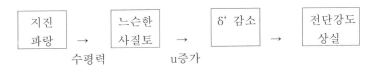

4. 액상화발생 깊이 검토

그림

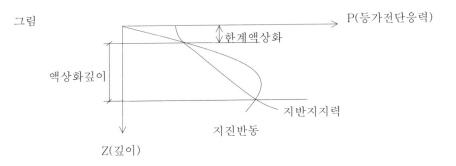

5. 액상화 방지 대책
   1) 밀도증가 : SCP, 군말뚝
   2) 입도 개량 및 고결 : 동압밀, 고결물질주입, 치환, 표층혼합처리
   3) 배수 : Well point, Deep well
   4) 간극수압 소산

문제) 흙의 강도회복현상(Thixotrophy)에 대하여 기술하시오

1. 개요
　　1) 흙의 강도회복현상이란 강도가 저하된 교란상태의 점토가 시간이 경과함에 따라
　　　강도가 서서히 회복되는 현상

2. 점성토에서 Thixotrophy Mechanism

　　흙의 구조 : 면모구조 → 이산구조 → 면모구조

3. 점성토의 시간 경과에 따른 Thixotrophy 현상

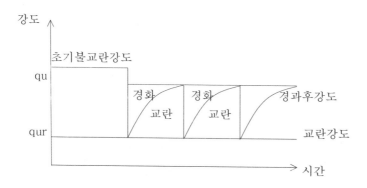

4. Thixotrophy와 예민성의 차이점

구　분	Thixotrophy	예민성
진행사항	경화	교란
흙의구조	면모	이산

5. Thixotrophy의 영향
　　1) 말뚝재하시험 : 지반교란 → 지지력 일시 저하
　　2) 말뚝박기 : 시간경과 → 재하능력 크다.
　　3) Thixotrophy : 지반강도 저하 → 주행성 저하
　　4) 지반 연약화
　　5) 안정액 : Sel → Gel → Sel의 순환 기능

■ 수화열에 의한 온도균열 발생유형

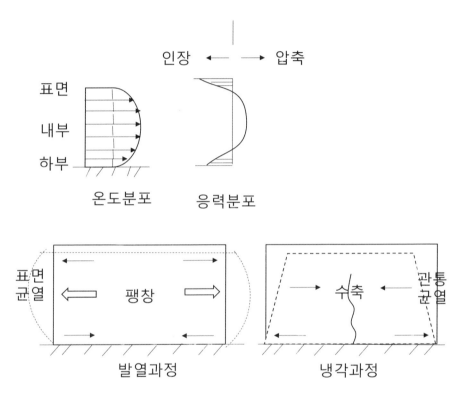

"성공의 비결
첫째, 어제와 다른 일을 하고 있는가?
둘째, 어제와 다른 방법으로 하고 있는가?
-생텍쥐페리

문제) Sand streaking에 대하여 기술하시오

1. 개요
   1) Sand streaking이란 콘크리트의 거푸집 해체 후 표면에 모래가 부착된 상태
   2) 굳지 않은 콘크리트의 Bleeding 현상으로 cement입자가 물과 함께 표면으로 부상하여 모래만 남아 수직방향으로 모래 줄무늬가 나타난 표면 결함의 일종

2. Sand streaking이 콘크리트에 미치는 영향
   1) 기능저하 및 미관저해
   2) 강도, 내구성, 수밀성 저하
   3) 보수작업이 복잡하고 비용발생
   4) 노출콘크리트의 경우 미관손상, 보수 어렵다. (색상 차이)

3. Sand streaking 원인
   1) 배합수의 과다
   2) 모래입도 불량
   3) workability 불량

4. Sand streaking 방지 대책
   1) 재료적
      가. 잔골재 입도 등 품질개선
      나. 단위수량 저감 (고성능 AE제, 감수제 사용)
      다. 혼화재 사용 : Consistency 개선
   2) 시공 시
      가. workability 및 pupability를 고려한 시공성 개선

문제) 한계고

1. 개요
  1) 한계고란 원지반에 성토를 할 때 성토재를 보강하지 않고 성토할 수 있는 최대 높이를 말한다.

2. 한계고 산출방식

$$Hc = 4c / r \times \tan(45° + \varnothing/2)$$

    여기서 r : 흙의 단위질량(t/㎥)
               c : 흙의 점착력
               $\varnothing$: 흙의 내부마찰각

3. 한계고에 영향을 주는 요인
  1) 흙의 단위중량 : 클수록 한계고는 낮아진다.
  2) 흙의 점착력 : 점착력이 클수록 유리
  3) 흙의 내부마찰각 : 내부 마찰각이 클수록 유리
  4) 성토지반의 지지력

4. 한계고가 성토에 미치는 영향
  1) 성토의 안전높이 판단(보강 없이 성토할 경우)
  2) 성토 지반의 sliding 발생 위험성

5. 한계고와 안전율
  1) 한계고 이내의 성토
  2) 성토후 강도증진 고려 (이산구조 → 면모구조)
  3) 시간 경과에 따른 안전율 증가 (Thixotropy)

문제) 아스팔트 콘크리트 채움재의 품질시험항목

1. 개요
   1) 아스팔트 콘크리트 채움재(Filter)는 석회암의 분말이 주로 사용하며 대부분
      0.08mm체를 통과하는 분말

2. 채움재의 종류
   1) 석회, Portlend cement, 소석회, Plyash 등
   2) 회수 Dust
   3) Slag 파쇄 미립자

3. 채움재의 역할
   1) Void Filter기능
      가. 공극채움
      나. 아스팔트 소요량 감소
      다. 밀도 향상
   2) Stiftmer Filter 기능
      가. 점성개선
      나. 유동성 및 취성 방지
      다. 내 마모성, 안정성, 내 노화성 개선

4. 뒷채움 미 사용 시 문제점
   1) 소성변형발생
   2) 노화증진 및 마모발생
   3) 포장체 수명단축 (균열 및 파손발생)

5. 채움재의 품질 시험항목

시험 항목	규 격
소성지수	6 이하
가열변질	없음
흐름시험	50% 이하
침수팽창	3% 이하
박리시험	합 격

1) 밀도
  가. 2.6 이상의 재료사용
  나. 밀도 적은 것은 비산에 유의
2) 이물질 함유
  가. 먼지, 진흙, 유기불순물 등 혼합금지
  나. 점토덩어리 시험
  다. 유기불순물 시험
3) 소성지수 (PI) 6% 이하
4) Atterberg 한계 시험
5) 수분 1% 이하 : 습분시험

문제) 교면포장

1. 개요
   1) 교통하중에 의한 충격, 기상변화, 빗물과 제설용 염화물의 침투 등에 의한
      교량상판의 부식 최소화하여 교량의 내하력 손실을 방지하고 쾌적한 주행성을
      확보하기 위해 교량상판 상부를 덧씌우는 포장

2. 교면포장의 종류
   1) 가열아스팔트 포장
   2) Guss Asphalt 포장
   3) 고무혼입 Asphalt 포장(개질 Asphalt)
   4) LMC 포장
   5) SMA 포장
   6) Epoxy 수지포장

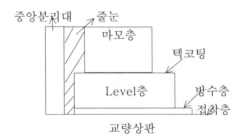

3. 교면포장의 확보요건
   1) 시공성 확보
   2) 평탄한 표면을 유지하여 주행성 확보
   3) 경제성
   4) 차량제동 및 기후변화에 대한 내구성 및 안정성
   5) Rutting 저항성
   6) 미끄럼 저항성
   7) 빗물 및 제염제의 침투방지(방수성)

4. 대표적인 교면포장의 시행방안
   1) Guss Asphalt 포장

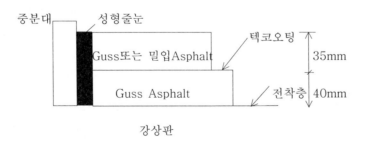

   가. 재료
      - Asphalt : 침입도 20~40의 일반 Asphalt 75% + 트리니다드 메퓨레 25%
      - 골재 : 5~15mm
      - Filler : 20%

나. 품질관리
　　　　- 유동성 시험
　　　　- 침입도 시험
　　　　- wheel tracking 시험
　　다. 시공 시 주의사항
　　　　- Cooker로 운반하되 220~260℃ 유지
　　　　- 포설은 원칙적으로 인력포설
　　　　- Blistering 주의(들뜸)
　　　　- 강상판에 녹제거
　　　　- 고온으로 인한 교차시공
2) LMC 포장

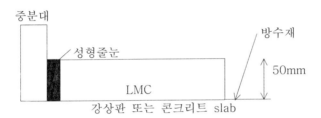

　　가. 재료 및 수량
　　　　- 단위시멘트량 : 400kg/㎥
　　　　- Latex량 : 시멘트량의 15%
　　　　- slump : 23 ± 2cm
　　　　- W/C : 35%
　　　　- 공기량 : 4.5 ± 1.5%
　　나. 특성
　　　　- 유동성 및 점착력 증가
　　　　- 균열 확산 억제 및 방수효과 우수
　　　　- 연속적인 Polymer막의 형성으로 내구성 증대
　　　　- 보통 Concrete와 동일한 역학적 거동

5. 맺음말
　　교량의 교면포장은 차량의 직접적인 영향과 교량의 내하력에 영향을 주는 공종으로
　　교량형태, 기후환경 등을 고려하여 적정한 공법을 선정, 시행해야 한다.

■ Silica Hume

▷ 공극률이 재료의 강도에 미치는 영향

→ W/c 비가 일정할때

→ 공기량이 1% 증가하면 강도는 4~6% 감소한다

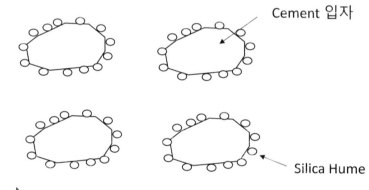

Cement 입자

Silica Hume

▷ W/c를 적게할수 있는 대책

→ Silica Hume 사용

▷ W/c가 커질수록 콘크리트속에 공극이 커지므로 강도저하

" 원하는 것을 말하고 또 말하라
　　삶은 부메랑이다 "
　　　　　　　　 – 프로랑스 스코벨 쉰

문제) Asphalt 포장과 시멘트 Concrete 포장

구 분		Asphalt Concrete 포장	Cement Concrete 포장
포장형식		가용성포장(Flexible Pavement)	강성포장(Rigid Pavement)
구조적 특징		표층 중간층 기층 하중확산분포 보조기층 노 상 최종적으로 노상에서 하중지지	slab 보조기층 노상 Concrete slab에서 직접하중지지
특성	시공성	공정단순	복잡, 장기간
	주행성	양호	Asphalt에 비해 저하
	경제성	고가	저가
	내구성	저하	양호
	Rutting	작다	크다
	미끄럼	불리	유리
	저항성	유리	불리
시공 시 유의사항		생산 : 185℃, Mixing Plant	생산 : Concrete Batch Plant
		운반 : Dump Truck, 온도유지	운반 : Dump Truck 1시간 이내
		포설 : 170℃, 연속포설	포설 : 1차 - spreader 　　　 2차 - slip form paver
		1차다짐 : Macadam Roller 　　　　　 144℃, 낮은 곳→ 높은 곳 2차다짐 : Tire Roller, 120℃ 3차다짐 : Tandem Roller, 60℃	마무리 : 마대, Timing 양생 : 초기(피막), 후기(습윤,피막)
		평탄성 유지	줄눈 시공

문제) PBT(Plate Bearing Test)

1. 개요
    1) 기초지반에 하중과 침하량을 이용 허용지지력을 결정
    2) 노상, 노체의 지반반력계수 K를 이용하여 다짐도를 판정하는 시험

2. 측정장치
    1) 재하판
    2) 반력장치
    3) 재하장지
    4) 침하량 측정장치

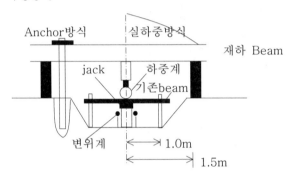

2. PBT의 활용
    1) 기초의 허용지지력 결정
        가. 극한하중 × 1/3 ┐ 중 작은 값을 허용지지력으로 선정
        나. 항복하중 × 1/2 ┘

    2) 지반반력계수 결정 (K=P/S, kg/㎤)

구 분		Concrete포장	Asphalt포장	암버력	비 고
K	노체	10	15	20	P에 의한
	노상	15	20	–	한계
침하량(cm)		0.125	0.25	0.125	정해진 값

    3) 기초침하량 산정
    4) 지반변형계수 측정

5) CBR과 관계

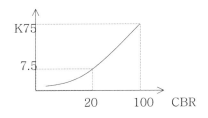

- CBR : 점하중 분포 → Asphalt 포장
  PBT : 판하중 분포 → Concrete 포장

3. PBT이용 시 주의사항
   1) Scale Effect
      가. 지지력
      나. 침하량
   2) 지하수위영향
      가. 지하수 존재 시 50% 감소
   3) 근입심도 고려 : 시추조사 필요
   4) 시험실시 지점의 종단파악

4. 지지력과 Scale Effect의 관계
   1) 순수점토 : 지지력은 재하판의 크기와 관계 없음
   2) 순수모래 : 재하판의 폭에 비례

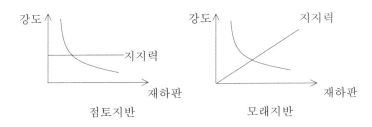

문제) 피복두께

1. 개요
    1) 피복두께란 최외곽 철근의 표면에서 콘크리트 표면까지의 최단거리

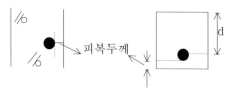

2. 피복두께를 두는 이유 및 기능
    1) 부식방지 : Carbanation에 의한 철근 부식 방지
    2) 내화구조 : slab – 3cm 이상, 기둥, 보 – 5cm 이상
    3) 부착강도 증가
    4) 철근보호

3. 구조물별 피복두께 현황

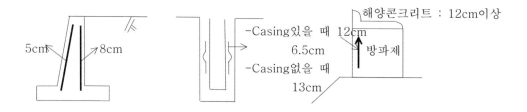

4. 유효높이와 피복두께

유효높이	유효높이 허용오차	피복두께 허용오차	비 고
d > 200mm	± 13mm	-13mm	
d < 200mm	± 10mm	-10mm	

5. 피복두께 문제점
    1) Hair Crack 발생
    2) 철근 부식
    3) 염해, 중성화, 알칼리골재반응으로 인한 열화

6. 피복두께 대책
    1) 표면피복 및 방수
    2) 철판덮개설치, 액체식 방수, sheet방수 시공

7. 철근피복두께 유지방안
   1) 적정 spacer 사용 및 간격 유지
   2) 거푸집 간격 유지
   3) spacer 이탈방지
   4) spacer 설치상태, 수량 check

* 피복두께 증가 요구되는 구조물
   - 해양 Concrete
   - 해안에서 250m 이내 구조물
   - 화학작용 받는 구조물
   - 하수처리장, 정수장 : 8cm
   - 취수 펌프장 : 8cm
   - 해양콘크리트 : 12cm
   - 흙에 접하거나 수중에 있는 경우(지하구조물) : 8cm

■ Cold joint

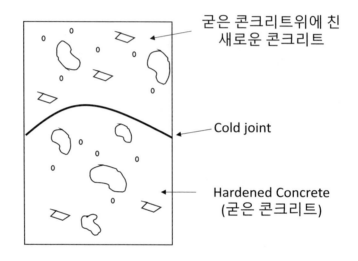

굳은 콘크리트위에 친
새로운 콘크리트

Cold joint

Hardened Concrete
(굳은 콘크리트)

⇨ 콘크리트 구조물속에 하천을 만든것과 같다

" 승자가 즐겨 쓰는 말은
다시 한번 해보자 이고

패자가 즐겨 쓰는 말은
해봐야 별 수 없다. 이다 "

−탈무드

문제) 도심지하흙막이 공사의 계측관리에 사용하는 계측기의 종류 및 목적

1. 개요
   1) 지가상승, 토지이용 극대화(고층, 근접시공) 때문에 흙막이 공사를 실시
   2) 각종 규제 강화 및 건설공해로 인한 민원 급증(소음, 침하, 붕괴, 균열)
   3) 계측관리는 지반의 거동에 대한 정보를 취득하는 것으로 정보화 제공

2. 계측의 목적
   1) 주변지반의 거동과 가설 및 인접구조물의 변화상태를 점검 계측
   2) 시공 안정성을 신속 정확하게 평가, 위험발생예측
   3) 안정성 저해요인 분석, 설계수정, 개선 등 기초자료 제공

3. 계측기의 종류 및 목적
   1) 경사계
      가. 목적 : 흙막이 벽의 수평변위 측정
      나. 설치위치 : 흙막이벽 배면
   2) 간극수압계
      가. 목적 : 지하수압측정
      나. 설치위치 : 흙막이벽 배면, 굴착저면
   3) 지하수위계
      가. 목적 : 지하수위측정
      나. 설치위치 : 흙막이벽 배면, 굴착저면
   4) 변형률게이지
      가. 목적 : 강재의 변형률 측정
      나. 설치위치 : strut H-pile 및 wale에 설치
   5) 하중계
      가. 목적 : pile이나 Earth Anchor의 하중 및 인장력 측정
      나. 설치위치 : pile혹은 Earth Anchor
   6) 토압계
      가. 목적 : 옹벽, 흙막이 벽의 배면토압, 성토시의 토압 측정
      나. 설치위치 : 흙막이벽 배면, 성토층
   7) 침하계
      가. 목적 : 각 지층의 침하량 파악, 지층별 탄성 및 압밀침하량 측정
      나. 설치위치 : 흙막이벽 배면 혹은 성토층
   8) 균열측정기
      가. 목적 : 주변 구조물의 균열 측정
      나 설치위치 : 주변구조물의 벽, 구조체
   9) 기울기 측정기(건물경사계)
      가. 목적 : 굴착주변 건물의 기울기 측정
      나. 설치위치 : 굴착주변 인법건물의 벽, 구조체

10) 기타

    가. 진동, 소음측정기

    나. 지표침하계

4. 계측의 문제점

  1) 계측관리를 요식절차로 간주하려는 경향

  2) 전문기술인력의 부족

  3) 계측관련 지식과 신뢰성 저하

  4) 인식부족

  5) 계측 내용의 일관성 및 신뢰성 저하

  6) 지침이나 표준시방서의 미 정립

5. 맺음말

  1) 계측치의 분석 기술향상 및 기술축적과 Feed Back system 구축

  2) 계측업무를 인력으로 수행함으로 정확도가 떨어지고 계측된 자료를 분석하는데 많은 시간 소요, 계측의 자동화를 통하여 안정되고 신뢰도가 높은 분석 결과를 얻는 것이 중요하다.

문제) 표준관입시험에서 N치 활용법

1. 개요
    1) 표준관입시험이란 63.5kg의 추를 76cm 높이에서 자유낙하하여 타격횟수
       (30cm 관입시키는데 필요한 N치)를 구하는 시험
    2) N치를 통하여 지반의 연경도를 파악

2. N치로 추정할 수 있는 사항

점 성 토	사 질 토
일축압축강도	내부마찰각
말뚝의지지력	상대밀도
Consistency	지지력계수
점착력	탄성계수
극한지지력	허용지지력

3. N치의 활용법
    1) 일축압축강도 (qu)추정
       qu = 2C = N/8 = 0.28C
    2) 말뚝의 지지력 산정
       Meyerhof공식
       qu = 40Np Ap + 1/5Ns As + 1/2Nc Ac
    3) 극한지지력(qu)추정
    4) 상대밀도 추정

N치	상태	Dr	∅
4 이하	매우 느슨	0.2 이하	30° 이하
4 - 10	느슨	0.2 - 0.4	30° - 35°
10 - 30	보통	0.4 - 0.6	35° - 40°
30 - 50	조밀	0.6 - 0.8	40° - 45°
50 이상	매우조밀	0.8 이상	45° 이상

    5) 내부마찰각 추정(∅)
       - Dumham 공식 ∅ = √12N + C
       - Peck 공식 ∅ = 0.3N + 27
       - 오오지키 공식∅ = √20N + 15

문제) 피로파괴, 자연파괴

1. 개요
    1) 피로강도 : 반복되는 하중에 파괴되지 않는 최대응력
    2) 피로한도 : 무수히 많은 반복에도 파괴되지 않는 한도응력(피로한계)
        가. Concrete 피로한도 : 10^6 회
        나. 강재 피로한도 : 20^0 회
    3) 피로파괴와 피로수명
        가. 피로파괴 : 지속적인 동하중에서 극한강도 이내에서 예고없이 파괴
        나. 피로수명 : 이때 수명

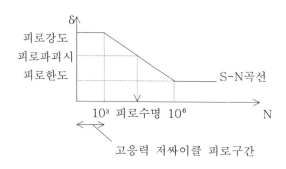

2. 피로파괴부재
    1) Crane   2) 굴뚝   3) 철도교   4) 기타 진동받는 부재

3. 피로파괴와 지연파괴

구 분	피로파괴	지연파괴
대상구조물	진동받는 Concrete, 강재	PS 강선
파괴하중	반복되는 동하중	지속되는 고응력
원 인	응력 집중	응력 부식

4. 피로강도 저하요인
    1) 응력집중, 응력수준, 응력 진폭
    2) 재료특성
    3) 미세균열
    4) 반복 하중
    5) 중량물 운행
    6) 기온차이에 따른 부식

5. 피로에 영향받는 구조물
    1) 송전탑, 굴뚝
    2) 도로교량, 고속철도교
    3) 크레인
    4) 기계 기초
    5) 해양구조물

문제) 흙막이 계측

1. 흙막이 계측의 개요
   1) 흙막이를 이용한 지반굴착시 주변 시설물에 미치는 영향을 계측 통해
      안정성을 확보하여야 한다.

2. 흙막이 계측설치 및 목적

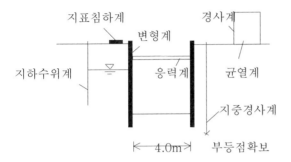

   - 계측목적
      가. 시공 : 안정성 check
      나. 설계 : Feed Back → D/B
      다. 관리 : 문제발생 → 근거자료

3. 흙막이 계측을 통한 민원해결사례

   (사진 및 동영상 촬영)   (사전조사 자료제공)

4. 흙막이 계측의 장·단점
   1) 장점
      가. 주변시설물 지반의 변형예측
   2) 단점
      가. data이상 발견 시 변형시작
      나. 시스템 noise에 의한 data왜곡

5. 흙막이 계측 시 주의사항
   1) 설치 시 : 지중 경사계 → 부등점 확보
   2) 관리 시 : 육안관찰병행, 주변시설물 근거자료 마련(사진, 동영상촬영)
              시스템 nooise에 대한 관리주의

■ 굵은골재의 최대치수가 콘크리트 강도에 미치는 영향

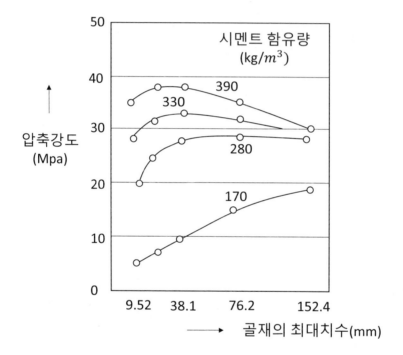

" 너의 앞날은 다정하다 "

문제) 동절기 옹벽시공

1. 개요

　　동절기 옹벽시공은 콘크리트의 양생관리를 우선적으로 고려하여야 하며 뒷채움재의 동결방지를 위해 시공 시 각별한 관리가 필요

2. 동절기 옹벽시공 시 안정조건

　　1) 내적조건

　　　　가. 콘크리트 : 철근 부식, 열화, 균열

　　　　나. 지반 : 세굴, Piping

　　2) 외적조건

　　　　가. 전도에 대한 안정 : Fs ≥ 2.0

　　　　나. 활동에 대한 안정 : Fs ≥ 1.5

　　　　다. 지지력에 대한 안정 : qmax > qa

3. 동절기 옹벽시공 불량 시 구조물에 미치는 영향

　　1) 기술적 : 콘크리트 품질 저하 및 뒷채움재 동결 → 해빙(융해) → 변형

　　2) 관리적 : 옹벽 보수, 보강, 지반보강 → 경제적 손실

4. 동절기 옹벽시공에 영향을 주는 요인

　　1) 주요인

　　　　가. 콘크리트 양생관리 : 수화반응 지연에 따른 초기동해 우려

　　　　나. 뒷채움재 동결 : 해빙기 토압증가

　　2) 부요인 : 노무자 작업능률 저하 → 시공성 저하 → 실행예산초과

5. 동절기 옹벽 시공 시 주의사항

　　1) 설계 : 옹벽의 안정조건 검토, 뒷채움재 확보, 이음

　　2) 시공 : 콘크리트 양생관리 → 한중 콘크리트 관리에 따라 실행

　　　　　　　뒷채움 : 급속시공지양, 배수공 확보

문제) 최종 물막이공사

1. 개요
   최종 물막이 공사는 유속 및 축조시기, 규모를 감안하여 선정하고 세굴 및 침하,
   활동에 대하여 안정성을 확보하여야 한다.

2. 최종 물막이 공사 시 검토사항 및 안정조건
   1) 검토사항
      가. 유속 : 5m/sec 이하
      나. 시기 : 조금시기(2월)
      다. 위치 : 암반노출부
      라. 축조재료중량 및 규모
   2) 안정조건
      가. 세굴에 대한 안정
      나. 원호활동에 대한 안정
      다. 침하에 대한 안정

3. 최종 물막이 중단 시 공사 전반에 미치는 영향
   1) 기술적 : 하상세굴 및 재료유실 → 안정성 저하, 경제적 손실
   2) 관리적 : 세굴토 퇴적 → 바다환경파괴 → 민원(선박피해)

4. 최종물막이에 영향을 주는 요인
   1) 주요인
      가. 설계 → 축조시기, 체절규모, 유속, 체절위치
      나. 시공 → 축조재료 확보, 장비조달
   2) 부요인
      가. 환경영향
      나. 민원요소
      다. 기후조건

5. 최종 물막이 시공 시 주의사항
   1) 세굴최소화 : 유속 및 시기검토(2월조금시기)
   2) 재료, 장비확보 : 공사 중단 없도록 사전계획수립

*새만금사업 : 공사 중단에 따른 재료 유실 → 사업비 증가

문제) Grouting

1. 개요
  1) 콘크리트 포장에서 노면의 미끄럼 방지를 목적으로 콘크리트 slab를 포설한 즉시 표면을 긁어서 미끄럼저항성을 높이기 위하여 Grouting기계의 빗살로 콘크리트 표면을 쓸어서 홈을 파 주는 것
  2) 시공시기는 콘크리트 slab타설 후 평탄 마무리가 끝나고 포장 표면에 수분이 없어지면 거친면 마무리를 시작하여 포장면에 생긴홈을 Tining이라 한다.

2. Grouting 작업시기
  1) 표면 수분이 사라지고 콘크리트 경화직전 작업개시
  2) 작업 시기가 빠르면 골재가 탈락
  3) 작업 시기가 늦으면 깊이가 얕음
  4) 홈의 방향은 포장 중심선에 직각으로 시공
  5) 작업 시 살수금지

3. 거친면 마무리 방법
  1) Grouting에 의한 방법
  2) 마대끌기
  3) chipping
  4) 골재노출(stripping)

4. Tining의 효과
  1) 미끄럼저항증대
  2) 수맥현상 조기제거
  3) 태양반사감소

5. Tining의 규격
  1) 빗살깊이 : 3~5mm
  2) 간격 : 25~30mm
  3) 빗살폭 : 3mm
  4) 빗살 1회 시공폭 : 2.43m

문제) 건설폐기물 활용방안

1. 개요
   1) 공사 착공에서 준공까지 건설현장에서 발생하는 5톤 이상의 폐 콘크리트,
      폐아스콘, 폐토사와 같이 대통령령에서 지정하는 폐기물
   2) 단 폐유, 폐페인트 등 지정폐기물과 레미콘 또는 시멘트 관련 제조 공정에서
      배출되는 폐 콘크리트 등은 건설폐기물에 해당되지 않음

2. 재활용 효과
   1) 환경보전
   2) 매립난 해소
   3) 경제적 효과
   4) 대체자원 확보

3. 콘크리트용 순환골재의 품질

구 분		순환 굵은골재	순환 잔골재
절대건조밀도(g/㎤)		2.5 이상	2.2 이상
흡수율(%)		3.0 이하	5.0 이하
마모감량(%)		40 이하	–
입형판정 실적률(%)		55 이상	53 이상
0.08mm체 통과율(%)		1.0 이하	7.0 이하
알칼리골재반응		무해할것	
점토덩어리(%)		0.2 이하	–
안정성(%)		12 이하	10 이하
이물질 함유량(%)	유기	1.0 이하(용적)	
	무기	1.0 이하(질량)	

4. 순환골재의 활성화방안
   1) 순환골재 사용 의무 공사와 용도를 확대
   2) 해체 공사 시 폐기물 분리 선별을 의무화
   3) 재활용 촉진에 적극 부응하는 민간 기업에 인센티브 제시
   4) 세제 및 금융지원
   5) 공공발주자에 대해 경영성과 평가 때 가점부여
   6) 민간 발주자에게 용적률 완화
   7) 시공자에게 시공평가 가산점 PQ가점 부여

5. 순환골재 품질기준

구 분	품질기준내용
보조기층	- 소성지수 : 6 이하, 수정CBR : 30% 이상, 마모감량 : 50% 이하 - 모래당량 : 25 이상, 액성한계 : 25% 이하 - 최대입경 50mm 이하 - 유기이물질(폐목재, 폐비닐, 폐플라스틱 등) 용적비 1% 이하 - 무기이물질(벽돌, 유리, 타일 등) 질량비 1% 이하
동상방지층	- 소성지수 : 10 이하, 수정CBR : 10% 이상, 모래당량 : 20 이상 - 최대입경 : 10mm 이하 - 유기이물질 용적비 1% 이하 - 무기이물질 질량비 1% 이하
노상용	- 소성지수 : 10 이하, 수정CBR : 10% 이상, 5mm통과율 : 25~100% - 0.08mm 통과율 : 0~25% - 최대입경 : 100mm 이하 - 유기이물질 용적비 1% 이하 - 무기이물질 질량비 1% 이하
되메우기 및 뒷채움용	- 소성지수 : 10 이하, 수정CBR : 10% 이상 - 최대입경 : 100mm 이하 - 유기이물질 용적비 1% 이하 - 무기이물질 질량비 1% 이하
빈배합 콘크리트 기층	- 굵은골재 밀도 : 2.2 이상, 흡수율 : 7% 이하, 마모감량 : 40% 이하 점토덩어리 함유량 : 0.25% 이하, 연한석편 : 5% 이하 유기이물질 용적비 1% 이하 무기이물질 질량비 1% 이하 - 잔골재 소성지수 : 9 이하, 안정성 : 10% 이하, 0.08mm체 통과량 : 3% 이하 점토덩어리 함유량 : 1% 이하

6. 재활용방안
  - 폐 콘크리트는 보조기층, 동상방지층, 노상, 되메우기 및 뒷채움재 등의 하부 재료용과 린 콘크리트 기층용으로 재활용

■ Slump Test

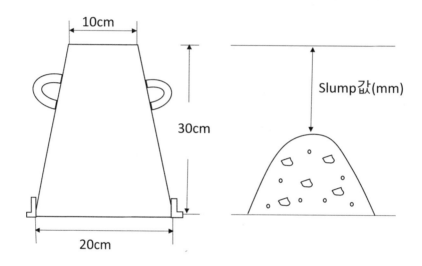

" 가장 적은 것으로도 만족하는
사람이 가장 부유한 사람이다 "

– 소크라테스

문제) 다짐원리 및 다짐제한 이유를 설명하고 다짐효과 증대방안 및 다짐관리 방법에 대하여 기술하시오

1. 개요
   1) 다짐의 원리는 순간적인 힘을 가하여 흙속의 공기를 배출하여
      전단강도를 증가시키는 것
   2) 다짐제한 이유는 다짐두께, 다짐횟수(과다짐), 다짐속도 제한을 두고
   3) 다짐효과증대 방안은 함수비관리(도로 OMC±2%, 하천,댐OMC±3%) 및
      토질관리 다짐에너지 관리가 있고
   4) 다짐관리 방법에는 다짐기준 → 다짐판정 → 다짐관리의 단계에 의해 시행

2. 현장의 다짐관리 Flow(예시)

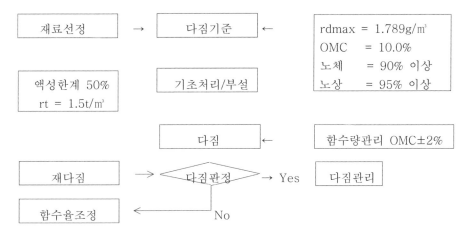

3. 다짐원리 Graph

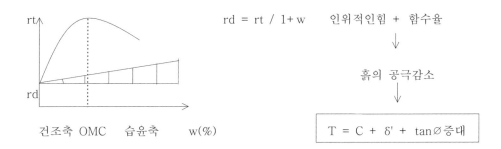

4. 다짐 제한이유
   1) 다짐두께제한
      - Scale Effect 영향 고려한
        적정다짐 두께 (T = 20cm)
   2) 다짐횟수 제한
      - 과다짐시 강도 저하
   3) 다짐속도 제한
      - 천천히(시속 1.5km/hr 이하)

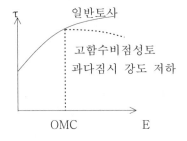

5. 다짐효과 증대방안
   1) 함수비관리
      가. OMC = 10.0 ±2%
      나. 현장함수비 관리 = 8.0~12.0%
   2) 토질관리
      가. 공학적으로 안정한 재료선정
   3) 다짐에너지
      가. 과다짐 시 강도 저하
   4) 유기질 함량관리

6. 다짐관리 방법(다짐기준, 다짐판정, 다짐관리)
   1) 다짐기준 : 건조밀도기준   - 노체 : rdmax 90% 이상
                              - 노상 : rdmax 95% 이상
   2) 다짐판정 : 품질규정 - 건조밀도, 포화도, 강도, 상대밀도
                공법규정 - 다짐두께, 다짐속도, 다짐횟수 제한
   3) 다짐관리

가. 현상황파악	→	나. 원인분석, 추정	→	다. 품질향상
- x-r관리도 - histogram		- 특성요인도 - parato도		

문제) 건설기계 선정 및 조합의 원칙을 기술하고 선정 시 고려사항에 대하여 기술하시오

1. 개요
   1) 건설기계 선정원칙에는 신뢰성, 경제성, 시공성이 있으며 건설기계 조합원칙에는
      병렬작업화 주작업과 종속작업, 시공속도, 예비대수고려
   2) 건설기계 선정 시 고려사항에는 토질조건, 작업종류, 작업물량, 소음진동 고려
   3) 건설기계 조합 시 고려사항에는 작업효율 및 작업물량 고려

2. 건설기계 운영 시 주의사항

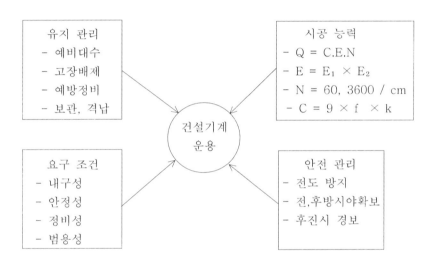

3. 경제적 수명을 고려한 건설기계 선정원칙
   1) 경제성
      기계정비 = 기계손료 + 운전경비 + 조립해체비 + 운송비

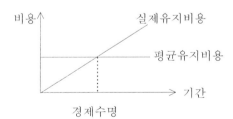

   2) 시공성
   3) 신뢰성

4. 건설기계의 조합원칙 및 고려사항
    1) 조합원칙
        가. 병렬조합
            - 건설기계의 병렬조합화
            - 시공속도의 균등화 및 작업효율
        나. 주작업 + 종속작업
            - 주작업 + 종속작업 + 보작업의 효율성 및 작업량 고려
        다. 시공속도
            - 시공속도의 균등화
    2) 조합시 고려사항
        가. 작업효율
        나. 작업물량

5. 건설기계 선정 시 고려사항
    1) 토질조건 : (주행성) Trafficability, Rippability 고려
    2) 작업종류 : 굴착
    3) 작업물량 : 대규모, 중규모, 소규모
    4) 소음진동 : 주변 환경 영향 고려해서 저소음 장비선정

6. 현장의 건설기계 공해 최소화 사례
    1) 건설기계 공해
        가. 소음, 진동
        나. 수질, 토양오염
        다. 대기오염
        라. 민원
    2) 최소화 사례
        가. 이동식 방음벽
        나. 폐유전용 수거함설치
        다. 세륜시설 및 이동식 살수차 운영
        라. 사전 대민 홍보

7. 성토재료별 장비조합 변경에 따른 시공사례
    1) 문제점 : 성토재료별 구분 없이 장비조합 일괄 적용
    2) 개선
        가. 토사 성토 시 : 그레이더 + 진동Roller + Dozer + Tire Roller
        나. 암성토시 : 스크레이퍼 + Dozer + 브레커 + B/H1.0 + Roller
    3) 개선효과
        가. 공기단축 : 6개월 → 4개월
        나. 공사비단축 : 3,500만 원/월 → 2,300만 원/월
    4) 결과 : 성토재료별 장비를 고려해야 장비조합이 필요하다.

■ 중성화(Carbonation) 모식도

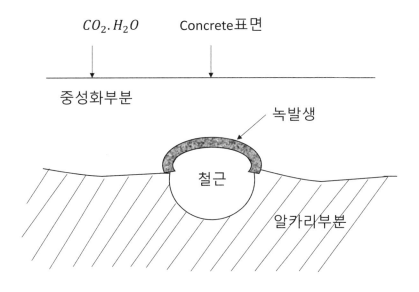

$$Ca(OH)_2 + CO_2 \rightarrow CaCO_3 + H_2O$$

" 내 앞에 쉬운 건 없다
근데 못할 것도 없다 "

문제) 연약지반 대책을 토질별로 구분하여 설명하고 시공관리 방안에 대하여 기술하시오

1. 개요
   1) 연약지반은 상부구조물 하중을 지지할 수 없는 지반으로 안정성과 침하우려
   2) 점성토 연약지반 대책에는 하중조절공법(EPS), 지반개량공법(치환, 탈수, 고결),
      자중구조물형성 공법으로 구분
   3) 사질토 연약지반 대책에는 지반개량공법(지수, 탈수, 다짐공법), 자중구조물형성공법
      (체절성토)으로 구분
   4) 연약 지반의 시공관리 방안에는 계측관리를 통해 안정관리와 침하관리를 실시

2. 토질별 연약지반 대책공법의 분류(점성토, 사질토)
   1) 점성토
      가. 하중조절공법(EPS)
      나. 지반개량공법
         - 치환공법 : 굴착치환, 강제치환
         - 고결공법 : 동결공법
         - 탈수공법 : VD공법
      다. 지중구조물형성공법 : 체절성토공법
   2) 사질토
      가. 지반개량공법
         - 지수공법 : 약액주입법
         - 탈수공법 : well point, deep well
         - 다짐공법 : 동다짐공법
      나. 자중구조물형성공법 : 체절성토공법

3. 연약지반대책공법중 VD공법과 동다짐공법의 비교

구 분	VD공법	동다짐공법	비 고
공법원리	$tv = Tv / Cv \times H^2$	$\tau = C + \delta' + \tan\varnothing$	−
적용성	점성토	사질토	현장적용
장 점	연약지반개량	연약지반개량	지 반 시 공 구조물 〉 고려 환 경
단 점	배수효과저하 Smear Zone, Well 장심도시판단	액상화우려 진동, 소음 장비전도 우려	
시공성	점성토시 유리	사질토시 유리	Vertical Drain
경제성	1.2	0.9	공법적용
지반조건	연약점토층	연약사질층	
환경성	도심지가능	도심지불가	

4. 연약지반 대책공법중 VD공법의 시공절차

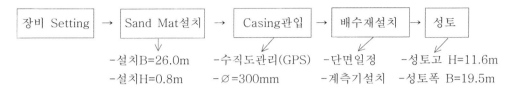

| 장비 Setting | → | Sand Mat설치 | → | Casing관입 | → | 배수재설치 | → | 성토 |

-설치B=26.0m   -수직도관리(GPS)   -단면일정   -성토고 H=11.6m
-설치H=0.8m   -∅=300mm   -계측기설치   -성토폭 B=19.5m

5. 연약지반의 계측관리를 통한 시공관리 방안
    1) 안정관리 방안
        가. Matsuo
        나. Kurihara
        다. Tominaga
    2) 침하관리 방안
        가. Hoshino법
        나. Asaoka법
        다. 쌍곡선법

6. 향후 안정적 연약지반 개량공사를 위한 제언
    1) 지반거동에 대한 예측 및 해석을 위한 계측기기 및 Soft Ware의 개발필요
    2) 현장계측치와 컴퓨터 예측자료의 관리 및 활용필요
    3) 연약지반의 거동특성 확립 기준이 필요

문제) 옹벽구조물의 안정조건 및 Shear Key 설치이유 및 시공시 주의사항에 대하여 기술하시오

1. 개요
   1) 옹벽구조물의 안정조건에는 내적요인(균열, 열화, 철근배근)과 외적요인
      (전도, 활동, 지지력)이 있다.
   2) Shear Key 설치 이유에는 활동지지력을 증가하여 활동에 대한 안정을 위해 설치
   3) 옹벽구조물 시공 시 주의사항에는 배수처리, 뒷채움, 줄눈시공, 지지력 확보

2. 옹벽구조물 설계 및 공사추진 Flow

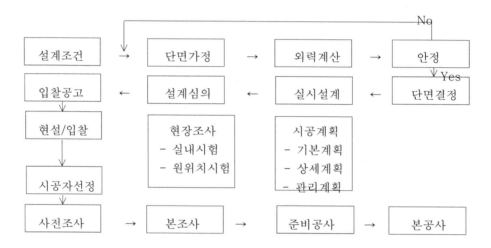

3. 옹벽구조물의 안정조건
   1) 내적
      가. 균열, 열화에 대한 안정
      나. 철근배근에 대한 안정
   2) 외적
      가. 전도에 안정
      나. 활동에 안정
      다. 지지력 확보
      라. 원인활동에 안정

4. 옹벽구조물 불안정시 대책
    1) 내적
        가. 균열부 보수, 보강
        나. 철근 배근 및 결속철저, 피복두께준수(T=80mm)
    2) 외적
        가. 전도 : 저판확대
        나. 활동 : Shear Key설치, 저판확대, 말뚝기초
        다. 지지력 : 기초지반개량, 말뚝기초
        라. 원인활동 : 저판 근입 깊이 확대

5. Shear Key 설치 이유 및 배경이론
    1) 설치이유
        가. 활동저항력 증가
        나. 마찰저항력 증가
        다. 구조물 안정 확보
    2) 배경이론
        가. 수압토압론 : Pp증가
        나. 전단파괴론 : Arching Effect
    3) 설치규정 : 저판폭의 2/3 이상

6. 옹벽구조물 시공 시 주의사항
    1) 배수시설
        가. 배수구 : 지표수 유입방지
        나. 배수공 : PVC ∅=100mm
        다. 배수층 : 75mm골재
        라. 배수관 : 맹암거 ∅=200mm
    2) 뒷채움 : 양질의 토사 뒷채움 및 층다짐(1층=200mm)
    3) 줄눈설치 : 신축이음(Dowel Bar), 수축이음(Cutting, 가삽입물)
    4) 기초지반 : PBT사업부 지지력 확인(설계 지내력 30Ton/㎡)

7. 배수처리 불량에 따른 옹벽구조물 붕괴 사례
    1) 옹벽 : 역T옹벽 H=4.5m, L=130.0m
    2) 발생 : 옹벽변형 및 붕괴
    3) 원인 : 콘크리트 타설시 배수구 Taping 미처리
              뒷채움 시 배수층과 토사혼입
    4) 대책 : 붕괴구간 재시공
    5) 방안 : 배수시설물 관리철저 및 뒷채움 시공철저

문제) 말뚝기초의 지지력 산정 방법의 종류 및 특징에 대하여 기술하시오

1. 개요
    1) 말뚝 기초의 지지력 산정 방법의 종류에는 정적, 동적으로 구분
    2) 정적의 특징은 신뢰성은 우수하나 시험기간, 시험비용이 고가
    3) 동적의 특징은 시험기간, 시험비용은 저렴하나 신뢰성이 떨어짐
    4) 말뚝기초의 지지력 산정 시 Time Effect, Load Transfer 현상을 고려

2. 말뚝기초지지력 산정 시 고려해야 할 Time Effect와 Load Transfer

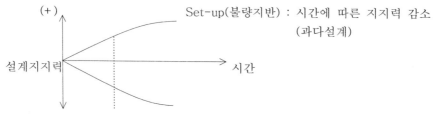

3. 말뚝기초의 지지력 산정 방법의 종류
    1) Static Approach(정적)
        가. 정역학적
        나. 정재하시험
        다. Osterberg Cell시험
    2) Dynamic Approach(동적)
        가. 동역학적
        나. 동재하시험
    3) Statnamic Approach(정동적) : 정·동재하시험

4. 말뚝기초의 지지력 산정 방법 중 정재하시험과 동재하시험 비교

구 분	정재하시험	동재하시험	비 고
시험 원리	실재하중 재하	말뚝응력 변형분석	정동재하 시험
시험 방법	복 잡	간 단	정적하준 1/20
시험 기간	장 기	단 기	시험복잡
시험 비용	250만 원	100만 원	시험비 고가
장 점	신뢰성 우수	비용 저렴	
단 점	시험비 고가 시험 복잡	신뢰성 떨어짐	
시공성	시공성 저하	시공성 우수	

5. 말뚝기초의 지지력 산정 방법 중 정재하시험의 시험순서
  1) 조사 : 현장, 지반조사
  2) 계획 : 항타계획 수립, 소음 진동계획
  3) 시항타 : 수직도 관리
  4) 지지력결정 : Time Effect고려
  5) 본항타

6. 말뚝기초 지지력 산정 시 주의사항
  1) 산정 전
    가. 말뚝기초 수직도 관리
    나. 말뚝기초 지지력산정 계획수립
  2) 산정 중
    가. 계측기기의 검교정 및 파손확인
    나. 경험이 풍부한 기술자에 의한 시험
    다. 시험 data의 신뢰성 검토
  3) 산정 후
    가. Time Effect 영향 고려

■ 건조수축으로 인한 균열 발생 유형

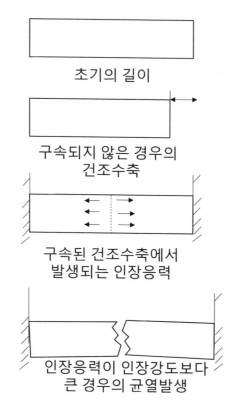

초기의 길이

구속되지 않은 경우의
건조수축

구속된 건조수축에서
발생되는 인장응력

인장응력이 인장강도보다
큰 경우의 균열발생

" 처음에는 우리가 습관을 만들지만
그 다음에는 습관이 우리를 만든다 "

\- 존 드라이든

문제) 노상 완성면의 검사 방법과 평판재하시험과 밀도와의 관계를 기술하시오

1. 개요
    1) 노상은 포장체로부터 전달받은 교통하중을 지지하고 다시 확산 분포시켜 노체에 전달하는 중요한 역할을 한다.
    2) 이때 노상의 자체 지지력이 부족하거나 함수량 증대 또는 동상영향 등에 의해 피해를 받아 악화될 경우 포장파괴의 원인이 되므로
    3) 재료의 선정이나 시공과정의 철저한 품질관리가 요구된다.

2. 노상 완성면의 검사 방법
    1) 시공 완성면 및 배수시설검측
        가. 종단계획고 검측
            - 매측점마다 : 노체 ±5cm, 노상, 선택층 ±3cm, 임의 2점계획고 차 1.5cm 이내
        나. 횡단구배, 편구배 설치확인
        다. 평탄성 측정(3m 직선정규)
        라. 도로의 폭 검측
        마. 배수시설 및 기능(배수구조물, 지하배수시설)
        바. 성토 비탈면 및 절토 비탈면 정리
    2) 다짐관리
        가. CBR 시험
            - 현장 CBR시험 실시 : CBR = 시험단위중량 / 표준 단위하중 × 100(%)
            - 측정 CBR값과 설계 CBR값 확인
                (포장설계 시 적용된 노상 CBR값 또는 지지력값)
        나. 현장밀도시험
            - 시방 규정에 의한 다짐도 확인(실내다짐 rdmax값의 95% 이상)
        다. 평판재하시험
            - 입경이 큰 노상재료의 경우
            - 규정침하량일 때 하중강도 측정
                (콘크리트 포장 : 0.125cm, 아스콘포장 : 0.25cm)
            - 지지력계수(K = P하중강도 / S침하량 kg/㎠)
        라. 동탄성계수(MR)측정
            - AASHTO포장 설계법의 적용요소
            - 동탄성 계수(MR)와 CBR값의 비교
        마. Proof Rolling(복륜하중 5Ton, 타이어접지압 5.6kg/㎠)
            - 전구간을 시공 시 다짐장비와 동일규격의 장비로 3회 이상 주행시켜 큰 변형이 관찰되는 곳 확인하여 Bemkelman Beam에 의한 변형량 측정
            - Bemkelman Beam에 의한 하중 작용시와 제거시의 노상면 처짐과 복원의 변형량 측정
            - 변형량의 허요 시방기준 범위확인(노상 ±5mm 이하, 선택층 ±3mm 이하)
            - 취약지점 중점조사(절, 성토 경계부, 뒷채움부, 편절, 편성, 경계부)
            - 불합격지점은 재다짐 또는 굴착치환 후 재시공(치환, 입도조정, 함수비, 재다짐)

3. 평판재하 시험과 밀도와의 관계
    1) 노상, 보조기층의 다짐관리는 현장밀도에 의하지만 노상재료의 입경이 크거나
       보조기층재와 같은 경우 콘에 의한 시험이 불가하거나 정밀도가 낮아짐 우려가
       있는 경우 평판재하시험으로 관리
    2) 시방기준에 의한 현장밀도와 평판재하시험 지지력 계수의 규정

구 분	현장밀도 관리기준(%)	지지력계수(K = kgf/㎤)			빈 도
		콘크리트 포장	아스콘 포장	암성토	
노체	실내다짐 rdmax의 90%이상	10 이상	15 이상	20 이상	2,000㎥
노상	실내다짐 rdmax의 95%이상	15 이상	20 이상		1,000㎥
선택층	실내다짐 rdmax의 95%이상	20 이상	30 이상	-	500㎥

4. 맺음말
    1) 노상토 지지력을 평가하는 방법은 일반적으로 아스팔트 콘크리트 포장에서 CBR
       값을 시멘트 콘크리트 포장에서는 K값이 사용되고 있다.
    2) 최근에 공표돼 AASHTO설계법이 적용되기 위해서는 K값, CBR값, MR값 간의
       상관관계 정립과 AASHTO 설계법이 국내 여건과의 적용성이 조기에 연구되어야
       한다.

문제) 구조물과 토공접속부 처리(구조물 뒷채움)

1. 개요
   구조물 뒷채움부는 토공과 구조물의 접점에 있고 노면의 평탄성 확보에 약점
   (부등침하)이 되기 쉬운 장소이므로 설계 시 충분한 대책을 강구해야 한다.
   1) 구조물 뒷채움부는 대형 다짐기계로 세밀하게 다짐
   2) 구조물 뒷채움부는 시방기준에 적합한 재료를 사용
   3) 시공 중, 시공 후 배수대책을 충분히 대비

2. 부등침하의 원인
   1) 구조물과 토공의 압축성이 서로 상이(지지력 상이)
   2) 뒷채움 부분의 배수불량(교대, 날개벽 등)
   3) 협소한 장소 다짐으로 불충분한 다짐
   4) 지하수 용출, 지표수 침투로 성토체 연약화
   5) 성토체 기초지반의 경사
   6) 토압으로 인한 구조물변경
   7) 연약지반에 구조물 시공
   8) 뒷채움 재료의 불량

3. 방지 대책
   1) 철저한 다짐
      가. 뒷채움 작업 시기는 콘크리트 압축강도가 재령28일 양생 후 시행
      나. 1층 다짐두께 20cm 이하, 최대건조밀도 95% 이상
      다. 평판재하시험(PBT)으로 다짐관리
      라. 층다짐 상태 확인
      마. 장비투입 곤란한 경우 소형램버 이용
      바. 뒷채움과 접하는 부분 층따기 실시
      사. 암거, 라멘 교량은 양측을 동시에 뒷채움함을 원칙
   2) 뒷채움 재료의 선정
      가. 방수층 손상고려 양질의 뒷채움 재료 사용
      나. 측벽 등 다짐 협소한 장소 : Soil-cement, 빈배합 콘크리트
   3) Approach Slab 설치
      가. 교대 또는 토피가 적은 암거 : Approach Slab 설치하여 부등침하 최소화
      나. 잔여 침하 시 Grouting 할 수 있게 주입공 설치
   4) 기타
      가. 연약지반 처리
      나. 뒷채움 재료의 안정처리로 지지력 높임
      다. 포장체 강성을 증대
      라. 뒷채움 재료 품질 및 다짐관리 철저

4. 뒷채움재료 시방기준

구 분	노 체	노 상
최대입경(mm)	300 이하	100 이하
다짐두께(cm)	30 이하	20 이하
수침CBR	2.5 이상	10 이상
5mm체 통과율	90 이상	25~100%
0.08mm체 통과율		0~25%
소성지수		10 이하
다짐도(%)		95 이상
모래당량		20 이상

5. 뒷채움 문제점 및 개선방향
   1) 문제점
      가. 다짐도 95%를 만족하기 위하여 진동롤러 사용
      나. 다짐에너지가 구조물에 악영향으로 구조물 손상 발생
   2) 개선방향
      가. 되메우기를 채움 콘크리트로 하는 방안
      나. 구조물 외벽에 EPS시공으로 다짐에너지 전달차단
      다. 경량 성토 등으로 토압을 경감

6. 맺음말
   1) 구조물뒷채움, 되메우기 및 다짐작업은 대단히 중요
   2) 뒷채움 재료의 선택, 다짐기준, 시공 시 준수사항을 철저히 시행
   3) 부등침하로 인한 포장파손이 발생하지 않도록 사전에 대비
   4) 시방 기준에 따른 철저한 관리

문제) 강말뚝의 부식(Corrosion)

1. 개요
    1) 강말뚝은 인장강도, 휨강도 및 충격에 강하고 균질한 재료
    2) 부식에 의한 내구성 저하가 우려

2. 강말뚝 부식의 원인
    1) 전해질 존재
    2) 전위차 발생
    3) 산소

3. 강말뚝 부식의 종류 및 형태

종 류	매개체	부식형태	방식 방법
Dry Corrosion	고온산화, 고온가스	200℃이상 고온부식	내열합금 강재
Wet Corrosion	물, 액체	수중(해수, 담수)부식	전기방식 강재
		화학약품(산, 염)부식	내 약품성 강재
		자중부식	방식도포, 전기방식강재

4. 강말뚝 부식방지 대책
    1) 강말뚝 두께 증가
    2) 강말뚝을 콘크리트로 피복처리
    3) 도장 공법

무기 Lining	유기 Lining	도 장
금속 Lining	FRP Lining	Epoxy 수지도장
몰탈 Lining	Resin Lining	Tar Epoxy 수지도장
전착 Lining	고무 Lining	

    4) 전기 방식
    5) 조합

5. 맺음말
    1) 구조물 설계기준과 도료교 시방서에서는 일반적으로 부식에 대해 2mm 두께를 고려하고 있다.
    2) 부식 촉진부나 건습반복 되는 구간에 대하여 방식처리를 하도록 규정
    3) 조합 시공
    4) 최근 신기술 : 특수폴리우레탄 탄성도포 방식

■ 공정, 원가, 품질의 관련성

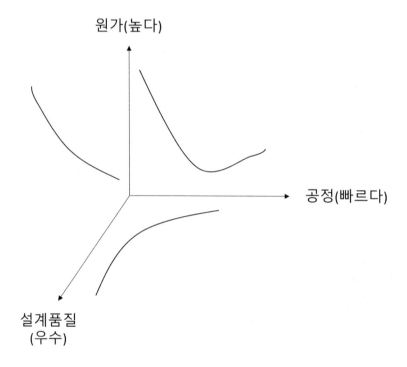

원가(높다)

공정(빠르다)

설계품질
(우수)

" 완벽함이란 더 이상 보탤 것이
남아 있지 않을 때가 아니라
더 이상 뺄 것이 없을 때 완성된다 "

문제) Superpave

1. 개요
　　1) 미국 전략적 도로연구계획(SHRP)의 결과물로 Superior Performing
　　　　Asphalt Pavement의 약자, 체적구성 비율의 설계개념을 도입한 포장관리 시스템

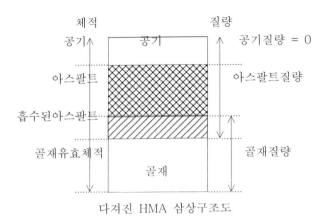

다져진 HMA 삼상구조도

2. Superpave 특징
　　1) 3단계 노화단계 시험
　　　　가. 노화이전
　　　　나. 초기조치 후
　　　　다. 장기노화 후
　　2) Asphalt Binder 등급(37등급)

　　3) Binder 선정시험

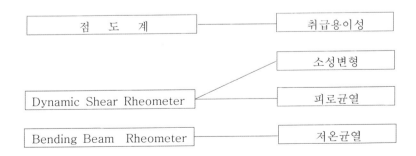

3. Superpave 검토항목
  1) 저온균열
  2) 피로균열
  3) 소성변형
  4) 기상에 의한 노화
  5) 수분에 의한 손상

4. Superpave 장점
  1) 시공성, 주행성, 경제성 우수
  2) 내구성(내마모, 내유동, 내박리) 우수
  3) Rutting 및 미끄럼 저항성 우수

5. 맺음말
  1) 현행 Asphalt 혼합물의 배합설계는 역학적 특성을 설명하기 어렵고 Asphalt Binder 시험 또한 침입도에 의한 단순분류로 사용 시에 많은 문제점을 노출
  2) 공용성 및 교통량을 고려한 Superpave를 적용함이 합리적이다.

문제) 동상매커니즘

1. 개요

1) Frost Heave(동상)
대기온도 0℃ 이하에서 지표면이 Ice Lens 만큼 부풀어 오르는 현상
- Ice Lens : 동상의 주원인으로 모관상승에 의해 만들어진 얼음 결정체
- Frost Line : 지표면 아래 0℃인 선

2) Frost Boil(융해 Thawing)
- 봄철에 흙이 녹았을 때 함수비가 증대되어 지반이 연약해지고 전단강도가 저하되는 현상, 연화 현상

2. 흙의 동상원인

1) 토질조건
가. 동상에 가장 큰 변수는 토립자의 크기
나. 흙의 입경 0.075mm체 통과량 20% 이상 시
다. Silt, 점토는 동결하기 쉽고 사질토, 모래는 비동결성 재료

2) 온도조건
가. 기온이 0℃ 이하
나. 완속한 온도 저하 시 팽창성 크다(모관수 공급 원활)

3) 수분조건
가. 함수비 클수록 지하수위 높을수록 크다.

3. 흙의 동상으로 인한 피해

1) 지하 매설관(상·하수도관 + 가스관)
2) 얕은 기초
3) 도로의 노상

문제) 강구조물 연결 방법의 종류 및 특징을 설명하고 강재부식의 문제점 및 대책에 대하여 기술하시오

1. 개요
   1) 강구조물 연결 방법의 종류에는 용접이음과 기계적인 고장력 Bolt, 리벳이음
   2) 용접이음의 특징에는 내구성이 우수하나 용접결함, 국부적손상, 인장잔류 응력에 유의
   3) 기계적 방법의 특징은 시공성 우수하나 단면결손, 축력관리, 부재두께에 유의
   4) 강재부식의 문제점은 구조적, 비구조적 문제가 있고 간재부식 대책에는 부식을 허용하는 대책과 허용하지 않는 대책이 있다.

2. 시공 Flow

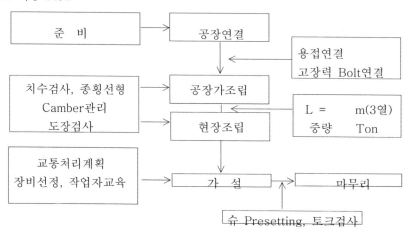

3. 강구조물 연결 방법의 종류
   1) 용접이음
      가. 응력전달 : Fillet Groove
      나. 응력 미 전달 : Slot
   2) 기계적이음
      가. 고장력 Bolt : 하중 축 평행, 하중 축 직각
      나. 리벳이음 : 직접, 간접

4. 강구조물 연결 방법 중 용접이음과 고장력Bolt이음의 특징

구 분	용접이음	고장력Bolt이음	비 고
원 리	강구조물 용융에 의한 이음	강구조물 천고에 의한 bolt이음	
장 점	내구성 우수	시공성 우수	
단 점	용접결함 국부적손상 인장잔류응력	단면결손 축력관리어려움 부재두께영향	
시공성	보 통	우 수	
경제성	3,500천 원 / Ton	2,000천 원 / Ton	

5. 강구조물 연결 방법 중 용접이음의 시공단계별 주의사항
　　1) 준비
　　　　가. 용접봉
　　　　나. 용접 기능공
　　2) 제작, 절단
　　　　가. 설계 도서에 의한 제작
　　3) 용접
　　　　가. Fillet
　　　　나. Grove
　　4) 검사
　　　　가. 육안검사
　　　　나. 내부 : UT, RT
　　　　다. 외부 : MT, PT
　　5) 마무리

6. 강구조물 강재부식의 문제점
　　1) 구조적 : 부식발생 → 유효단면부족(f=P/A) → 응력집중 → 응력 > 허용응력
　　　　　　　　　→ 균열 → 내구성 저하 → 구조물파괴
　　2) 비구조적 : 보수, 보강에 따른 LCC증가

7. 강구조물 강재부식의 원인 및 부식 Mechanism
  1) 내적원인 : Fe 와 H_2O 및 O_2 반응
  2) 외적원인 : 유해환경 → Cl^-, Co_2 , O_2 , H_2O
                유지관리소홀 → 적기에 보수, 보강시기 지연
  3) 부식 Mechanism

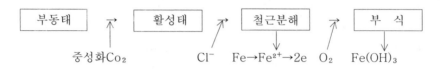

8. 강구조물 강재부식 대책
  1) 부식허용
    - 부식속도 계산 → 설계 시 모재 두께에 반영
  2) 부식 불허용
    - 도복장 : 도장, 도금
    - 내식성강 : 부식을 도막으로 활용
    - 전기방식 : 외부전원 공급

■ 가수가 콘크리트 강도에 미치는 영향

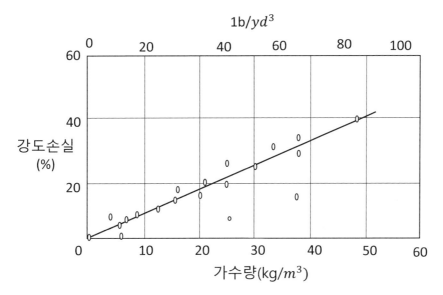

$1b/yd^3$

강도손실 (%)

가수량(kg/m^3)

⟹ 콘크리트 온도(℃)
32℃(90℉) / 18℃(65℉)

" 일의 크고 작음에 상관없이
책임을 다하면 꼭 성공한다 "

문제) 촉진양생

1. 개요
   1) 조기에 소요의 강도를 확보하여야 할 필요가 있거나 한중 콘크리트 시공 시
      또는 프리캐스트 제품 생산 시 이용하는 양생 방법
   2) 상압 증기양생, 고압증기양생, 전기양생 등이 있음

2. 촉진양생 방법
   1) 상압증기양생
      가. 콘크리트를 타설 후 3시간 이상 경과한 후에 가열시작
      나. 양생실 온도 상승은 원칙적으로 1시간당 15℃ 이하
      다. 양생실 온도는 65℃ 이하
      라. 양생실 온도는 서서히 내려 외기의 온도와 큰 차가 없을 때 제품을 꺼낸다.
      마. 증기양생 후 약간의 기간 동안 습윤양생 실시
      바. 성형 후 전 양생에서 통기, 급격히 온도를 올리거나 최고온도를 너무 높게
         하거나 급격한 냉각이 이루어지면 균열 및 장기간도 저하
      사. 온도 상승에서 하강까지 18시간 이내

3. 고압증기양생
   1) 기압기(Autoclave양생)에 제품을 온도 180℃ 전후, 증기압 7~15기압으로
      고온, 고압에 의해 양생
   2) 고강도 파일, 기포콘크리트 제품 등의 양생에 적용
   3) 특징
      가. 장점
         - 조기강도가 높다(표준양생의 28일 강도를 24시간 소요)
         - 내구성이 좋고 황산염 반응에 대한 저항성이 크다.
         - 내동결 융해성 및 백태현상이 감소
         - 건조수축감소 및 수분이동감소
         - Creep 변형감소
      나. 단점
         - 철근 부착강도 감소(표준양생 1/2 정도)
         - 어느 정도 취성
   4) 품질기준
      가. 양생시간은 적당한 전치양생을 실시 후 상승시간 3~4시간 등온등압시간
         3시간, 하강시간 3~7시간
      나. silica의 최적량은 시멘트 중량의 0.4~0.7 정도
      다. 최고온도를 5~8시간 유지 후 20~30분 내에서 압력을 풀어 줌
      라. Creep변형 감소 및 석회, 실리카 반응으로 Cement Paste 중의 석회 감소

5) 유의사항

    가. 과열 증기가 콘크리트에 접촉해서는 안 되며 여분의 물이 필요

    나. Silica를 첨가하면 수축률은 커지나 콘크리트와의 화학반응으로 양생에는 유리

    다. 고압증기양생은 포틀랜드 시멘트에만 적용(알루미나 및 내황산 시멘트는 불리)

3. 맺음말

  1) 콘크리트의 양생은 콘크리트 공사에 매우 중요한 과정

  2) 양질의 재료를 사용해서 좋은 콘크리트를 타설해도 부적절한 양생을 실시한다면
콘크리트의 성능은 현저히 저하하여 원하는 구조물을 기대하기 어렵다.

  3) 따라서 구조물의 종류 및 목적에 맞는 적당한 양생 방법을 결정해야 할 것이다.

문제) 콘크리트의 양생

1. 개요
   1) 양생이란 콘크리트 타설 후 소요기간까지 수화반응과 경화에 필요한 온도, 습도 조건을 유지하면서 유해한 작용을 받지 않도록 보호하는 작업
   2) 양생의 구체적인 방법과 필요일수는 구조물의 종류, 시공조건, 입지조건, 환경조건 등에 따라 정한다.

2. 양생의 종류
   1) 습윤양생
      가. 수중 양생
      나. 담수 양생
      다. 살수 양생
      라. 젖은포(양생매트, 가마니) 양생
      마. 젖은모래 양생
      바. 막 양생
         - 유지계(용제형, 유제형)
         - 수지계(용제형, 유제형)
   2) 온도제어 양생
      가. 파이프쿨링, 연속살수, 프리쿨링(매스 콘크리트)
      나. 단열, 급열, 증기, 전열 등(한중 콘크리트)
      다. 살수, 햇볕덮개, 프리쿨링 등(서중 콘크리트)
      라. 촉진양생(증기, 급열 등)

3. 양생 방법
   1) 양생 원칙
      가. 치기 후 즉시 표면보호
      나. 지속적으로 수분유지
      다. 양생 시 콘크리트 온도유지
      라. 강도 발현 전 진동으로부터 보호
   2) 표면보호
      가. 서중에 시공 시 직사광선 및 바람에 직접 노출되지 않도록 보호
      나. 한중 시에는 한풍, 냉기에 노출되지 않도록 한다.

4. 양생 불량 시 문제점
   1) 서중 시공 시 초기균열 발생
   2) 한중 시공 시 초기동해 발생
   3) 수화작용 촉진 및 건조수축에 의한 균열 발생
   4) 수화작용 지연에 의한 강도발현 지연

5. 특수조건에서 양생대책
  1) 서중양생
    가. 양생 방법 : 습윤양생, 피막양생
    나. 양생 시 주의사항
      - 표면보호, 지속살수(콘크리트), 피막양생 병용
  2) 한중양생
    가. 양생 방법 : 보온양생, 급열양생
    나. 양생 시 주의사항
      - 표면보호, 지속살수, 급열 양생 시 온도관리
  3) 매스 콘크리트
    가. 콘크리트 슬래브 두께가 80cm 이상, 하단이 구속된 두께 50cm 이상의 벽체
      - 양생 방법 : 습윤양생, 콘크리트 냉각대책 병용(파이프쿨링)
      - 양생 시 주의사항 : 표면보호, 지속살수, 피막양생 병용

6. 맺음말
  1) 양생 개시 후 7일 이내 콘크리트 품질은 결정된다고 해도 과언이 아니다.
  2) 따라서 특히 7일 동안 콘크리트 보호 및 수분유지 상태를 지속적으로
     점검하여 초기 결함을 제공하지 않도록 하여야 한다.

문제) 콘크리트 포장 줄눈 Dowel Bar와 Tie Bar

1. 개요

　　콘크리트 포장 줄눈은 온도변화, 건조수축, Creep 등 2차 응력으로 인한 균열을
　　억제하여 내구성을 유지하는데 목적이 있다.

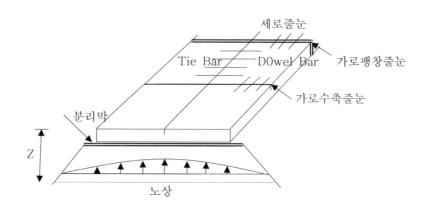

2. 콘크리트 포장 줄눈의 특성 / 기능

구　분	세로 줄눈	가로 팽창줄눈	가로 수축줄눈
단　면	Tie Bar	Ø13mm Dowel Bar chair bar	cross bar Ø10mm
재　료	Ø19, 800mm, 이형철근	Ø32, 540mm, 원형철근	Ø32, 540mm, 원형철근
간　격	4.5m	480m	6m
기　능	종방향 균열제어 비틀림 응력방지 단차 억제 과도한 벌어짐 방지 Crack 방지	하중전달 승차감 향상 응력 저감 처짐 감소 Blow-up, Pumping 현상 대처	

■ 시멘트 수화반응

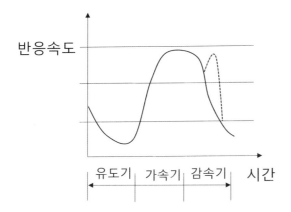

" 멈추지만 않는다면 천천히 가도 상관없다 "

문제) 하중전이(Load Transter)와 경시효과(Time Effect)

1. 하중전이(Load Transter)의 개요
   말뚝의 정재하 시험 시 재하 초기에는 전체하중을 주변 마찰력이 부담
   하중이 증가하여 주변저항 초과 시 선단저항이 부담하는 것

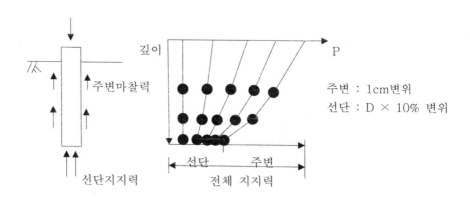

2. 경시효과(Time Effect)의 개요
   지반 조건에 따른 주변 마찰력의 변화

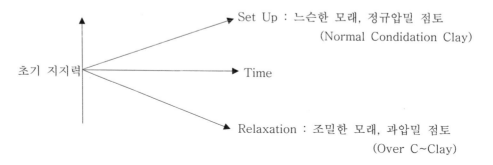

3. Load Transter와 Time Effect 적용
   1) 국내의 경우 주변 마찰력 무시
   2) Set up을 예측하여 경제적인 설계 가능
   3) Relaxation을 고려하여 과소설계 방지
   4) Set up : 느슨한 모래, 정규압밀점토
   5) Relaxation : 조밀한 모래, 과압밀 점토

문제) 배토-비배토 말뚝(Displacement / Non-Displacement), 개단-폐단

1. 배토 말뚝과 비배토 말뚝

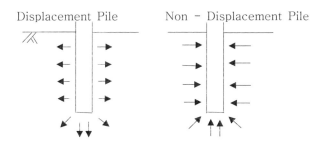

구 분	Displacement Pile	Non-Displacement Pile
정 의	말뚝 타입 시 주변 지반교란 Pile	교란되지 않는 Pile
시 공 예	폐단 기성말뚝	현장 타설말뚝, SIP
장 점	지지력 크다	주변지반 변위 없다
단 점	진동, 소음 크다	옹벽붕괴 가능성

2. 개단 말뚝과 폐단 말뚝

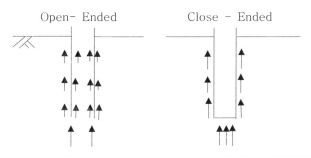

구 분	Open-Ended Pile	Close-Ended Pile
정 의	선단이 Open된 기성말뚝	선단이 Close된 기성말뚝
시공예	기성강관 말뚝, H-Pile	PHC- Pile
장 점	타입 용이	선단지지력 크다
단 점	선단 지지력 작다	Rebound 많다

문제) 개질 Asphalt

1. 개요

   일반 Asphalt에 개질재를 첨가하거나 골재의 입도를 개선하여 포장체의 변형이나 균열을 극복하는 Asphalt 혼합물

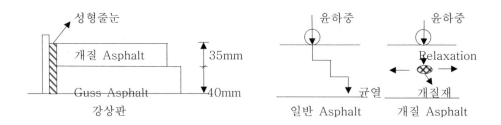

2. 개질 Asphalt의 종류

Asphalt의 물성개선	골재의 입도개선
SBS, CRM	SMA
SBR, Guss	Superpave
Chamcrete	투수성, 배수성 포장
Gilsonite	LMA

3. 개질 Asphalt의 특징

   1) 시공성, 주행성, 경제성, 내구성(내마모, 내유동, 내박리) 우수
   2) Rutting 및 미끄럼 저항성 우수

4. 개질 Asphalt 시공 시 유의사항

공 종		온도관리	장 비	유의사항
생 산		185℃	Plant	60초/1Batch, 공장자동생산
운 반		–	Dump Truck	Sheet 보온, 재료분리 방지
포 설		170℃	Finisher	연속포설
다 짐	1차	144℃	Machadam Roller	낮은 곳 → 높은 곳
	2차	120℃	Tire Roller	Interlocking 향상
	3차	60℃	Tandam Roller	평탄성 유지

문제) Guss Asphalt

1. 개요

　　일반 Asphalt 75%와 남미 트리니다드 섬에서 산출되는 트리니다드 에퓨레를 25% 혼입하여 220℃ 이상의 고온 상태에서 흘려 넣은 Asphalt

시공단면도

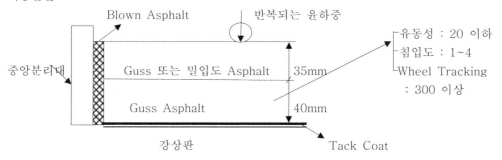

2. Guss Asphalt특징

　　1) 시공성, 주행성, 경제성 우수

　　2) 내구성 (내마모, 내유동, 내박리) 우수

　　3) Rutting 및 미끄럼 저항성, 뛰어난 방수성

3. Guss Asphalt 적용성

　　1) 교면포장

　　2) 활주로

　　3) 수리구조물

4. Guss Asphalt 시공 시 유의사항

　　1) 220℃~260℃ 유지하면서 Cooker로 운반

　　2) Guss Asphalt Finisher 또는 인력으로 포설

　　3) 고온으로 인한 강상판의 변형방지 위해 순차시공

　　4) Blistering (들뜸) 현상 방지

　　5) Guss를 표층으로 시공 시 Precoat된 Chip골재를 10kg/㎡ 포설하고 Roller다짐

■ AE제 사용과 내구성지수

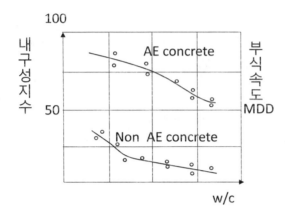

" 가치있는 목표를 향한 움직임을 개시하는 순간
당신의 성공은 시작된다 "

문제) Dam공사에서 유수전환방식 기술하시오

1. 개요
   1) 하천공사에서 유수전환 공사는 전체 공정을 좌우하는 중요한 공사
     가. 가시설공사
     나. Dry-Work을 위한 공사
     다. 최저 공사비로 최대 효과를 발휘 가능한 공법을 선정
   2) 제체월류시 재해사고 유발방지, 공사비 최소화, 공기지연 등을 고려하여
     공사수행에 차질이 없도록 공법을 선정

2. 유수전환방식의 종류
   1) 전체절방식 : 가배수 Turnel
   2) 반체절방식
   3) 가배수로방식

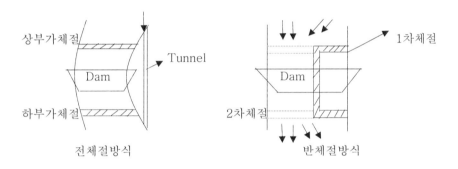

3. 유수전환 방식의 특징
   1) 전체절방식
     가. 하천을 완전히 막고 가배수 터널로 유수전환
     나. 하천폭이 좁은 경우, 계곡지형에 적합
     다. 기초, 제체 시공양호
     라. 공사비가 비싸고 공사기간이 길다.

   2) 반체절방식
     가. 하천의 반을 막고 구조물 시공 → 나머지 반을 막음
     나. 하천폭이 넓고 유량이 적은 곳
     다. 기초, 제체 시공제한
     라. 공사비 저렴, 공기가 바름

문제) 경량성토에 대하여 서술하시오

1. 개요
   경량성토 공법은 밀도나 중량이 작은 재료를 성토재료로 이용하는 것을 말하며
   여기서는 동상방지재 및 건축물의 단열재로 사용되어 왔던 발포폴리스티렌에 대해 설명

2. 사용재료
   1) 단위 중량 : 0.02~0.04t/㎥ (보통토사의 1/50~1/100)
   2) 압축강도 : 3.5kg/㎠
   3) 휨강도 : 5kg/㎠
   4) 치수 : 제작 몰드에 따라 A×B=0.9×1.8M, t=40~50㎝

3. 경량 성토의 특징 및 주안점
   1) 성토체 중량만큼 원지반을 굴착하고 성토함으로써 중량변화가 없어 별도의
      지반처리 없이 침하 또는 파괴가 안 생김
   2) 구조물 배면 성토 시 침하에 대한 단차를 줄일 수 있다.
   3) 토압 및 구력 등의 외력이 작아진다.
   4) 좁은 부지에 성토 시 법면 구배를 급하게 할 수 있어 경제적이다.
   5) 지하수위가 높은 장소에서는 부력에 상응하는 중량을 설계 시 고려
   6) gasoline과 oil의 용제에 녹기 쉽다.
   7) 재료비가 고가(동일체적 토사 구입의 10~20배)

4. 맺음말
   1) 경량재료이므로 운반비가 저렴하고 대형 토공장비가 필요 없으며 성토체의 중량과
      굴착토의 Balance가 필요 없으므로 실제 시공비가 저렴하다.
   2) 환경오염과 지반지형 및 장기 침하가 없으므로 유지보수를 고려한다면 전체 공사비는
      차이가 없다.
   3) 향후 개선점은 중량교통 통과 시 처짐, 보장설계공법, 내구성에 대하여 규정을
      정해야 품질과 안전을 확보할 수 있다.

문제) Heaving에 대하여 서술하시오

1. 개요
    1) 연약한 점토지반을 굴착하는 경우 흙막이 내외측 흙의 중량 차에 의해서
       굴착저면의 흙이 부풀어 오르는 현상
    2) Heaving 현상은 흙막이의 전면적 파괴 및 주변지반의 침하를 발생시키므로
       굴착 시에 세심한 주의를 요한다.

2. 발생 원인
    1) MA > MB × 안전율일 때 발생
    2) 흙막이벽의 근입장 부족
    3) 흙막이벽 내외의 흙의 중량차가 클 때

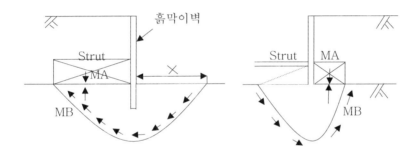

3. Heaving에 대한 안정검토

    $Fs = Mr / Md \geq 1.2$ Md : 히빙을 발생시키는 모멘트
                             Mr : 히빙에 저항하는 모멘트

4. Heaving 방지 대책
    1) 흙막이 근입장을 깊게 암반에 2~3m
    2) 토압이나 수압을 경감
    3) 굴착 저면 고결 (grouting 공법)
    4) 바닥 파기를 부분 굴착하고 지하구조물 시공
    5) 약액주입법
    6) 표면상재 하중을 제거
    7) Heaving 응급대책 : 복토
    8) 철저한 계측관리를 통한 안정성 보장

문제) 프라임코트(Prime coat)에 대하여 서술하시오

1. 개요

   프라임코트(Prime coat)는 보조기층, 입도 조정기층 등에 침투시켜 방수성 향상과
   아스팔트 혼합물과의 부착성 증대 위해 역청재료를 얇게 피복하는 것

2. 프라임코트(Prime coat)의 목적

   1) 수분침투방지
   2) 아스팔트층과의 접착
   3) 보조기층, 기층으로부터 모관수 상승차단

3. 재료의 선정

   1) 커트백 아스팔트 : MC-0, MC-1, MC-2
   2) 유화 아스팔트 : RSC-3
   3) 유화 아스팔트는 제조 후 60일 이전 사용
   4) 역청 재료는 침투성이 좋은 것, 한냉 시 휘발성 큰 것
   5) 살포량 및 살포 온도

역 청 재	사 용 량	살 포 온 도
MC-0	0.5~1.0ℓ/㎡	20~60℃
MC-1	0.5~1.0ℓ/㎡	40~80℃
MC-2	0.5~1.0ℓ/㎡	40~90℃
RSC-3	1.0~2.0ℓ/㎡	-

4. 시공 시 유의사항

   1) 표면은 뜬돌, 먼지, 점토 등 이물질 제거
   2) 살포 전 표면은 습윤상태 유지
   3) 역청재료의 균일 살포위해 아스팔트 디스트리뷰터 사용
   4) 우천 시 시공금지
   5) 기온 10℃ 이하 또는 일몰 후는 책임 기술자의 승인
   6) 양생은 MC는 48시간, RS는 24시간 건조
   7) 과다 살포 시 모래이용 역청재 흡수
   8) 포장 완성 후 노출면은 훼손 방지

5. 맺음말

   1) 재료 선정 및 살포량을 미리 정하여 시공하고 살포 후 양생철저
   2) 살포량은 시험살포를 시행 적정량 살포 결정

문제) 텍코트(Tack coat)에 대하여 서술하시오

1. 개요
   텍코트(Tack coat)는 기 시공된 아스팔트층, 콘크리트slab 또는 콘크리트 포장 위에
   포설하는 아스팔트 혼합물과의 부착성 증진 위해 살포

2. 텍코트(Tack coat)의 목적
   아스팔트 혼합물과의 부착성 증진

3. 텍코트(Tack coat)의 재료선정
   1) 재료
      가. 커트백 아스팔트 : MC-0, MC-1 (기온이 낮을 때)
      나. 유화 아스팔트 : RSC-4 (일반적)
   2) 살포량 및 살포온도

역 청 재	사 용 량	살 포 온 도
RC-0	0.1~0.3ℓ/㎡	25~60℃
RC-1	0.1~0.3ℓ/㎡	30~70℃
RSC-4	0.2~0.6ℓ/㎡	-

4. 시공시 유의사항
   1) 기온 5℃ 이하, 강우 시 시공불가
   2) 기층 또는 중간층 표면 깨끗하고 건조할 때 살포
   3) 콘크리트 노면 과다 살포 금지
   4) 포장 완성 후 노출면은 훼손방지
   5) 적정 살포량은 시험 후 결정
   6) 살포 불균열 시 타이어롤러로 도포
   7) 유화아스팔트는 수분 건조 시까지 양생
   8) 양생은 1~2시간
   9) 아스팔트 혼합물 시공 후 수일 내에 표층 시공 시 감독관 지시에 따라 텍코트 생략 가능

5. 맺음말
   1) 부착성을 높이기 위해 사용되므로 재료선정 및 살포량을 미리 정하여 시공
   2) 살포 후 양생 철저 건조시간 준수
   3) 양질의 시공을 위해 시공관리 철저

■ 콘크리트 강도와 물.시멘트비

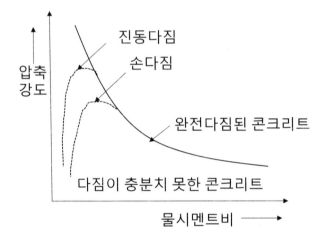

" 도전은 인생을 흥미롭게 만들며
도전의 극복이 인생을 의미있게 한다 "
- 조슈아 J. 마린

문제) 건설기계의 경제적 사용시간(경제적 수명)에 대하여 서술하시오

1. 개요
   건설기계를 구입하여 사용하는 어느 시점에서 장비의 "시간당 평균 비용"이
   최저가 되는 때의 "누계사용 시간"

   시간당 평균비용 = 누계비용 / 누계사용시간 (원/시간)

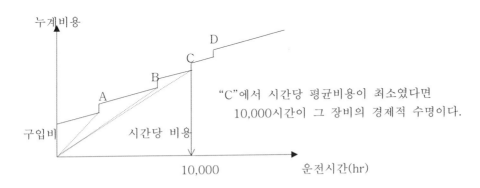

   "C"에서 시간당 평균비용이 최소였다면
   10,000시간이 그 장비의 경제적 수명이다.

2. 장비의 교체시기
   경제 수명이 도달될 때 교체하는 것이 유지보수비 즉 정비비가 절약된다.

3. 건설기계의 경제적인 수명관리
   장비주가 신 장비의 구입부터 유지보수비 등 지속적인 비용기록을 정리하여
   경제적인 수명시기를 적기에 판단해야 된다고 사료됨

문제) 침입도에 대하여 서술하시오

1. 개요
    1) 침입도란 어떤 조건에서 아스팔트의 굳은 정도를 나타내는 값이며
       규정된 굵기와 무게를 갖는 바늘이 아스팔트 속으로 관입하는 깊이로 표시
    2) 같은 조건에서 더 굳은 아스팔트는 침입도가 작고 연한 아스팔트는 침입도가 크다.
       이 값에 따라 아스팔트의 종류를 구분

2. 아스팔트의 침입도시험(KS M 2252)
    1) 개념
       가. 목적 : 사용목적에 적정한 굳기를 갖고 있는가를 판단
       나. 단위 : 표준침이 시료 중에 관입한 깊이를 표시하는 단위는 관입량 0.1mm를
                 침입도 1로 표시
       다. 시험조건 : 시험중량 표준 100g, 시험온도 25℃, 관입시간 5초를 표준
    2) 시험 방법

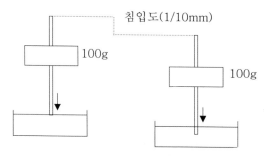

       가. 저온에서 시료를 고루 녹여서 휘저어 공기방울 없도록 한다.
          연화점보다 90℃ 이상 상승방지
       나. 침입도 시험은 온도 25℃, 하중 100g, 시간 5초일 때 표준
       다. 시험은 같은 시료로서 3회 이상 실시하고 그 평균값을 결과치
          침입도 1은 0.1mm 관입량을 의미

3. 침입도에 따른 Asphalt의 분류
    1) 포장용 Asphalt의 분류
       가. AC 40~50 ↑단단한 상태 : AP-7
       나. AC 60~70   : AP-5
       다. AC 85~100   : AP-3
       라. AC 120~150   : AP-1
       마. AC 200~300 ↓ 연한 상태 : AP-0
    2) 현행 AP-3을 적용하고 있으나 소성변형 방지를 위해 AP-5로 대체검토 및 적용

4. 도로포장용 아스팔트의 규격(KS H 2201)

　　도로 포장용 석유 아스팔트는 균질하고 수분을 함유하지 않고 175℃까지 가열하여도
거품이 생기지 않아야 하며 규정에 합격해야만 한다.

■ Flyash 치환율과 강도백분

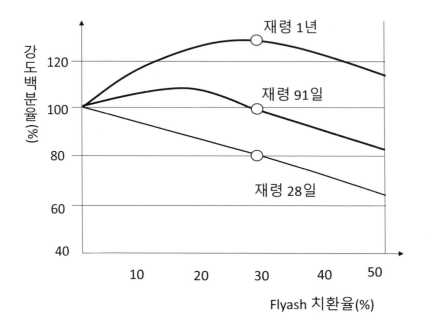

"다른 사람들이 할 수 있거나 할 일을 하지 말고
다른 디들이 할 수 없고 하지 않을 일들을 하라"
　　　　　　　　　　　　　　　－ 아멜리아 에어하트

문제) 강재의 응력부식

1. 개요
    1) 응력부식이란 Prestess con'c에서 높은 응력을 받는 ps 강재는 급속하게 녹
       발생 경우가 있으며, 표면에 녹이 보이지 않더라도 조직이 취약해지는 현상
    2) 응력 부식발생이 되는 곳

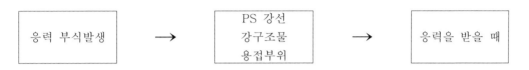

2. 응력부식 발생 원인
    1) 용접 후 잔류응력 존재
    2) PS 강재 긴장
    3) 응력 집중
    4) 강재 변형

3. 응력부식 방지 대책
    1) Grouting → Cement mortar
    2) Epoxy coating
    3) 응력 분산
    4) 잔류 응력 제거
    5) 표면 흠 제거
    6) 단면 보강

4. 응력부식 촉진요인

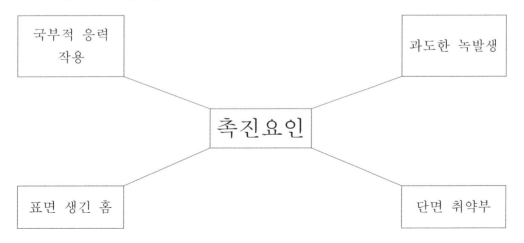

문제) 점토의 건조작용(Desiccation)

1. 개요
    1) 점토의 건조작용이란 점토층이 수분증발에 의한 강도 증가와 모관작용에 의한
       부의 간극수압으로 높은 강도를 나타내는 현상을 말한다.

2. 점토 건조작용에 영향을 주는 요인
    1) 유수의 작용
    2) 지하수의 영향
    3) 모관작용에 의한 간극수압

3. 점토 건조 작용의 메카니즘

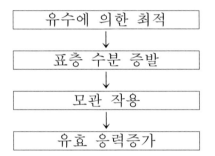

4. 점토 건조작용의 문제점
    1) 건조에 따른 균열 발생
    2) 투수 계수 증가
    3) 전단강도 감소

문제) 방오 콘크리트(내 오염 콘크리트)의 정의 및 용도

1. 정의
    1) 방오 콘크리트란 화력발전소, 원자력발전소의 냉각수에서 어패류의 서식을 차단
       해줌으로써 염소나 독극물의 사용을 줄여 해양오염을 줄일 수 있는 콘크리트를
       의미

2. 방오 콘크리트의 종류
    1) 구리계 방오 콘크리트(구리계 방오 Polymer 콘크리트)
    2) 주석계 방오 콘크리트

3. 방오 콘크리트의 특징
    1) 발전소 냉각수로의 어패류 서식방지
    2) 방오도료에 비해 내구성 우수
    3) 중금속계 방오제 사용에 따른 해양오염 방지

4. 방오 콘크리트의 용도
    1) 박테리아, 곰팡이 등의 서식 방지 구조물
    2) 발전소의 냉각수로 구조물

5. 방오 콘크리트의 발전방향
    1) 내구성능 향상
    2) 해양오염방지 방오재료의 개발
    3) 무공해성 방오 콘크리트의 개발 및 적용

문제) 아스팔트 포장 완성면의 검사항목 및 기준

1. 개요
    1) 도로공사에서 완성노면의 검사는 완성된 포장이 설계서, 시방서를 만족하는지의
       여부를 판단하는 것으로써 폭, 규격, 균열, 평탄성 관리, 밀도, 노면상태 등을
       최종 검사하는 것을 말한다.

2. 완성면 검사의 목적
    1) 평탄성 관리
    2) 시공불량에 따른 열화방지
    3) 노면의 균열검사
    4) 기술 축적

3. 완성면의 검사항목

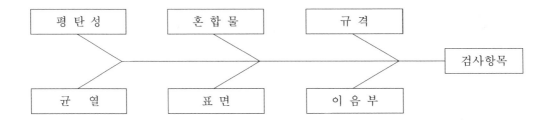

4. 평탄성 기준관리
    1) 평탄성 기준(Pri)
        가. 종방향 : 10cm/km 이하
        나. 횡방향 : 5mm 이하

    2) 평탄성 관리
        가. 종방향 : Apl, 7.6m Profile meter
        나. 횡방향 : 3m 직선자

5. 혼합물 기준
    1) Core 채취 : 500m에 1개소 이상
    2) 검사항목
        - 다짐도 : 96% 이상
        - 두께   : ±10% 이내

문제) L.M.C(Latex Modified Concrete)

1. 정의
   1) LMC란 콘크리트 구성성분에 일정비율의 Latex를 혼합하여 보통 콘크리트의 제
      성질을 크게 개선시킨 콘크리트를 말한다.

2. LMC의 제조
   1) Latex 제조 = Water(50%) + S/B Polymer (50%)
   2) LMC = Latex + Concrete

3. LMC의 특징
   1) 장점
      - 휨강도가 뛰어남 : 6~10MPa
      - 방수성 우수
      - 미세균열 충전효과 : 균열확산억제

   2) 단점
      - 배합설계기준 미확립
      - 고가이며, 시공사례 부족
      - 장기 공영성에 대한 검증 미흡

4. LMC의 적용
   1) 교면 포장

LMC	4~5cm
Con'c Slab	1~2mm 절삭

   2) 아스팔트 포장의 덧씌우기 petching

■ Flyash, 고로slag 치환율

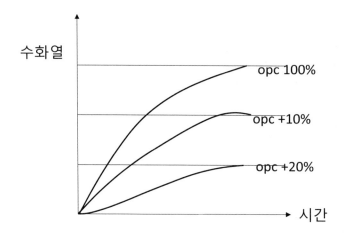

" 세상의 중요한 업적 중 대부분은
희망이 보이지 않는 상황에서도
끊임없이 도전한 사람들이 이룬 것이다 "

– 데일 카네기

문제) 상대 밀도(Relative Density)

1. 정의
    1) 상대밀도란 사질토의 조밀한 정도를 나타내는 용어로서 사질토 전단특성의 대표적인 토질 정수이다.

2. 상대밀도의 계산

$$Dr = \frac{e_{max} - e}{e_{max} - e_{min}} \times 100 = \frac{rd - rd_{min}}{rd_{max} - rd_{min}} \times \frac{rd_{max}}{rd} \times 100$$

e_{max} : 가장 느슨한 상태의 간극비 (rd_{min})
e : 자연상태의 간극비 (rd)
e_{min} : 가장 조밀한 상태의 간극비 (rd_{max})
rd_{max} : 가장 조밀한 상태에서의 건조단위 중량
rd_{min} : 가장 느슨한 상태에서의 건조단위 중량
rd : 자연상태의 건조단위 중량

3. 상대밀도와 N치와의 관계 (사질토의 경우)

상대 밀도(%)	N치	상태
0~15	0~4	매우 느슨
15~35	4~10	느슨
35~65	10~30	보통
65~85	30~50	조밀
85~100	50 이상	매우 조밀

4. 상대밀도의 활용
    1) 액상화 발생 가능성의 판단
    2) 사질토 지반의 얕은 기초 지지층 판단
    3) 내부마찰각의 추정
    4) 사질토의 다짐정도 판정

문제) 토목 섬유

1. 정의
   1) 토목섬유란, 토목합성물질(Geosynthetics)라고도 하며 토공 및 기초분야에서
      배수재, Filter재로 널리 사용하고 있다.

2. 토목섬유의 분류
   1) Geotextile : 주로 보강토 옹벽
   2) Geomembreme : 연약지반의 PP mat
   3) Geogrid
   4) Geocomposites

3. 토목섬유의 요구조건
   1) 내구성 (내화학성)
   2) 시공성 및 경제성

4. 토목섬유의 기능
   1) 분리기능 : 조립토와 세립토의 분리
   2) Filter기능 : 입자유출방지 기능, 물은 통과
   3) 보강기능 : 사면, 성토지반의 안정성 증진
   4) 배수기능 : 토사의 붕괴 방지

5. 토목섬유의 개선방향
   1) 이음부위에 대한 내구성 향상
   2) 지반에 대한 거동 특성 해석
   3) 고가 및 시공성 문제

문제) 광촉매

  1. 정의
    1) 광촉매란 이산화티탄(TiO_2) 광물을 활용하여 주변의 유가물을 분해시켜
      대기정화나 오염방지등의 목적으로 활용되는 물질을 말한다.

  2. 광촉매의 매커니즘

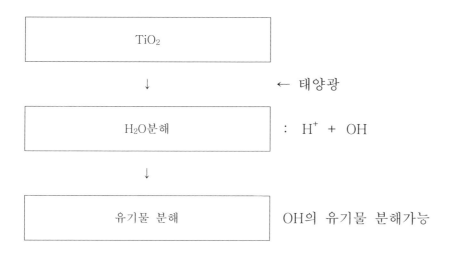

  3. 광촉매의 기능
    1) 대기 정화기능
      - 질소화합물 제거
      - 포름알데히드 등의 유해물질제거

    2) 향균 기능
      - 살균, 부패방지

    3) 탈취기능 : 악취흡착

  4. 광촉매의 활용
    1) 새 건축물의 집중증후군 제어
    2) 수질, 대기오염물질의 산화분해
    3) 공기정화, 살균 및 탈취작용 등에 활용

건축

문제) 내화 뿜칠재의 품질시험

1. 개요
   - 내화 뿜칠재의 외관, 두께, 밀도, 부착강도를 시험함으로써 성능을 확인하고
     시공된 뿜칠재의 단열재 역할과 내화구조의 성능 여부 확인

2. 품질시험 시기 및 내화시간
   1) 시험시기
      가. 초기검사 : 내화구조 공사 착공전 준비 (사용재료 및 장비 등 확인)
      나. 중간검사 : 내화구조 시공 50% 시점, 시공 및 양생상태
      다. 완료검사 : 내화구조 시공완료 시점, 시공물량, 시공상태 확인
   2) 내화시간 기준

층 수 기 준	건 물 높 이	내 화 시 간
1~4층	20m 이하	1시간
5~12층	20m 초과 50m 이하	2시간
12층 이상	50m 초과	3시간

3. 시험항목 및 품질시험 방법
   1) 품질시험 항목
      가. 외관, 두께, 밀도, 부착강도
      나. 배합비 : 시멘트 및 물 배합 시
   2) 품질시험 확인 방법
      가. 외관 확인
         - 지정표시확인, 포장상태, 재질, 평활도, 균열 및 탈락의 유무 육안으로 검사
         - 재질은 인정내화 구조 재료 견본과 비교 이상 여부 검사
      나. 두께 확인
         - 선정 부분은 구조체 전체의 평균 두께를 확보할 수 있는 대표적 부위선정
         - 두께 측정기를 피복재에 수직으로 핀을 구조체 피착면
           바닥까지 밀어넣어 측정
         - 슬라이딩 디스크를 밀착시킨 다음 두께 지시기를 읽어 1mm 단위로
           두께 측정
         - 한 변의 길이 500mm가 되도록 구역설정
         - 균등하게 10군데의 두께 측정, 그중 최소값을 두께로 기록
      다. 밀도 확인
         - 밀도 측정 부위는 정상두께 가까운 부분을 절취
         - 보, 기둥 경우 1군데를 임의 정한다.
         - 채취 시료는 상대습도 50% 이하, 온도 50℃로 함량이 될 때까지
           건조 후 중량 측정

- 밀도 계산

$$밀도\ D = W\ /\ K \times T$$

여기서 D = 밀도 (g/cm^3)
K = 시료면적 (cm^2)
T = 시료두께 (cm)
W = 건조 후 무게 (g)

라. 부착강도 확인
- 부착강도는 훅크가 달린 금속접시, 에폭시수지(2액형), 저울을 이용
  응력 가중시켜 탈락하는 순간의 값을 측정
- 검사에 필요한 자재 : 금속접시와 에폭시수지(2액형)
- 현장에서의 부착강도 검사는 부착강도 검사용 금속접시
  중간검사 시 부착, 정해진 검사 일자에 측정
  → 재령28일 양생 후 측정
- 시험실적 측정은 야연도금 철판에 내화피복재 시공
  실내 20 ± 2℃, 대기조건 28일 양생 후 측정
- 부착강도 측정

$$부착강도\ C = F\ /\ A$$

여기서 A = 단면적
F = 시료가 탈락될 때의 수치

■ 염분량과 부식속도(저항분극법)

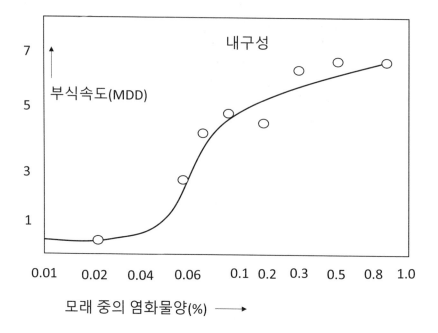

"도전에 성공하는 비결은 단 하나
결단코 포기하지 않는 일이다"
– 디오도어 루빈

문제) 목재의 포화도 정의 압축강도, 함수율, 신축강도

1. 개요
   - 목재는 우리 생활 속에 접하기 쉬운 자재로서 널리 적용
     특성 또한 목재만의 아름다움, 우수성을 가진 마감 재료로 적용되는 자재

2. 목재의 장, 단점
   1) 장점
      가. 가볍다.
      나. 무늬가 아름답다.
      다. 건축 마감재로 적합
      라. 강도가 높다.
   2) 단점
      가. 화재 약하다.
      나. 방부처리 필요
      다. 유지관리가 어렵다.

3. 목재의 포화도
   1) 정의
      가. 목재의 함수율 30% 지점
      나. 목재 강도가 급격히 증가
      다. 건축용 목재는 섬유포화점 이하로 건조

그림

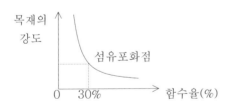

      라. 섬유포화점 기점 강도 변화 크다.

4. 목재의 압축강도
   1) 개요
      가. 종 압축강도 (kg/㎠) = P / A
      나. 종 압축 비례한도(응력도 = kg/㎠) = Pp / A

         - 여기서 P : 최대하중 (kg)
              A : 단면적 (㎠)
              Pp : 비례한도 하중 (kg)

2) 시험 방법

　　가. KS F 2206에 따른다.

　　나. 시료의 규격

　　　　- 단면 한변의 길이(a), a = 20~40mm

　　　　- 높이(h), h = 2a~4a인 직육면체

　　　　- 비례한도, 영계수 시험가능

5. 목재의 함수율

　1) 개요

　　가. 함수율 (%) = W_1 - W_2 / W_2 × 100(%)

　　　　- 여기서 W_1 : 건조 전 시료중량(g)

　　　　　　　　W_2 : 건조 후 시료중량(g)

　　나. 함수상태

　　　　- 전건상태 : 습도 0%

　　　　- 기건상태 : 대기중 건조 상태

　　　　- 섬유포화점 상태 : 30%

6. 목재의 신축강도

　1) 개요

　　가. 종 인장강도 (kg/㎠) = P / A

　　나. 종 인장 비례한도 (응력도: kg/㎠) = Pp / A

　　　　- 여기서 P : 최대하중 (kg)

　　　　　　　　A : 단면적 (㎠)

　　　　　　　　Pp : 비례한도 하중 (kg)

문제) 방화재료의 종류 및 특성

1. 개요
   1) 방화재료란 출화원이 있어도 화재가 발생하기 어렵고
   2) 발생 경우도 화재의 성장을 확대되지 않게 하는 성능 가진 재료
   3) 일정시간 동안 화재열에 견디는 건축재료
   4) 건축법 및 건축법 시행령에 따라 불연재료, 준 불연재료,
      난연재료 3등급으로 구분

2. 방화재료의 필요성
   1) 착화 및 발화빈도 억제
   2) 화재위험 및 하중 저감
   3) 열 및 연기 발생 저감
   4) 초기 화재 진입시간 확보
   5) 피난시간 확보 및 연장
   6) 화재 성장속도 저감

3. 방화재료 종류 및 특성
   1) 불연재료
      가. 화재 시 연소 현상이 나타나지 않으며 무기질 재료
      나. 방화상 유해한 변형, 용융, 균열, 손상 일으키지 않는 재료
      다. 방화상 유해한 연기, 가스발생하지 않는 상황
      라. 방화 지구내의 지붕재료, 문, 광고탑 등 의무적 사용
      마. 콘크리트, 석재, 철강, 유리, AL, 석면판, 기와, 벽돌 등
         방화재료 중 등급이 가장 높은 것
      바. 시험 방법은 KS F, ISO 1182건축재료, 불연성 시험 방법

   2) 준 불연재료
      가. 불연재료에 준하는 방화성능 가지는 재료
         건설 교통부 장관이 고시하는 기준에 적합한 성능이 있다 판정되는 재료
      나. 통상 화재 시 10분 화열에 방화 성능상 약간 피해는 인정
         변형, 파손, 연소성의 발염이 없어야 한다.
      다. 10분간 가열 후 잔염시간 30초 초과하지 않는 것
      라. 대부분 무기질 재료
      마. 석고보드, 목모 시멘트판, 펄프 시멘트판 등

3) 난연재료

　　가. 연소 확대가 현저하지 않고 유기질 재료에 난연 처리

　　나. 방화상 유해한 균열, 변형 거의 없음

　　다. 난연 합판, 난연 플라스틱판 등

　　라. 시험 방법은 KS F 2271 건축재료의 내장재료 및 구조의 난연성
　　　　시험 방법에 따른다.

　　마. 난연재료는 1급, 2급, 3급으로 구분

* 난연 1급 : 가재시험 및 표면시험 판정에 합격

　　　2급 : 표면시험, 부가시험 및 가스유해성 시험 판정에 합격

　　　3급 : 표면시험 및 가스유해성 시험 판정에 합격

문제) 고장력 볼트의 토크관리

1. 개요
1) 고력볼트 접합은 공기절감 효과 크고 수정이 용이
2) 소음, 화재, 위험이 적다.
3) 토크검사 정확하게 이루어지지 않음 품질 저하 우려 관리가 중요

2. 바탕처리 방법
1) 마찰면 처리
   가. 마찰면, 접합면 상태를 최상으로 유지
   나. 와셔 지름의 2배 정도 갈아낸다.
   다. 마찰계수 0.45 이상 확보
   라. 강제표면 녹은 그라인더로 갈아낸다.
   마. 볼트 체결면은 도장 금지
2) 볼트 1개의 허용 마찰력

$$R = n.N.\mu \ / \ V$$

여기서 n : 마찰면의 수
   N : 볼트축력
   μ : 미끄럼 계수
   V : 안전율

3. 토크관리 방법
1) 토크렌치
   가. 다이얼형 : 조임에서 검사까지 널리 사용
   나. 프리세트형
      - 소요 토크값에 프리세트해 두고 일정한 토크로 많은 볼트 체결 시
   다. 토크, 컨트롤러 부착 임팩트 렌치 : 소음이 큰 단점
   라. 전동식 : 체결토크 조절용이
2) 토크 관리법
   가. 1차 조임 후 금매김 실시, 너트를 토크로 조여 너트 회전량을 검사
   나. 토크 축력계 사용
   다. 토크치

$$T = K.d.N$$

여기서 K : Torque계수 (0.2)
   d : 볼트지름
   N : 볼트의 축력

3) 토크검사

  가. 6개 이하 1개 검사

  나. 7개 이상 2개 검사

  다. 토크 모멘트가 90~110% 사이 합격

  라. 볼트 위치 규격 확인

  마. 검사 끝난 볼트는 표시

4. 토크 관리 시 주의사항

 1) 가 조립은 본 조립의 1/2, 1/3 볼트 2개 이상 실시

 2) 토크 검사는 중앙에서 단부로

 3) 토크치 미달, 초과된 볼트는 제거 후 재조임 작업

 4) 한번 사용 볼트는 재사용 금지

 5) 조임 토크치 검사는 최종 체결 다음날까지 완료

 6) 관리자는 철저한 관리 통해 시공 품질확보

■ 탄산가스 침입 모식도

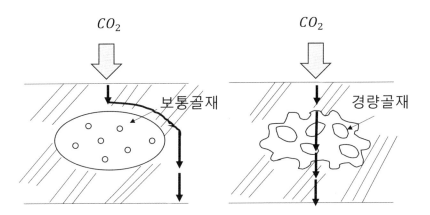

" 멀리 갈 위험을 감수하는 자만이
얼마나 멀리 갈 수 있는 지 알 수 있다 "
- T.S. 엘리엇

문제) 도막 방수

1. 개요
    1) 도막 방수 공법은 합성고무, 합성수지, 에멀션도포, 방수층 형성
    2) 경우에 따라 유리 섬유포, 합성 섬유포, 적층시공
    3) 시트공법과 비슷, 도장에 따라 이음매없는(seamless) 방수층 형성

2. 도막 방수 특징
    1) 방수층의 신장능력, 추종성이 크다.
    2) 내수성, 내화성, 내약품성 우수
    3) 경량화, 지붕하중의 경감에 유효
    4) 단층으로써 이음매 없이 방수층 형성, 접합부 누수사고 없다.
    5) 온도 변화에 대해 비교적 안정
    6) 냉간공법 시공, 화기위험 적다.
    7) 시공이 간단, 세부 마무리 용이
    8) 노출방수 기능, 방수층, 최상부 착색 마무리 가능
    9) 누수사고 발생 시 보통 보수가 용이

3. 도막 방수 바탕처리
    1) 일반 방수 공법 경우보다 세심한 바탕처리가 필요
    2) 바탕면 충분히 건조
    3) 수분계에 의한 함수율 8% 이하일 때 시공
    4) 바탕면에 반드시 프라이머 처리
    5) 바탕면 결함부위 처리 후 시공진행
    6) 바탕처리 시 제일 중요 관점은 구조체의 충분한 양생(건조상태) 후
      후속공정 진행

4. 도막 방수 재료
    1) 우레탄 고무계 - 연속시공가능, 바탕면의 완전건조상태 시공
    2) 아크릴 고무계 - 복잡부위 시공용이, 노출방수가능
    3) 고무 아스팔트계 - 신축성, 접착성 우수, 공기단축, 시공법 간단
    4) 클로로프렌 고무계 - 인장, 인열강도 우수, 공사지연 초래
    5) FRP 도막제 - 불연질, 에폭시 수지사용
    6) 시멘트 혼입 폴리머계 - 바탕면 습윤상태 영향 적다.
    7) 폴리우레아 수지계 - 초속경화성, 합성 고분자수지, 단가 높다.

5. 시공
   1) 도막방수제 1성분형은 그대로 2성분형은 경화제 혼합
   2) 균일한 두께 1~2회 몇 회 나누어 도장
   3) 도막층은 적당한 건조, 합성섬유포 적층해서 방수층 보강
   4) 2액형 도막 방수제, 기재, 경화제의 계량 혼합
   5) 방수층 시공 후 3~7일 이상 충분히 건조
   6) 외 기온이 5℃ 이하 시공하지 않는 것이 이상적

6. 보호층의 시공
   1) 도막 방수 공법의 보호층 구분, 노출 피복 공법으로 구분
   2) 피복 공법은 도막 방수층 위 보호몰탈 콘크리트 누름 등 시공
      보행하는 부위 적용
   3) 도막 방수의 특징 살리는 노출 공법의 장점
      - 공정이 작고 시공이 간단
      - 경량화 가능
      - 누수사고 발생해도 보수 용이
      - 공사비 절감
   4) 노출 공법의 단점
      - 엷은 도막 방수층의 형성, 그 자체 상당 내구성 요구
      - 도막 방수층의 마모, 충격, 손상이 크다.
      - 도막 방수층을 바탕에 비교적 강력하게 접합 필요성

문제) 철 분류 및 특징

1. 개요
    1) 철강 재료는 재선, 제강, 조괴, 압연 과정 거쳐 제조
    2) 용광로 나온 제선 선철은 탄소 3~4% 함유, 인성, 기단성이 없어 구조용으로 사용이 어렵다.
    3) 선철은 산화탈탄, 성분 조성을 거치는 과정을 저감

2. 철 분류와 특징
    1) 성분에 따른 분류
        가. 탄소강
            - 공업용으로 탄소 0.05~1.2% 함유
            - 탄소강은 Fe에 C만을 첨가, 소량 Si, Mn, P, S 함유
            - 탄소강 성질
                → 탄소함유량 높을수록 경도 증가
                → 용접성 저하
                → 기단성이 적다.
                → 연선율 감소
                → 탄성계수(E)와 포아송비는 일정

        나. 합금강
            - 탄소강에 Ni, Cr, Mo, Cu등 원소 첨가, 인장, 경도 등 개선
            - 일명 특수강이라 한다.
            - 내 마모성, 강도증진 저하
            - 내 부식성 증대
    2) 탄소량에 따른 분류
        가. 순철
            - 탄소함유량 0.035% 이하
            - 조직 무르고 연성
            - 기단성 크다.
        나. 강
            - 림드강
                → 불순물이 적으나 내부 구조는 불균일
                → 표면 양호, 가공성 우수
            - 데미킬드강
                → 화학성분, 균질성은 킬드강, 림드강 중간
                → 일반구조용 두꺼운 판 말뚝에 사용
            - 킬드강
                → 조직이 고도의 균질성
                → 비용이 높다.
                → 용접 구조용강재, 조선용, 기계 구조용 강재사용

다. 주철
- 탄소함유량 1.7~6.7%
- 주조성 양호
- 취성, 경도가 높다.
- 용접성이 낮아 용접이 곤란

그림

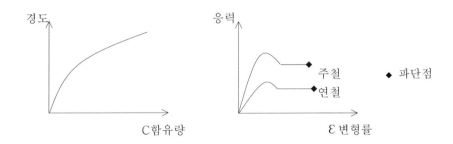

문제) 평 슬라브 지붕의 방수하자 발생 원인, 품질확보방안 설명

1. 개요
   1) 건축공사 특히 slab지붕 방수가 어렵고 습기와 물에 대한 피해로부터
      주거 생활을 보호하는 방수
   2) 방수 하자는 건축물 수명에 영향, 발생빈도 및 보수 비용, 보수 방법 어렵다.
   3) 건축물 부위별 기능 상실, 건축물 가치하락, 구조적 문제로 부각

2. 누수원인
   1) 설계상 : 주요부위 상세누락, 방수공법 선정 불합리, 설계자 방수 관심 부족
   2) 재료적 : 기준미달 제품, 용도에 부적합 자재 사용
   3) 시공상 : 크랙발생, 습윤보양 불량, 품질관리 미흡, 바탕처리 불량
   4) 누수는 물, 홈, 압력차가 공존 시 발생
      1가지 요인만 제거해도 누수발생 방지

3. 지붕 방수 품질 확보방안
   1) 바탕면
      가. 구배는 구조체에서 형성
      나. 비 노출방수 : 1/100~1/150
      다. 노출 방수 : 1/50~1/20 유지
      라. 함수율 8~10% 유지
      마. 모든 바탕은 제물미장, 결함부위는 수지모르타르 처리
   2) 파라펫(parapet)
      가. 콘크리트 이어치기는 방수 보호면보다 100mm 이상 높은 위치에서 바깥구배형성
      나. 수직면 방수턱 두께는 150mm 이상
      다. 상부 방수턱 있는 경우 물 끊기 홈 설치
      라. 방수턱 높이, 두께 준수 시공
   3) 누름층
      가. 누름층 최소두께 60mm 이상
      나. 신축 줄눈폭 20~25mm
      다. 신축 줄눈 간격 파라펫에서 600mm이내, 간격 3m 이내
      라. 하부에 절연필름(Film) 설치
      마. 타설 즉시표면 보양으로 균열 방지
   4) 루프 드레인(Roof drain)
      가. slab와 일체시공
      나. slab면보다 30mm 낮춰 설치
      다. 루프 드레인 배수분담 면적은 설계보다 여유 있게 처리
      라. 루프 드레인 설치시 구배 시공 품질확보
      마. 타설 시 드레인 수시 위치확인 및 타설 후 위치 변화 없게 시공

5) 기타
   가. 거푸집 이음, 곰보면, 결합부위, 이물질은 사전처리
   나. 모서리는 방수층 접착 위해 50~70mm정도 코너깔기 형성
   다. 방수단부 보호위해 콘크리트 턱 설치
   라. 콘크리트 타설 후 보양관리 철저로 시공 품질 확보

4. 맺음말
   1) 지붕과 같이 복잡, 외력작용 외기 직접면하여 적용에 문제점
      누수하자 대부분 방수층 파손, 구조체 균열, 시공, 관리상 문제 등
      복합 요인에 의해 누수발생
   2) 품질관리 측면에서 방수공사에서 문제가 아니라 전반적인 문제로
      누수대책 또한 설계와 시공, 골조와 방수공종 각 분야 공종별로
      검토 되어야 할 것으로 사료됨

문제) 건축물 외벽 타일 마감에서 타일 박리 탈락요인 방지 대책

1. 개요
   1) 타일은 외관 화려 내구성 있으며 구체보호 기능면에서 우수
   2) 박리, 백화, 탈락 발생 우려
   3) 미 경화 모르타르 온도가 0℃ 이하일 경우
      동결되었던 물이 녹으면서 타일의 탈락 발생

2. 타일의 탈락 원인
   1) 설계 미비
      가. 기초 지내력 부족
      나. 건축물의 부동침하 균일
      다. Joint 미 설치
   2) 타일재료 불량
      가. 타일 뒷발 형태에 의한 접착강도 저하
      나. 타일의 강도부족
      다. 흡수율 과다
   3) 모르타르 불량
      가. 모르타르 배합 불량
      나. 염분과다 골재
      다. 접착강도 부족

그림

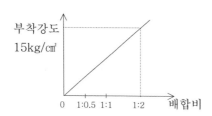

배합비와 부착강도

   4) 시공불량
      가. 양생불량, 급격 건조현상
      나. 모르타르 충진 부족   그림
      다. 줄눈 부실 시공

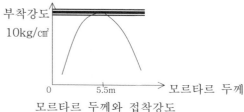

모르타르 두께와 접착강도

5) Open time 미 준수

그림

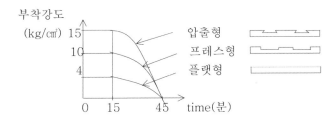

부착강도
(kg/㎠) 15
10
4

0   15   45   time(분)

압출형
프레스형
플랫형

6) 바탕면 불량

3. 타일의 탈락방지 대책
   1) 타일 나누기도 작성
      가. 도면과 실제 건물치수 확인 후 작성(shop dwg작성)
         - 바닥 : 구석에서 출입문 쪽으로 작성
         - 벽체 : 모서리부터 작성

      나. 타일의 기준치수와 줄눈치수
      다. 개구부, 구석, 모서리 - 전용타일
   2) 계획적 대책
      가. Contral Joint 설치
      나. Expension Joint 설치
   3) 재료적 대책
      가. 흡수성이 적은 타일 선택
      나. 큰 Size 타일 선택
      다. 뒷발 모양이 거칠수록 접착력 우수
      라. 균일, 염분 적은 골재
   4) 시공상 대책
      가. 확실한 바탕처리
      나. 붙임 모르타르는 5.5mm 유지
      다. open time 준수
      라. 타일 동해방지 - 수분침투억제
      마. 줄눈 밀실시공 (0℃ 이하 시공금지)

5) 유지관리

　가. 백화현상방지

　　　- $Ca(oH_2) + Co_2 \rightarrow CaCo_3 + H_2O$ 탄산화

　　　- 2차 백화 → 균열로 인한 수분 침투로 흰분말 형성

　　　- 1차 백화 → 모르타르 자체 이물질 백화

　나. 발수제 시공

　　　- 2~3년 주기로 맑은날 바탕면 건조 후 시공

■ AE,감수제 사용량과 블리딩 수량관계

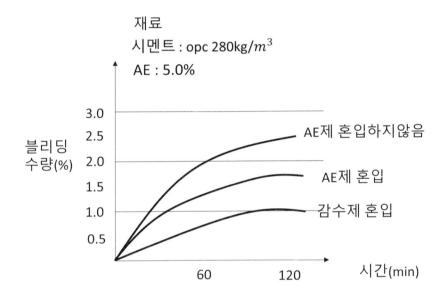

재료
시멘트 : opc 280kg/m^3
AE : 5.0%

블리딩
수량(%)

3.0
2.5 ——— AE제 혼입하지않음
2.0
1.5 ——— AE제 혼입
1.0 ——— 감수제 혼입
0.5

60   120   시간(min)

" 낙관은 낙담이 아닌 분발을 위한 것이다 "
– 윌리엄 엘러리 채닝

문제) 공동주택 층간소음 설계, 재료 및 시공등 관련 품질관리 사항

1. 개요
   1) 층간소음이란 이웃하는 상, 하, 수평 세대간 진동, 충격 등으로 발생
   2) 정신건강, 심리적 측면에서 이웃간 불화의 원인
   3) 층간소음 방지 위해서 차음재료사용, 이중벽체, 바닥충격흡수시설,
      개구부 기밀성, 급배수 소음감소 등이 동시에 이뤄져야 한다.

2. 소음 종류와 전달경로
   1) 소음의 종류
      가. 실내 발생음
      나. 세대 벽체 간 소음
      다. 상하 바닥의 충격음
      라. 기타 내외부 소음
   2) 소음전달 경로
      가. 공기 전파음 : 벽, 창 통해 실내로
      나. 고체 전파음 : 벽, 바닥 등 구체를 통해 전달

3. 층간 소음방지 대책
   1) 차음대책
      가. 차음재료 사용
      나. 개구부 기밀화
      다. 2중벽, 공간 쌓기 등 벽체 차음
      라. 벽 두께 증가
   2) 흡음 대책
      가. 흡음재 설치 : Glass Wool, Rock Wool, 뿜칠형 흡음재
      나. 흡음 유공판 : 판진동 흡음
   3) 완충 공법
      가. 소음원과의 사이 나무 조경시설등 완충지대를 설정
   4) 설계적 고려
      가. 배치계획
         - 소음원으로부터 격리
         - 건물의 방위와 형태조정
         - 중요실은 소음원으로부터 멀리 (최대한 멀리 배치)

그림

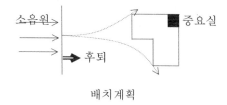

배치계획

나. 평면계획
- 각 실의 개구부 방향 위치 선정
- 아파트 경계벽 중심 및 수직으로 같은 방 배치
- 소음원 고려 평면 계획

5) 부위별 대책
가. 바닥
- 뜬바닥 구조
- slab두께 증가
- 충격흡수 바닥 마감재료 선정
- 완충재 삽입 (방진Mat)

그림

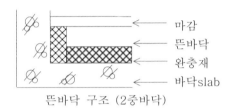

뜬바닥 구조 (2중바닥)

나. 벽
- 음교(sound bridge) 현상방지
- 공명투과 현상방지 칸벽의 간격 재료를 고려
- 벽체 내부에 충진재 삽입
다. 천장
- 흡음율이 높은 천장 마감재 사용
- 2중 천장 설치
라. 급 배수관 기밀화
마. Elevater 개구부 밀실
바. 2중창 설치

그림

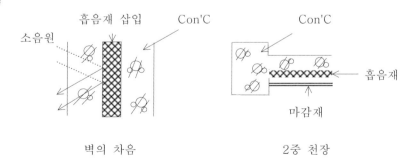

벽의 차음   2중 천장

문제) 철골 구조물 공사에서 기초앵커볼트 매립공법 종류, 품질확보방안

1. 개요
    1) 철골 주각부 고정은 앵커볼트매입, base plate 설치 위한 주각부
       모르타르 바름으로 구분
    2) 기초앵커매입방식은 고정, 나중, 가동 매입방식이 있다.
    3) 기초앵커매입품질확보 방안에는 앵커볼트 중심도 확보, 설치, 고정관리가 있다.

2. 앵커볼트 시공 방법과 유의사항
    1) 사전준비
       가. 주각부 중심 먹매김
       나. 각주열과 행을 정확하게
    2) 앵커볼트매입
       가. 고정매입방식
         - 개요
          → 기초철근 배근과 동시, 앵커볼트설치, 콘크리트 타설방식
         - 특징
          → 수정이 곤란, 대규모공사적합, 구조안정도가 우수

그림

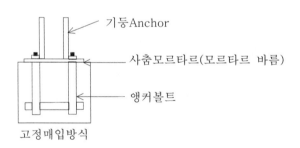

고정매입방식

         - 시공 시 유의점
          → 철근 배근 시 앵커볼트 위치 미리 확보
          → 콘크리트 타설 시 수시 위치 확인
          → 앵커볼트 철근에 절대 결속 금지

나. 가동매입 방식
- 개요
→ 앵커볼트 상부조절 가능하게 콘크리트 타설 시 깔때기 매입
공간을 확보하는 방식
- 특징
→ 수정이 용이
→ 중규모 공사에 적합
→ 부착강도 저하
- 시공 시 유의할 점
→ 깔때기 이동하지 않게 고정
→ 앵커볼트는 25mm 이하
→ 무수축 그라우팅 충전 시 콘크리트 부착강도 확보

그림

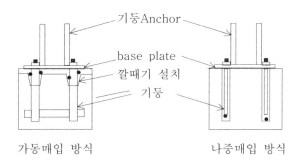

가동매입 방식   나중매입 방식

다. 나중매입 방식
- 개요
→ 앵커볼트자리 콘크리트 타설하지 않거나 타설 후 천공하는 방식
- 특징
→ 시공간단, 수정용이, 소규모공사, 볼트깊이 제한
- 시공 시 유의할 점
→ 천공된 구멍 속 찌꺼기 제거, 부착력 확보
→ 무수축 모르타르 사용

3. 주각부 모르타르 바름 방법과 유의사항
1) 전면 바름법
가. 기초 주각부 전면 모르타르로 마무리
나. 시공간단, 높은 정밀도 요함
다. 소규모 건축물 적용
2) 나중 채워넣기와 +자 바름법
가. 주각부 상부면 +자 형태로 모르타르 바름
나. 고층 구조물, base plate하부 공극 발생 가능성 높다.

3) 나중 채워 넣기 법
    가. 주각을 레벨너트로 조절, 나중 모르타르 바름
    나. 시공간단
    다. level 조절용이

4. 품질확보 방안
    1) anchor bolt 매입 시
        가. anchor bolt 기둥 중심선에서 5mm 이내
        나. anchor bolt 간 거리는 3mm 이내
        다. 콘크리트 타설 시 이동되지 않도록 고정
        라. anchor bolt 철근에 고정 불가
        마. 수시 콘크리트 타설 시 확인
    2) 주각모르타르 바름 시
        가. base plate 밀착오차 3mm 이내
        나. 모르타르 배합비 1:2
        다. 무수축 모르타르 사용
        라. 양생은 3일 이상 유지
        마. pading size는 20cm, 두께는 30~50mm
        바. 수평면 level 정밀시공

■ 보 배근 간격

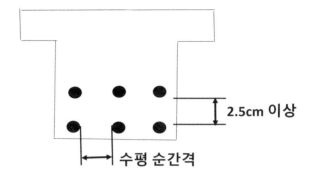

2.5cm 이상

수평 순간격

⟹ 수평 순간격 : 2.5cm 이상
굵은골재 최대치수(Gmax)의 4/3 이상
철근의 공칭 지름 이상

⟹ 연직 순간격 : 2단이상 배치시
상하 철근을 동일 연직면 내에 배치

" 우리에게 중요한 일은
멀리 희미하게 놓여있는 것을 바라보는 것이 아니라
가까이 있는 것을 행동으로 옮기는것 "

문제) 조적조 구조물 벽체균열 발생 원인, 방지 대책

1. 개요
   1) 조적 벽체의 균열 발생은 조적조 자체의 구조성 결함뿐만 아니라
      마감재까지 영향을 미쳐 하자 비용 증가
   2) 보수를 어렵게 하며 백화현상으로 건축물 미관손상 및 내구성 저하

2. 조적조 하자 발생 유형과 피해
   1) 하자발생 유형
      가. 균열 발생
      나. 누수 발생
      다. 백화 현상
   2) 피해상황
      가. 조적 벽체의 강도, 내구성 저하
      나. 동해, 중성화 현상 가속화
      다. 백화 발생에 따른 얼룩 미관 저해
      라. 단열성능 저하에 따른 구조물의 에너지 소비 증가
      마. 마감재의 손상

3. 균열 발생 원인
   1) 기초의 부동침하
      가. 연약지반 침하에 의한 기초침하
      나. 지반의 동결에 의한 기초침하
   2) Control Joint 설치의 미흡
      가. 벽 길이 길 때
      나. 벽 두께 상이할 때
      다. 조적면과 콘크리트 이질면 부위
   3) 평면의 벽 배치의 불균형
      가. 벽체 상하의 개구부 배치 불균형
      나. 평면배치 불균형
   4) 벽량 부족
      가. 벽 길이 부족
      나. 벽량 80㎡ 초과 시
   5) 접착 모르타르 접착강도 부족
      가. 모르타르 배합비 부족
      나. open time 부족
   6) 인방보와 테두리보 설치 미흡
   7) 시공시 품질 불량
      가. 1일 쌓기 높이 과다
      나. 양생 시 충격이나 진동 등
      다. 조적상부 바닥 사이의 모르타르 부족

4. 균열방지 대책

    1) 설계 구조상 대책

        가. 기초보강, 경사지반, 이질지반에 맞는 기초형태

        나. 신축줄눈 설치 joint 부위보강

        다. 보강 블록조 경우 충분한 철근량 확보

        라. 합리적 평면구성, 벽배치 및 충분한 벽량 확보

    2) 재료상 대책

        가. KS벽돌 사용

        나. 압축강도 크고 흡수율적은 벽돌

        다. 건조수축 적고 염분 함유량 기준 이내

표

등 급(C종)	압축강도(kg/㎠)	흡 수 율(%)	비 고
1급	16 이상	7 이하	일반적
2급	8 이상	13 이하	C종2급적용 多

벽돌 KS기준

    3) 시공상 대책

        가. Joint 설치 – Control Joint 설치

        나. 철근보강 – 집중하중 발생하는 곳

        다. 테두리보 인방보 설치 – 높이는 벽두께의 1.5배

        라. 쌓기 방법 준수 – 최대 1.5m, 줄눈밀실 시공

        마. 양생, 충분한 보양 – 초기진동, 충격방지, 급격건조 현상방지

    4) 유지관리

        가. 백화현상방지

            – 발수제시공, 습기침투로 인한 동해방지

            – 방수만 도포 및 방수처리, 모르타르 배합비 조정

        나. 동해방지

        다. 외벽체 주기적 점검보수

5. 맺음말

    1) 조적벽체 균열 발생은 구조상 결합 및 마감재 처리 영향초래

      하자 비용을 증가시킨다.

      따라서 설계상, 재료상, 시공상 대책에 따른 세심한 관리가 요구된다.

    2) 최근에는 건식화된 자재 사용하여 구조물 경량화, 시공을 간편하게 하며 비용을 절감

      할 수 있는 건식공법(ALC)에 대한 연구와 적용이 활발히 이루어지고 있다.

문제) 철골 용접부위 비파괴 검사 방법 결함부 조사

1. 개요
   1) 철골공사 품질 확보에 가장 중요한 요소
      용접검사 시에는 용접부 정확한 검사, 해석 시 올바른 판단이 매우 중요
   2) 용접검사 방법에서는 내부결함, 표면결함 검사로 구분
      가. 내부결함 : 방사선투과검사(RT), 초음파 탐상검사(UT)
      나. 표면결함 : 자기분말탐상(MT), 침투탐상검사(PT)
   3) 용접검사 시기는 용접 전, 중, 후 검사로 구분

2. 검사 방법 선정 시 고려사항
   1) 검사 목적, 검사 시기
   2) 검사 방법 특성
   3) 용접부 재질, 특성, 모양, 형태, 용도 등
   4) 예상되는 결함종류 및 특성
   5) 검사판정 기준, 검사결과 신뢰성 확보 등

3. 용접검사 방법
   1) 용접검사 시기
      가. 용접 전 검사 : 트임새 모양, 용접자세적부, 구속법, 모아대기법
      나. 용접 중 검사 : 모재, 용접봉, 위핑, 전류 등
      다. 용접 후 검사 : 외관검사(육안검사), 절단검사, 비파괴검사
   2) 비파괴검사 방법
      가. 방사선 투과 방법 (RT : Radiographic Test)
         - (+) X,r선을 용접부에 투과시켜 필름에 감광시켜 내부 검출하는 법
         - 특징
            → 필름으로 검사장소 제한
            → 결과 개인차 크다(많은 경험이 필요)
            → 기록 보관 가능
            → 두께 (100mm 이상도 가능)
            → 최소 3시간 후 판독 가능

그림

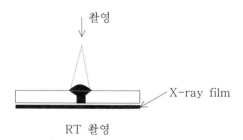

RT 촬영

나. 초음파 탐상법 (UT : Utrasonic Test)
- 용접부에 0.4~10HZ의 초음파를 투과시켜 검출하는 방법
- 특징
    → 내부 결함 발견 가능
    → 장비 휴대가 간편 (이동이 쉽다)
    → 한면 검사위치 가능
    → 검사 속도가 빠르고 경제적 (즉시 판독 가능)
    → 검사 장소에 제한 없고 50mm 이상두께 불가

다. 자기분말 탐상법 (MT : Magnatic Particle Test)
- 용접부에 자력선을 투과하여 검출하는 방법
- 특징
    → 표면 결함발견 가능
    → 전원 필요 (장비 간편)
    → 즉시 판독 가능
    → 15mm까지 검출, 미세 부분도 가능
    → 유사결함 나타날 우려, 표면상태에 따라 감도가 크다.

라. 침투 탐상법 (PT : Penetration Test)
- 용접부에 농적색 침투액을 도포하여 표면을 닦아낸 후 백색의 현상제를
  도포하여 검출하는 방법
- 균열 발생 경우 백색 피막면에 적색으로 나타남
- 특징
    → 표면 결함만 검사가능
    → 전원 불필요 (장비 간편)
    → 넓은 범위 검출가능, 검사가 간단

문제) 단열재 선정 시 기본적으로 요구되는 검사항목 품질관리상 주안점

1. 단열재 선정
   1) 흡수성, 투수성 적고 내화성 클 것
   2) 절단 쉽고 접착성 좋고 가공이 편리, 취급이 용이한 것
   3) 인체 유해하지 않을 것

2. 시공
   1) 조인트 철저한 이음처리, 벽, 천정 또는 타 부재와의 이음 틈새 없게 설치
   2) 바닥은 굴곡 없이 고르게 설치, 벽, 천장에 밀착, 공간은 밀폐하여 시공
   3) 작업 확실성이 재료성능을 고려
   4) 열교 및 냉교의 역해 끼치지 않게 처리
   5) 이음처리 적정 siling재 선정 및 처리

3. 시험의 적용
   1) 암면이란 석회질, 규산질을 주 원료로 하여 용융가공된 내열성 섬유제품
   2) 이 시험은 암면을 포함하는 암면가공 제품(보온판, 보온통, 보온재, 펠트)을 대상으로 적용

4. 시험 항목과 시험법
   1) 밀도(비중) 시험
      가. 시료 채취 크기 – 45×45cm 표본 이상
      나. 밀도계산

$$밀도(kg/㎥) = W / V \qquad 여기서 \quad W = 중량$$
$$V = 부피(체적)$$

   2) 휨강도 시험
      가. 시험편 채취
         - 크기 : 30cm 길이 × 폭 7.5cm
         - 시험편의 수 : 3개 (1조)
      나. 시험 방법

그림

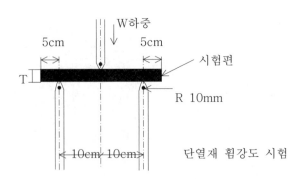

단열재 휨강도 시험

3) 열전도율 시험
　　가. 시험편
　　　　- 150kg/㎥ 밀도의 건조암면 (20×20cm, 두께 5~25mm)
　　나. 시험법
　　　　- 평판 직접법, 평판 비교법을 이용

4) 기타 시험
　　- 규격시험(두께, 지름, 길이, 폭), 입자함유율, 섬유굵기 등

■ 수화열에 의한 표면과 내부의 온도변화

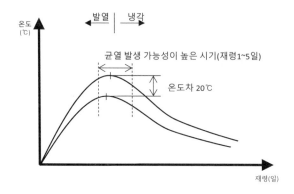

" 오늘을 붙들어라!
되도록 내일에 의지하지 말라!
그날 그날이 일년 중에서 최선의
날이다 "

         - 에머슨

문제) 내장용 바닥타일의 부착강도 시험법

1. 타일 부착강도 시험
   1) 시험 범위 : 1상 / 600㎡
   2) 시험 위치 : 담당 감리감독의 지시
   3) 시험 방법
      가. 먼저 줄눈의 부분을 콘크리트면까지 절단, 주위 타일과 분리
      나. 시험할 타일의 부속 장치의 크기로 하되 그 이상은 180×60mm
          크기로 콘크리트 면까지 절단
      다. 40mm 미만의 타일은 4매로 1조로하여 부속장치를 붙여서 시험
      라. 시험은 양생이 4주 이상일 때 실시
   4) 판정
      - 4kg/㎠ 이상일 때 합격

문제) 지붕용 멤브레인 방수층의 종류 성능 평가법

1. 개요
   1) 멤브레인 방수란 방수요구 부위에 불투수성 피막재를 붙여 방수층 형성
      방수재료는 아스팔트 시트, 도막칠재 등이 사용
   2) 방수 시공 시에는 피막층의 연속성 확보 동시에 습기에 대한 충분한
      저항을 가진 재료를 선정하는 것이 필요

2. 종류별 특성
   1) 아스팔트 방수
      가. 아스팔트 루핑재를 바탕 면에 적층시공, 방수성능 확보하는 방법
      나. 외기영향 적으며 신축성 크다.
      다. 시공이 복잡 공사기간 장기
      라. 비용이 고가, 보수가 어렵다.
   2) 시트 방수
      가. 1.2~2mm 두께의 합성고무 시트를 바탕 면에 시공
      나. 방수 신뢰성이 높으며 공사기간이 단기
      다. 시공간단, 비용이 고가
      라. 보수가 어렵고 결함 발견이 어렵다.
   3) 도막방수
      가. 우레탄계, 아크릴 고무계, 프렌고무계, 고무아스팔트계 등의
         유제나 용제 바탕에 발라 방수층 형성시키는 방법
      나. 외기 영향에 민감, 시공이 용이
      다. 결함 발견이 용이, 신뢰성 높지 않다.
      라. 방수층 마무리가 간단

문제) TMCP강

1. 개요
   1) TMCP강은 가공열처리, 열가공 제어법
   2) 탄소함량이 낮아도 높은 인장강도 발휘
   3) 강재 두께가 증가하더라도 항복강도 우수
      강재 특성을 향상시킨 것

2. 제조 원리
   1) 압연가공 과정 중 열처리 공정 동시에 실행
   2) 압연온도 냉각조건 제어 통해 고강도 강재 제조
   3) 합금 원소의 첨가량 적게 / 탄소당량 낮아짐

3. 개발 배경
   1) 현대 건축물의 고층화 및 장 spen화
   2) 구조체에 대한 고강도, 고성능 요구
   3) 기존 강재 문제점 (후판 제조 시 강도 저하, 용접성 저하) 해결

4. TMCP 특징
   1) 용접부위 영향 감소
   2) 탄소 당량 낮아 용접성 우수
   3) 철근 대비 건축물 수명 증대, 공사비 증대, 공기단축기능
   4) 소성능력우수, 내진설계유리
   5) 고강도화, 고내구성 동시 추구 기능
   6) 일반강재 비해 두께 10% 감소 가능

5. 적용분야
   1) 초고층, 철골조아파트, 오피스텔
   2) 교량 (영종, 거가, 서해대교 등)

■ 온도균열의 제어대책

- 균열발생 방지할 경우 : ICR > 1.5 이상
- 균열발생 제한할 경우 : 1.2≤ ICR < 1.5 미만
- 유해 균열발생 제한할 경우 : 0.7 ≤ ICR < 1.2 미만

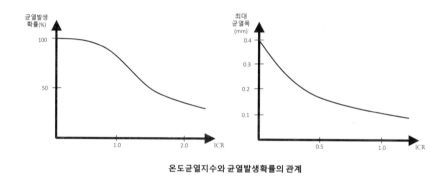

온도균열지수와 균열발생확률의 관계

" 할 수 있다고 믿는 사람은 그렇게
되고, 할 수 없다고 믿는 사람 역시
그렇게 된다 "

– 샤를 드골

문제) 열경화성 수지 종류

1. 개요
1) 열경화성수지는 한번 용융 유동성을 가진 액체로 변화
   성형 후 절대 다시 녹지 않는 수지
2) 열 발생시키는 가전제품의 부품, 반도체 등 재료로 사용

2. 열경화성 수지 종류
1) 페놀수지
   가. 역사가 가장 오래된 재료, 유리, 고무 등
   나. 내열성, 내약품성 우수
   다. 복합 사용이 많다.
   라. 알칼리에 약하고 착색이 자유롭지 않다.
   마. 용도 : 전기, 전자, 부품 및 단열재, 연마제 등
2) 에폭시 수지
   가. 주물, 성형품, 페인트 등 널리 사용
   나. 내열성, 절연성 우수
   다. 용도 : 도로용, 전기 전자용, 접착제 수지 등
3) 폴리우레탄
   가. 열가소발포성, 열경화발포성
   나. 연질은 탄성체, 경질은 단열제로 이용
   다. 용도 : 건축제, 가구, 사무기기 등
4) 멜라민 수지
   가. 무색, 충전재, 안료, 염료 등
   나. 흡수성 적고 저주파, 전기 전열성 우수
   다. 용도 : 식기류, 일용품, 전기 배선기구 등
5) 알키드 수지
   가. 낮은 단가, 쉬운 도장의 장점
   나. 가교를 이룰 수 있는 폴리에스테르
   다. 용도 : 높은 광택의 마무리 처리용으로 활용

문제) 불연재료와 준불연재료

1. 불연재료
   1) 개요
      가. 건축법 및 동시행령 화재 시 연소되지 않고
      나. 방화상 유해한 변형, 용융, 균열 등 손상 일으키지 않고
      다. 방화상 유해한 연기, 가스 발생하지 않는 성능이 요구되는 재료
         방화재료 중 등급이 가장 높은 것

   2) 대표적인 재료
      가. 콘크리트, 석재, 철강, 유리, 알루미늄, 석면판, 벽돌 등
      나. 기타재료 ks규격 및 건설교통부 장관 고시된 기준 적합한 성능

   3) 불연재료의 사용
      가. 내화, 방화성 요구되는 구조부, 방화문 등
      나. 내장 제한을 마감재료로 사용하는 것
      다. 방화구획 내 지붕재료, 문, 광고탑 등 의무적 사용

2. 준 불연재료
   1) 개요
      가. 불연재료와는 달리 나무, 종이, 플라스틱 등 유기재료 함유
      나. 재료 대부분이 무기질재료, 연소에 의해 화재를 확대시키지 않는 재료

   2) 대표적 재료 및 특징
      가. 통상 화재 시 10분간 화열에 방화성능상 약간 피해는 인정
      나. 변형파손 연소성의 발염이 없어야 한다.
      다. 10분간 가열 후의 잔염시간이 30초를 초과하지 않는 것
      라. 석고보드, 목포시멘트판 등

문제) WOOD SEAL

1. 개요
    1) wood seal은 목재용 페인트
    2) 목재에 침투, 목재의 무늬를 살린다.
    3) 유독성 물질 없는 환경마크 1등급 제품, 실내 사용 시 전혀 무해한 친환경스테인

2. WOOD SEAL 특징
    1) 수분 침투로 목재 비틀림, 크랙 감소
    2) 목재 내부 침투, 보호막 형성
    3) 자외선 차단, 외부용 사용, 내구성, 내화성
    4) 무공해, 인체 해로운 냄새 없다.
    5) 30분 이내 건조, 작업성 우수

3. WOOD SEAL 용도
    1) 내·외부 목재, 목구조물 및 해안가 구조물
    2) 문화재, 사찰, 주택, 실내 인테리어
    3) 조경, 옥외 놀이시설, 벤치, 파고라
    4) 습기보호 요구되는 목재, 발수, 방수코팅 형성
    5) 나무 자연미 보호, 반투명 및 칼라 적용 시

4. WOOD SEAL 시공 시 유의사항
    1) 절대 물 사용금지
    2) 우드씰 희석제는 우드씰 투명
    3) 1차 도포에 많은 양 도포 말고 2차 도포에 색을 고루
    4) 유성 스테인처럼 많은 양 도포 지양, 적은 양 도포

문제) 금속 도장의 에칭 프라이머

1. 개요
    1) 금속 도장 시 바탕처리에 사용되는 프라이머 성분의 일부
    2) 바탕금속과 반응 화학적 생성분 만들고 바탕에 도막 부착성 증가되도록 한
       금속바탕 처리용 도료
    3) 주로 인산 크롬산 함유, 사용 직전에 혼합

2. 에칭 프라이머 기능
    1) 금속의 녹방지 기능의 목적
    2) 표면 처리적 도료, 녹막이 효과는 기대 못 미침
    3) 부착성 개선

3. 에칭 프라이머 시공부위
    1) 철재, 아연, 알루미늄, 주석 등의 비철금속

4. 에칭 프라이머 특징
    1) 에칭 프라이머 도포하면 금속면에 무기질 피막 형성
    2) 다시 부틸수지 반응, 유기 피막이 결합해서 방청층 형성
    3) 피막 위 부착성이 우수
    4) 에칭 프라이머
       가. 단기 폭로용 : 도장 후 8시간 이내
       나. 장기 폭로용 : 3~4개월간 내후성
    5) 녹막이 효과는 크지 않으나 반드시 시공
    6) 2액형은 사용직전에 조합사용
    7) 조합된 것은 장기간 방치하면 도료가 고화

■ 콘크리트 구조물의 철근부식속도

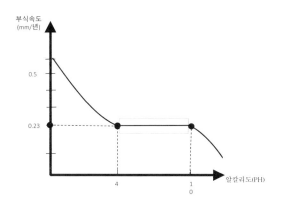

" 행동의 가치는 그 행동을 끝까지
이루는데 있다 "
　　　　　　　　　　　　　　－ 칭기즈칸

문제) 맨브레인 방수

1. 개요
    1) 맨브레인 방수란 불투수성 피막재를 붙여 방수층 형성
    2) 방수 재료는 아스팔트 시트, 도막칠재 등
    3) 방수 시공 시 피막 층 연속성 확보, 습기에 대한 충분한 저항을 가진
       재료를 선정

2. 맨브레인 방수 종류별 특징

    1) 아스팔트 방수
       가. 아스팔트 루핑재를 바탕면에 적층시공, 방수성능 확보
       나. 외기 영향 적으며 신축성 크다.
       다. 시공이 복잡
       라. 공사기간 길다.
       마. 시공비 고가
       바. 결함 발견 시 보수가 어렵다.

    2) 시트 방수
       가. 1.2~2mm 두께 합성 고무시트 바탕에 붙이는 방식
       나. 방수 신뢰성 높으며 공사기간 짧다.
       다. 시공이 간단, 시공비 고가
       라. 보수가 어렵고 결함 발견이 쉽지 않다.

    3) 도막 방수
       가. 우레탄계, 아크릴 고무계, 유제, 용제를 바탕에 방수층 형성
       나. 외기 영향 민감 시공이 용이
       다. 결함 발견이 용이
       라. 신뢰성 높지 않다.
       마. 방수층 마무리 간단
       바. 시공이 용이

문제) 철골공사에서 접합 방법

1. 개요
1) 철골 접합 방법에는 볼트, 고력볼트, 용접, 리벳에 의한 접합이 있다.
2) 주로 고장력 볼트와 용접에 의한 접합 방식이 사용

2. 접합 방법별 특징
1) 고력볼트 접합
    가. 항복강도 $7T/cm^2$ 이상 고력볼트 사용
    나. 부재간 마찰력으로 접합
    다. 특징
       - 접합부 강도가 커서 신뢰성 높고 너트 풀림 없다.
       - 저소음 작업, 시공간단, 성력화 기능
       - 응력 집중이 적으며 반복 응력에 강하다.
    라. 볼트 종류 : TS BOLT, TS NUT 등
    마. 접합 방식 : 마찰, 인장, 지압 접합

2) 용접 접합
    가. 특징
       - 단면처리 쉽고 응력전달 신뢰성 크다.
       - 소음 적고 부재 중량 감소
       - 품질확인 어렵고 변형, 균열 발생 우려
    나. 이음형식
       - 맞댄, 모살용접
    다. 용접 형식
       - 피복야크, CO_2 용접

3) 리벳 접합
    가. 부재 미리 구멍 뚫고 가열 리벳을 riveter로 타격 접합
    나. 소규모 임시 접합에 사용
    다. 인성, 소음 크다.
    라. 시공품질 불균일

문제) 잔류변형

1. 개요
   - 잔류변형은 하중 재하로 재료에 변형 발생 후 외력 제거 후
     재료 변형이 발생하는 것

2. 잔류변형 발생 원인과 영향
   1) 자류변형 발생 원인
      가. 탄소성 반복하중 작용 시
      나. 용접 등으로 인한 변형 (열변형, 용접하중)
      다. 이음부 주변 콘크리트 품질확보

   2) 잔류변형 영향
      가. 소성변형 발생
      나. 좌굴 영향 증가
      다. 비틀림 발생
      라. 부식 및 부식 균열 촉진
      마. 인장 잔류 변형은 피로수명과 파괴강도를 저하

   3) 잔류변형 제거 방법
      가. 변형 제거 위한 풀림 열처리
      나. 소성 변형을 추가시키는 방법
      다. 변형이완 작용을 통한 잔류 변형의 감소

문제) 토크렌치

1. 개요
    1) 토크렌치란 고력 bolt 조임 시 필요한 토크 모멘트값을 얻기 위한 조임 기구
    2) 사용 방법이 간단, 정확, 기기성격, 작업, 작업시간 등에
       소규모 검사 검사용으로 사용

2. 토크렌치의 종류
    1) 다이얼형
       - 볼트 체결부터 토크치 측정, 널리 사용
    2) 프리세트형
       - 소요 토크치에 프리세트하고 일정 토크치로 많은 볼트를 체결 시 사용

3. 토크치와 검사 주의사항
    1) 토크치

$$T = K \cdot d \cdot N$$

          여기서 K : 토크 계수(0.2)
                    d : 볼트 지름(mm)
                    N : 볼트 축력(체결력 +)

    2) 검사
       가. 1조 볼트 수 6개 이하 경우 1개
       나. 1조 볼트 수 7개 이상 경우 2개소 이상 검사

    3) 주의사항
       가. Bolt Set마다 토크 계수가 동일
       나. 토크계수는 조임 시 온도에 따라 변화
       다. 불합격은 수정, 과조임 Bolt는 교체
       라. 볼트 조임치는 ±10% 범위 내
       마. 조임 및 검사는 중앙에서 단부로 실시

문제) 목재의 함수율

1. 개요
    1) 함수율이란 전건재 중량에 대한 함수량의 백분율
    2) 섬유 포화점 이상 → 강도가 일정
                          이하 → 강도가 증가
    3) 섬유 포화점이란 함수율 ≒ 30% 정도

2. 목재의 특징
    1) 장점
        가. 전기, 음향, 열에 대한 절연체
        나. 가공 쉽다, 도장가능, 부식되지 않는다.
        다. 산 알칼리에 대한 저항성 높다.
        라. 무게에 비해 강도 높다.
        마. 색체 무늬에 있어 의장에 유리
    2) 단점
        가. 가연성
        나. 함수율에 따른 변형 크다.

3. 목재의 함수율
    1) 함수율(%) = 목재의 함수량 / 전건재 중량 × 100
                 $= (W_2 - W_1) / W_1 \times 100$

              여기서 W_1 : 전건재 중량, W_2 : 함수된 상태 목재 중량

    2) 목재함수율이 섬유 포화점이하 → 목재수축 시작
                            이상 → 수축, 팽창 발생하지 않음

    3) 일반적으로 밀도 크고 견고한 수종일수록 수축량 크다.

문제) 강의 열처리

1. 개요
    1) 강은 열로 인해 결정구조 변화, 강도, 강성 등 물리적 성질 변화
    2) 강은 탄소량 등 성분이 같아도 조직이 변해 성질도 변화

2. 열처리 목적
    1) 강의 인성 향상
    2) 가공성 향상
    3) 경도(hardness) 강화
    4) 잔류응력, 변형제거

3. 열처리 방법
    1) 냉각 - 강을 가열 후 공기 중에서 냉각
    2) 서냉 - 강을 가열 후 서서히 냉각
    3) 담금질 - 강을 가열 후 물속에서 급냉 / 경도, 내마모성 증가
    4) 템퍼링 - 담금질해 만든 조직 안정, 반복가열 냉각하는 조작

4. 열처리 강
    1) 조질강
        가. 담금질, 템퍼링으로 강도, 인성 높인 고장력강
        나. 비조질강에 비해 항복점 높고 용접 시 열화 적다.

    2) 비조질강
        가. 합금 원소로 성분 조정
        나. 강도를 높이고 압연 그대로 또는 냉각상태로 사용

문제) 건축물 철골 부재의 내화도료

1. 개요
  1) 철골부재에 내화성능 가진 도료 형태로 시공
    내화 성능을 확보 가능하게 내화 피복제의 일종으로 시공
  2) 표면 피복층 팽창하여 내화성능 갖게 되며 내화 온도가 낮아
    옥내외의 노출부 시공에 사용

2. 내화도료의 특징
  1) 시공간단, 내구성 우수
  2) 경량재로 건물자중 감소
  3) 시공부위제한 적다(모양, 형상, 제약)
  4) 직접 마감재로 사용 가능, 원하는 색상이 가능
  5) 공기 단축, 내부 공간 확보 유리
  6) 내화성능 낮아 높은 내화온도 필요한 곳, 사용이 제한
  7) 시공단가가 높다.

3. 내화재료의 구성 및 기능
  1) 녹막이층 - 방청기능, 광명단 시공
  2) 베이스코트 - 화재에 대한 체적 팽창 부분
                 단열층 형성, 열전달 차단
  3) 톱실 - 베이스코트가 팽창하면 보호 역할

4. 내화도료 시공 시 주의사항
  1) 바탕처리
    가. 바탕면 이물질 완전히 제거
    나. 용접부 접합부 갈아내고 균열 없도록 보수
  2) 도장
    가. 내화도료 2회 시공
    나. 도장 완료 후 하루 경과 톱실층 시공
    다. 균일한 도막두께 확보, 내부 기포 발생 주의
  3) 양생
    가. 시공 후 1~2일간 먼지 손스침이 없도록 관리
    나. 완전 양생까지는 장시간 60일 소요

■ 혼화재료 적용시 고려사항

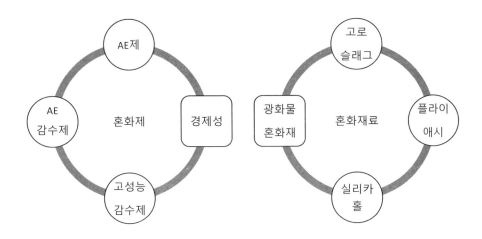

" 당신 스스로가 하지 않으면
아무도 당신의 운명을
개선시켜 주지 않을 것이다 "

-B. 브레히트

문제) 침투성 방수(규산 분말제 도포방수)

1. 개요
    1) 침투성 방수란 구조물 공극 내부로 침투시켜 공극 내 존재하는 물질과 반응
       공극 내 물질형성, 공극을 채움으로써 외부로부터 물의 침투를 막는 것
    2) 규소 화합물인 수지 구조로 시멘트 몰탈 콘크리트와 혼합
       방수, 발수, 접착, 수밀성을 확보하여 화학적, 물리적 성질을 갖는다.

2. 침투성 방수 특징
    1) 방수효과 우수
    2) 염산과 산에 강하다.
    3) 풍화, 이끼방지, 영구적
    4) 수지형 피막형성

3. 침투성 방수 시공 방법
    1) 외벽 누수로 인한 백화현상 제거
    2) 실리콘, 충진재로 크랙 보수
    3) 0.2mm이상 크랙 경우 실링 처리
    4) 방수제를 외벽에 충분히 스며들게 한 후 건조(2회 실시)
    5) 작업을 마친 후 유리창과 스테인리스 등에 묻은 방수제 깨끗이 제거

4. 침투성 방수 적용부위
    1) 콘크리트 구조물 신축 및 보수 요구되는 곳
       - 주택, 아파트, 빌딩, 공장 등 건물 옥상 및 벽체
    2) 구조 마감, 누름, 크랙 발생우려 부위
    3) 노출된 면의 방수처리가 요구되는 장소

문제) well point 공법

1. 개요
    1) well point 공법은 사질 지반에 대표적인 탈수 공법
    2) 집수 장치의 파이프를 지중에 박아 지상의 집수관에 연결, 펌프로 물을
       배수하는 공법
    3) 강재배수공법 siemens well 공법이 개발된 공법
       양정 길이가 7m 이상 시는 다단식으로 well point 설치

2. well point 공법 특징
    1) 시공이 간단
    2) 투수층이 비교적 낮은 사질 silt 층까지도 강제 배수 가능
    3) heaving, boiling 방지
    4) Dry Work 가능
    5) 공기단축 및 공사비 절감
    6) 압밀 침하로 주변대지, 도로 균열 발생우려
    7) 지하수위 저하로 주변 우물 고갈우려

3. well point 공법 시공 시 유의 사항
    1) 사전 지질 및 지하수위 확인
    2) 지질에 대한 공법의 적정성 여부 검토
    3) Filter 재료는 원지반보다 투수성이 큰 거친모래 선택
    4) 양정깊이 7m 이상시 다단식 well point 채용
    5) 예비 pump 및 예비 전원 설치
    6) 배수로 인한 주변 피해에 유의

문제) 항타공사의 Rebound check

1. 개요
    1) Rebound check는 말둑 시공에 있어 미리 시험 말둑의 시공 하는 것을 원칙
    2) 시항타는 시공기준설정, 두부보호 방법 및 지지력 확인을 목적으로 실시

2. Rebound check 목적
    1) 시공기준 설정
    2) 두부보호 방법 결정
    3) 이음 방법 결정
    4) 지지력 추정

3. Rebound check 시험 방법
    1) 시험말뚝은 교대, 교각, 기초마다 위치 선정
    2) 지지층 변화 경우 기초마다 시험 말뚝시공
    3) 시험말뚝은 실시공 동일 말뚝 사용
    4) 말뚝길이는 설계상보다 1~2m 긴 것 적용 사용
    5) 말뚝 최종 관입량은 5~10회 타격한 평균 침하량
    6) 말뚝 최종 관입량으로 지지력 추정
    7) Rebound check

4. Rebound check 유의 사항
    1) 시공장비는 실시공 장비와 동일할 것
    2) 시험 말뚝 전길이 500mm당, 타격횟수 최종 10회
        타격 침하량 말뚝 박은길이 절단 표고 기록
    3) 말뚝은 연속항타
    4) 수직도 유지
    5) 말뚝박기 오차는 말뚝길이 1m당 2cm 이상 벗어나서는 안 되며 전체 오차는
        어떤 방향이든지 15cm 이상은 안 된다.

문제) 철골 자재의 Mill sheet

1. 개요
    1) Mill sheet는 철강제품 제조업체가 발행하는 품질 보증서
    2) 현장 품질 관리의 기초자료 및 확인자료
    3) Mill sheet는 제품의 제원, 성능 등 생산 기록하여 구매자가 활용

2. Mill sheet의 포함 내용
    1) 제품의 제원
        - 제품의 치수 및 규격 등
    2) 제품의 역학적 성능
        - 물리적 성능 및 내산, 부식 저항성
    3) 제품의 화학적 성분
        - 탄소, 철의 성분 및 함유량
        - 비철금속 성분비
    4) 시험 종류와 기준
    5) 제품의 제조사항

3. Mill sheet활용
    1) 품질관리
        가. 현장 품질관리의 기초자료 및 확인자료
        나. 품질확보의 증명자료
    2) 정도관리
        가. 제품의 정밀도 확보
        나. 현장 작업보다 정밀도 확보에 유리
    3) 시공용이 신뢰도 증가
        가. 공장제품으로 시공 쉽고 간편
        나. 제품에 대한 신뢰도 향상

문제) 경질 우레탄 폼

1. 개요
    1) 경질 우레탄 폼은 자체 단열성, 경량성, 완충성 등의 성질을 가진다.
        단독 또는 타 재료와 복합화 가능
    2) 단열재, 경량 구조재, 완충재 등 사용범위 확대
    3) 열전도율이 낮아 단열재로서 적용이 80~90% 점유

2. 경질 우레탄 폼의 특징
    1) 단열 성능 효과 우수
    2) 방수 효과 높음
    3) 가공성, 시공성, 접착성 용이
    4) 자기 부력성 우수
    5) 작업환경 개선 양호
    6) 난연성 향상
    7) 기후조건에 매우 안정적
    8) 쾌적한 생활환경 제공
    9) 친환경자재

3. 경질 우레탄 폼의 사용
    1) 경질 우레탄 폼은 150℃의 고온영역, 인공위성, 발사로켓, 연료탱크
        같은 극저온 영역까지 광범위한 온도 영역에서 사용 가능한 단열재
    2) 다양한 제조 가능
        목적 및 용도에 맞춰 다양한 형태로 사용 가능

문제) 도장공사에서 열화의 종류 및 원인

1. 개요
    1) 열화발생 결함은 바탕, 도료, 도장작업에 의해서 도장 작업 전 후의
       작업 상태에 의해 발생
    2) 시공 시 품질관리 주의 필요

2. 도장 결함 원인
    1) 재료(도료)에 의한 경우
       가. 배합 불충분, 용제과다 사용
       나. 용제 초벌, 재벌의 도료 성질이 상이
       다. 건조제 과다, 용제의 빠른 증발 현상
    2) 바탕처리 불량
       가. 바탕처리 후 관리자 확인 필요
    3) 도장 작업에 의한 경우
       가. 칠두께 과다
       나. 시공속도 및 환기불량
       다. 연마작업 불충분
    4) 양생불량
       가. 다습, 환기 불충분
       나. 직사광선 과다 노출
       다. 기온 낮거나 바람에 의한 급격 건조현상
       라. 충분한 건조시간 필요

3. 결함 방지 대책
    1) 재료관리
       가. 호환여부 확인 및 다른 제품 혼용 사용 금지
       나. 희석률, 건조시간, 사용시간 준수
       다. 환기적은 곳, 직사광선 없는 곳 보관
    2) 바탕처리
       가. 결손부 충분한 보수
       나. 바탕면 이물질 제거
    3) 시공관리
       가. 도료종류, 시공부위 고려, 적합공법 선정
       나. 각층 충분히 건조, 도장두께는 얇게 여러 번 시공
       다. 온도 2도 이하, 습도 85% 이상 시 시공금지

문제) 고력 그립(Grip)볼트

1. 개요
   1) 고력 그립 볼트는 강도 높은 볼트 사용, 접합 부재를 강력 압착해서
      생기는 마찰력에 의해 응력 전달시키는 방법
   2) 접합부 강성, 피로강도 높다.
   3) 접합면 상태, 볼트재질, 긴결작업 등 주의 요함

2. 고력 그립 볼트의 장점
   1) 소음 적고, 시공용이, 공기단축
   2) 전단력의 국부적 집중현상 없다.
   3) 응력전달 원활, 강성, 내력이 큼
   4) 반복 하중에 높은 피로강도 발현

3. 고력 그립 볼트 사용에 따른 문제점
   1) 시간 경과에 따른 고장력 볼트의 축력이 문제
   2) 토크 계수 관리 곤란
   3) 볼트 체결 시 소음문제

4. 볼트 조임 후 검사
   1) 검사 목적은 모든 볼트에 소요 축력의 도입 여부 확인
   2) 조임기기 조정용이나 조임 후 검사에서 불합격 판정을 받은 즉 한번 사용한
      토크 계수치가 변하기 때문에 재사용해서는 안 된다.

문제) 커튼월 마감의 우수처리 방법

1. 개요
    1) 커튼월 우수처리는 기능상 가장 중요한 문제
       공장에서 제작된 커튼월, 유닛 및 부품은 현장에서 설치
    2) 각 유닛간 이음부에서 누수되지 않도록 검토

2. 종류
    1) 오픈 조인트 시스템
       가. 이음부 양측 기압차를 없애는 것
           → 옥외 기압과 같은 기압 유지
       나. 등기압은 외표면을 밀봉하는 것이 아니라 고의로 open 상태 유지
       다. 내부방벽은 물과 공기 유입을 완전 차단하는 목적 아님

    2) 클로조드 조인트 시스템
       가. 커튼월 유닛 이음부 실재등 충전, 완전 밀폐 우수처리 방식
       나. 우수 3요소 중 틈새를 없애는 것 목적으로 하는 방식
       다. 누수를 외측면에서 차단
           → 조인트 방수 재료, 공정이 안정적
       라. 누수를 예상, 실내측으로 누수되지 않도록 물 흘림판 설치 필요
       마. 내측에 이중실을 시공
           그 이중실의 간극 누수를 받는 홈통을 설치하는 방법

■ 배합설계시 기본 요소

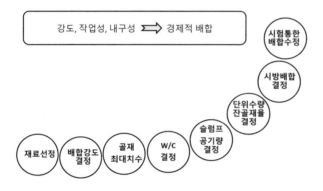

강도, 작업성, 내구성 ⟹ 경제적 배합

시험통한
배합수정

시방배합
결정

단위수량
잔골재율
결정

슬럼프
공기량
결정

재료선정 · 배합강도 결정 · 골재 최대치수 · W/C 결정

" 난 못해
라는 말은 아무것도 이루지 못하지만

해볼거야
라는 말은 기적을 만들어낸다 "

문제) 고장력 볼트의 접합종류 및 검사 방법

1. 개요
   1) 고장력 볼트 접합 방법은 교체가 가능
      시공성 양호, 소음이 적고 유지관리 용이
   2) 현장에서 강구조 연결 방법에 주로 사용

2. 고장력 볼트 이음종류
   1) 마찰이음
      가. 고장력 볼트로 이음재편 체결
      나. 재편사이 마찰력으로 응력전달

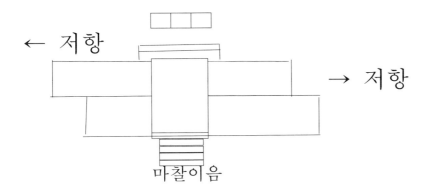

   2) 지압이음
      가. 볼트 원통부 전단저항 및 볼트와 볼트 구멍부 사이
         지압력에 의해 저항

   3) 인장이음
      가. 볼트의 줄기 방향에 외력 작용하면 이것으로 저항하는 이음

3. 고장력 볼트 특징
   1) 소음이 적고 교체가 용이
   2) Bolt의 강도를 크게 하면 Bolt본수를 줄일 수 있어 경제적
   3) 설계가 쉬우나 자연파괴 우려
   4) 시공관리 간단

4. 고장력 볼트 종류
   1) 재질 : F8T, F10T
   2) 직경 : M20, M22

5. 고장력 볼트 시공 시 주의사항
   1) Bolt세트의 포장 및 보관
      → 공장출하 상태가 현장 시공 시까지 유지
   2) Bolt구멍의 허용오차
      가. 마찰접합 : -0.5mm
      나. 지압접합 : ±0.3mm
      다. 마찰접합 : Bolt군 20%에 대하여 +10mm까지 인정
   3) Bolt접합면 처리
      가. 흑피제거, 접합면은 가급적 거칠게
      나. 접촉면 도장 금지
      다. 부식부분은 깨끗하게 청소
   4) Bolt체결
      가. Bolt체결 기구조정
      나. Bolt축력 도입은 너트를 체결하면서
      다. F8T Bolt는 회전법에 축력관리
      라. 체결 Bolt축력은 설계 Bolt 축력 10% 증가시킨 값 표준
      마. 체결순서
         - 중앙 Bolt → 단부 Bolt로 원칙적 2회
         - 조이기 실시1회 조임은 표준 Bolt축력의 80%선
   5) 이음면의 두께 엇갈림
      가. 1mm 이하 : 처리 불필요
      나. 3mm 이하 : 테이퍼를 지어 깎는다.
      다. 3mm 이상 : 채움판을 채운다.
   6) 체결검사
      가. 검사 시기는 Bolt체결 후 즉시 실시
      나. 체결 검사수는 각 Bolt무리에서 볼트 개수의 10% 기준
      다. 불합격 Bolt 발생 경우 전체무리 실시

문제) 건축용 도료 결함발생 원인

1. 개요
   1) 도장공사에서 발생하는 결함은 모재 바탕에 따라 다르다.
   2) 도료, 도장작업 방법, 도장작업 전·후 작업 상태에 의해 발생한다.
   3) 사전 시공상 도막 도료의 결함 종류와 원인파악

2. 도장결함의 원인
   1) 도료에 의한 경우
      가. 배합 불충분, 용재과다 사용
      나. 용제 초벌, 재벌 도료 성질 상이
      다. 건조제의 과다, 용제의 빠른 증발현상
   2) 바탕처리 불량
      가. 바탕면의 녹, 흠집, 유해불순물 제거
      나. 바탕면의 건조상태 불량 및 습기
   3) 도장작업의 경우
      가. 도장두께 과다
      나. 시공속도 빠르다, 환기불량에 따른 건조불량
      다. 연마작업 불충분
   4) 양생불량
      가. 다습, 환기, 불충분
      나. 직사광선 과다 노출
      다. 낮은 기온, 바람에 의한 급격건조현상
3. 결함방지 대책
   1) 재료관리
      가. 상이한 제품 혼용사용 금지
      나. 희석률, 건조시간, 사용시간 준수
      다. 직사광선 비 노출 보관
      라. 환기 적은 곳, 천정 미설치
   2) 바탕처리
      가. 결손부분, 충분히 보수 작업 실시
      나. 바탕면 녹, 습기, 기름, 먼지 완전제거
      다. 타 부재의 오염방지
   3) 시공관리
      가. 도료종류, 시공부위 고려 적합한 공법선정
      나. 각 층 충분히 건조 후 다음층 시공
      다. 도장 두께는 얇게 여러층 시공
      라. 기온 2도 이하, 습도 85% 이상 시 작업 금지
      마. 각층 색상은 이색으로 시공

4) 칠 바름 시 주의사항
  가. 붓칠 시
    - 마무리 붓칠은 긴 방향으로 가볍게 이동 실시
    - 붓칠은 위에서 밑으로 왼편에서 오른편으로 실시
    - 이음새 모서리는 세밀하게 시공
  나. 롤러칠 시
    - 칠모임 현상 거품 발생주의
    - ⅓정도, 겹침너비 준수시공
    - 칠두께 부족하지 않게 시공
  다. 뿜칠 시공 시
    - 뿜칠면 건의 거리 30cm 유지
    - 건과 이루는 각도 90° 유지
    - 뿜칠 시 ⅓ 정도 겹치게 시공
    - 수평이동
    - 공기압 2~4kg/㎠ 정도 유지

4. 맺음말
  도장결함의 원인은 도료에 의한 경우, 도장작업자에 의한 경우, 양생불량, 바탕처리
  불량에 따라 발생 우려가 있다. 결함방지 대책에 따라 철저히 관리함으로써 결함을
  줄이고 시공품질을 높일 수 있다고 사료됨

품질관리

문제) 건설기술진흥법상 품질시험을 하지 않아도 되는 공사를 설명

1. 개요
    1) 건설기술진흥법에는 건설공사 발주자, 건설업자 및 주택건설 등록업자는 품질확보를
        위해 품질관리계획을 수립하거나 품질시험계획을 작성하여 이를 시행해야 된다.
    2) 품질과 직접적으로 관계 없는 공사, 특수공사에 대해서는 품질시험을
        하지 않아도 된다는 규정이 있다.

2. 품질시험이 불필요한 공사
    1) 품질시험대상 제외 공사
        가. 총 공사비가 5억 원 미만인 토목공사
        나. 연면적이 660㎡ 미만인 건축물의 건축공사
        다. 총공사비 2억 원 미만인 전문공사
    2) 건설교통부령이 정한 공사
        가. 원자력공사, 특수공사
            - 원자력 시설공사와 같이 건설공사의 성격상 품질시험이 필요 없다고
                인정되는 공사
        나. 조경 식재공사
        다. 가시설 설치 및 해체 공사

문제) 품질관리계획과 품질시험계획에 대해서 설명

1. 품질관리계획
    1) 대상공사의 범위
        가. 전면 책임감리 대상건설공사
        나. 총 공사비 500억 원 이상
        다. 건축물 공사 : 연면적 30,000㎡ 이상
        라. 계약에 품질보증 계획의 수립이 명시된 공사
        마. 제외 가능공사 : 조경식재 공사, 가시설 설치 공사 및 해체공사

    2) 품질관리계획에 포함된 내용
        가. 경영자 책임
        나. 품질 system
        다. 계약검토
        라. 설계관리
        마. 문서 및 자재관리
        바. 구매
        사. 고객지급품 관리
        아. 제품 식별 및 추적
        자. 공정관리
        차. 검사 및 시험
        카. 기타 포함 총 22항목

2. 품질시험계획
    1) 대상공사의 범위
        가. 총 공사비 5억 원 이상인 토목공사
        나. 연면적 660㎡ 이상인 건축물의 건축공사
        다. 총 공사비 2억 원 이상인 전문공사
        라. 총 공사비 = 총사업비(관급자재 포함) - 토지 및 보상비
    2) 내용
        가. 공종별 시험 종목 및 빈도
        나. 시험실 규모, 검사기기 종류, 기술인력배치

문제) 검사에 대해 설명

1. 개요
    1) 시험 후 얻어 낼 조사자료와 같은 시험 결과치를 일정한 판정 기준과 비교해서
       적부에 대한 판정을 내리는 것

2. 검사의 종류
    1) 목적에 따른 검사
        가. 수입(반입) 검사 : 원자재, 부품 반입 시 실시
        나. 공정(중간) 검사 : 제조과정, 생산과정 도중 실시
        다. 제품(완성, 최종) 검사 : 완성품에 대해 성능, 규격 등을 검사

    2) 방법에 따른 검사
        가. 전수검사 : 검사대상 모두에 대해 실시, 주요품목 또는 대상이 적을 경우 적합
        나. 발췌검사 : 검사대상에서 일정크기로 구분 표본을 추출해서 실시
        다. 무 검사 : 대상 품질을 간접적으로 보증하는 방식
        라. 자주검사 : 작업자가 스스로 실시하는 검사

    3) 성질에 따른 검사
        가. 파괴검사 : 시험대상의 손괴를 감수하고 실시, 제품으로서의 성능, 기능이 상실
        나. 비파괴검사 : 시험 대상체의 기능, 외관, 성능에 지장을 주지 않는 방식
        다. 관능검사 : 인간의 오감을 활용해 실시하는 검사

    4) 항목에 따른 검사
        가. 외관검사 : 제품, 시료의 모양, 색깔, 상태 등을 검사
        나. 수량검사 : 제품, 시료의 수를 확인
        다. 치수검사 : 제품의 규격, 길이 검사
        라. 중량검사 : 제품, 시료의 무게 검사
        마. 성능검사 : 제품, 시료의 성능이 만족한 상태인가를 확인, 검사

문제) 시험과 실험

1. 시험
   1) 개요
      가. 확인하고자 하는 대상 시료, 시편의 특성을 파악하여 자료를 얻는 작업
      나. 사람을 포함 동식물 등 유기질 조기, 무기질 성능과 성질을 알아보는 것
         정확성, 사회성, 타당성이 중요
   2) 목적
      가. 어떠한 대상이 어느 시점에 의도한 목적에 다다를 수 있는지 조사하기 위해 실시
   3) 품질시험의 종류
      가. 선정시험
         - 시공 전 건설공사에 사용될 자재의 선정을 위한 시험
      나. 관리시험
         - 건설공사에 사용되는 자재로 시공이 설계로서 시방서 및 건설공사의 품질확보
           의 규정에 적합한지 여부를 확인하기 위한 시험
           즉 시공 중 확인하는 시험
      다. 검사시험
         - 건설공사의 품질확보 여부를 확인하기 위한 선정, 관리시험이 적정하게 실시되
           는지 확인하기 위한 시험, 즉 시공 후 확인하는 시험

2. 실험
   1) 개요
      가. 물리량을 인위적으로 조절 특정값을 설정, 그 일정 조건에서 어떠한 현상이 일어
         나는지 또는 예측한 현상이 발생되는지 조사 확인하는 것
   2) 목적
      가. 자연과학 등에서 설정한 가성 검증을 위한 수단으로 활용

문제) 추정과 검정에 대해 설명

1. 추정
   1) 통계량으로부터 모수를 알아내는 것
   2) 종류
      가. 점추정
         - 분포의 기대치를 이용한 단 하나의 값으로 모수를 추정
      나. 구간측정
         - 모수가 일정 확률로 있게 될 구간을 구하는 것
   3) 특징
      가. 점추정의 정확도는 시료의 수에 영향을 받음
         - 다수의 시료 필요
         - 비경제적
      나. 구간 추정
         - 소수의 시료에 의존
         - 경제적

2. 검정
   1) 시료의 특성을 판단하여 통계적 결정을 내리는 것
   2) 종류
      가. 계량의 검정
         - 모 평균치의 검정
         - 모 평균치 차의 검정
         - 모 분산의 검정
         - 모 분산의 차의 검정
      나. 계수치 검정
         - 모 불량률의 검정
         - 모 불량률 차의 검정
         - 결 함수 차의 검정
         - 적합도 검정

문제) 관능검사

1. 개요
   1) 과학의 발전에 따라 생산설비도 현대화, 자동화되고 제품의 검사에 적용되는 계측기,
      검사기기도 고도로 발달하여 검사의 정밀도가 향상되었지만
   2) 품질에 따라서 계측기보다 인간의 관능을 이용하여 검사하는 것이 효과적일 때 검사
      하는 방식

2. 관능검사의 개념
   1) 인간의 감각기관을 이용하여 행하는 검사
   2) 검사 방법
      가. 물품의 특성을 측정
      나. 판정기준과 비교
      다. 판정을 함
      라. 품질정보를 제공
   3) 품질특성 측정과 판정기준 비교를 감각기관에 의해 실시하는 검사

3. 관능검사의 필요성
   1) 관능검사를 하지 않으면 품질 특성의 측정이 어려운 것
   2) 관능에 의한 것이 간편하거나 경제적이고 효과적인 경우

4. 관능검사의 문제점
   1) 검사원 감각의 정상여부와 식별능력의 유무
   2) 감각이 일정하지 않기 때문에 검사의 판정시간, 날짜에 따른 변화 우려
   3) 감각의 내용을 정확하게 표현 또는 보고의 어려움

문제) TQC의 7가지 도구에 대해 설명

1. 개요
   1) 품질관리 활동을 한 data를 통계적 방법에 의해 원인, 빈도, 종류 등을 분석하기
      위한 도구를 품질관리 7가지 도구로 분류
   2) 7가지 도구에는 관리도, 히스토그램, 파레토그램, 산포도, 특성요인도, 체크리스트,
      층별이 있다.

2. 7가지 도구의 종류 및 특징
   1) 관리도
      가. 개요
         - 공정이 정상 상태에 있는가를 알아보기 위해 작성하는 일종의 도표
         - 공정 상태가 품질에 미치는 영향을 파악하기 위해 사용

그림

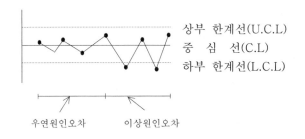

상부 한계선(U.C.L)
중 심 선(C.L)
하부 한계선(L.C.L)

우연원인오차   이상원인오차

      나. 종류
         - 계량치 관리도(X,Y)의 상호관계 파악하기 위한 기법
         - 계수치 관리도

   2) 히스토그램(Histogram)
      가. 개요
         - 품질이 만족한 상태에 있는가를 알아보기 위한 일종의 막대 그래프
         - 가로축에 특성값을 세로축에 도수를 잡고 그린 도수분포표
      나. 종류

그림

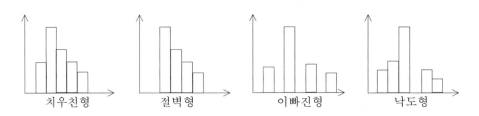

치우친형   절벽형   이빠진형   낙도형

3) 산포도(산점도)

　가. 개요

　　　- 대응하는 2개의 짝으로 된 data(X, Y)의 상호 관계를 파악하기 위한 기법

　　　- 두 data의 관계를 알아보기 위해 사용한다.

　나. 종류

그림

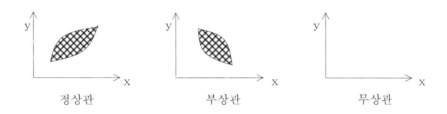

　　　　　정상관　　　　　　　　　부상관　　　　　　　　무상관

4) 파레토도

　가. 개요

　　　- 하자의 발생 건수를 빈도별, 크기별 나열하여 작성한 꺾은선 그래프

　　　- 하자의 크기를 파악하는 데 유용

　나. Paretogram

그림

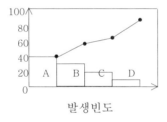

A : 언더 컷(40%)
B : Blow Hole(30%)
C : 균열(20%)
D : Slag 감싸들기(10%)

　　　　　발생빈도

5) 특성 요인도(fish bond diagram)

　가. 개요

　　　- 원인, 결과가 서로 어떠한 관계가 있는가를 알아보기 위한 일종의 도표

　　　- 하자의 원인을 찾아내는데 유용

　나. 특성 요인도의 예

그림

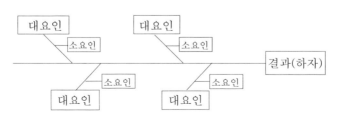

6) 체크 시트(치크리스트)
  - data 값들이 어디에 집중되어 있는가를 확인하기 위하여 작성한 그림이나 도표
  - data 관리의 주요관리 항목을 선정하여 분류한 것

7) 층별
  - data 값들을 공통적인 특성에 따라 분류하여 부분 집단으로 나눈 것
  - data들의 공통 특성을 찾아내기 위한 기법

■ 배합설계시 기본 요소

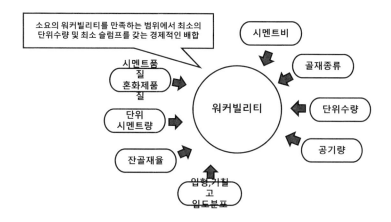

소요의 워커빌리티를 만족하는 범위에서 최소의 단위수량 및 최소 슬럼프를 갖는 경제적인 배합

시멘트품질
혼화제품질

단위
시멘트량

잔골재율

입형,기질
고
입도분포

워커빌리티

시멘트비

골재종류

단위수량

공기량

" 살면서 저지를 수 있는 가장 큰 실수는
실수할까 봐 계속 걱정하는 것이다 "
−앨버트 하버드

문제) 품질특성에 대해 설명

1. 개요
    1) 품질특성이란 품질관리를 할 때 품질특성을 정함으로써 품질관리의 방향을
       설정하는 것
    2) 특성 요인도 또는 수형상 그래프라고 한다.

2. 종류
    1) 품질 자체를 나타내는 것 : 제품의 치수, 중량, 불량률, 수확률 등
    2) 작업 결과를 나타내는 것 : 작업인원수, 소요시간, 납기, cost, 효율, 안전, 품질 등

3. 품질 특성의 표시
    1) 주로 특성요인도를 많이 사용
    2) 특성 요인도는 품질의 특성과 요인이 어떤 관계인지 분석하는 것
        → 하자 분석 시 주로 사용

4. 관리기법
    1) 특성 요인도
    2) 히스토그램
    3) 파레토도
    4) 그래프, 관리도
    5) 산점도
    6) 층별
    7) 체크시트

5. 품질 특성의 예
    1) 벽돌 품질특성 : 압축강도, 흡수율

등 급	강 도 (kg/㎠)	흡 수 율(%)
1급	16 이상	7 이하
2급	8 이상	10 이하

    2) 석재의 품질특성 : 압축강도, 흡수율
    3) 아스팔트 품질특성 : 침입도, 연화점
    4) 콘크리트 품질특성 : 압축강도, 인장강도, 휨강도, 전단강도
    5) 첨근 품질특성 : 인장강도, 휨강도

문제) 특성 요인도에 대해 설명

1. 개요
    1) 특성 요인도란 품질의 특성과 원인이 어떤 관계인지 수형상으로 표시한 그림
    2) 건축공사의 공정 중 발생한 문제점 하자분석이 필요할 때 사용

2. 필요성
    1) 품질향상, 능률행상, 비용저감 등을 목표로 현황해석 또는 개선하는 경우에 사용
    2) 공사관리 시 하자 발생 시 원인분석, 하자 제거할 경우 사용
    3) 작업 방법, 관리 방법 등의 작업 표준의 제정 및 개정하는 경우 사용
    4) 품지관리의 관리도, 신입사원교육, 작업설명에 쓰는 경우 사용

3. 작성 방법
    1) 품질의 특성 결정
    2) 요인을 큰 가지에 기록 또는 공정순으로 작성, 4M(재료, 노무, 기계, 자금)순으로
    3) 점점 세분화 기록한다.

4. 작성 시 유의사항
    1) 작성자의 지식, 경험을 작성
    2) 측정오차, 검사오차 등의 오차에 주의
    3) 특성마다 몇 장으로 특성을 나누어 특성 요인도 작성
    4) 요인을 층별하여 원인의 발생양상으로 세분
    5) 해결점을 두고 검토

그림

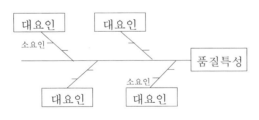

특성 요인도

5) 콘크리트 압축강도 특성 요인도

그림

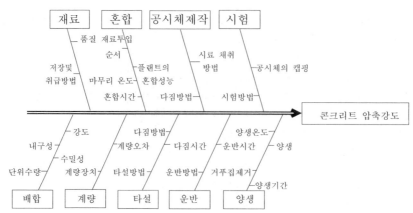

문제) 실내공기질 인증제에 대하여 설명

1. 개요
   1) 실내의 공기질에 영향을 미치는 실내공기 오염물질, 친환경자재, 환기설비 등 관련된 모든 요소들을 합적으로 평가해 등급을 부여하는 인증제도
   2) 공동주택(청정아파트인증제)을 중심으로 적용
   3) 정부는 실내 오염 문제의 심각성을 인식하고 '다중이용시설 등의 실내 공기질 관리법'을 제정하여 아파트 등 공동주택의 시공사는 인체 유해한 유해성 방출 물질을 측정하여 그 결과를 주민들의 입주 전 사전 공지하도록 하고 있다.

2. 내용
   1) 환경부가 공고를 의무화한 유해화학물질(포름알데이히드 등)
   2) 미세먼지 등 모든 유해물질
   3) 환기설비의 적정성
   4) 자연환풍 정도 등을 고려해 인증(2개 등급) 부여

문제) 친환경 건축자재(HB) 품질인증제도에 대하여 설명

1. 개요
   1) 쾌적하고 건강한 실내환경을 창출, 친환경자재 생산을 유도하기 위해 건축자재에서
      방출되는 오염물질 정도에 따라 친환경 인증등급을 부여하는 제도
   2) 각종 건축자재로부터 방출되는 화학 물질들이 대부분 인체에 유해, 거주자의 쾌적성
      과 건강에 악영향을 주고 있어 오염물질로 인한 피해를 줄이고 소비자에게 친환경
      건축자재에 대한 정보 제공과 선택의 폭을 넓히기 위해 실시(2004년 2월 16일부터)

2. 내용
   1) 효과
      가. 쾌적하고 건강한 실내 환경의 창출
      나. 오염물질 방출이 적은 건축자재의 개발 및 생산
      다. 친환경 건축자재의 사용 증가
      라. 새집 증후군 감소
   2) 대상 자재
      가. 각종 건축자재(합판, 바닥재, 벽지, 패널, 페인트, 접착제 등)
   3) 측정 항복
      휘발성유기화합물질(TVOC), 포름알데히드(HCHO)

3. 인증 등급
   - 오염물질 방출 정도에 따라 최우수, 우수, 양호, 일반Ⅰ, 일반Ⅱ 5개 등급으로 각각 네
     잎 클로버로 표시

문제) 친환경적 건축에 대하여 설명

1. 개요
    1) 에너지 절약, 자원절약 및 재활용, 자연환경의 보존, 쾌적한 주거환경을 목적으로 설계, 시공, 운영 및 유지관리, 폐기까지의 Life Cycle에서 환경에 대한 피해가 최소화되도록 계획된 건축물
    2) 환경 친화의 핵심 내용은 지구환경보존, 자연환경과의 조화, 쾌적하고 지속적인 개발이며, 건축분야에서는 자연 친화적 주거 형태 개발, 무공해자재, 에너지 효율의 극대화 시스템 구축 등을 중심으로 개발이 이루어지고 있다.

2. 특징
    1) 유지 비용의 절감
        가. 에너지 절약형 난방 및 급수 시스템
        나. 절수기기
        다. 절전 조명 기기
    2) 쾌적한 환경
        가. 무공해 건축 자재 사용
        나. 자동 환기 시스템, 중앙 집진식 천소 시스템
        다. 실내온도, 습도 자동제어 시스템
    3) 자연 친화적 생활
        가. 풍부한 녹지 공간
        나. 생태계 보전 개발
    4) 선진국형 쓰레기 처리 시스템
    5) 자산가지 증대

3. 환경 친화적 건축내용
    1) 건축물 환경 성능 인증제도(그린빌딩)
        가. 건축물의 환경성능 강화 : 미국(LEED), 일본(환경공생주택 인증제도)
        나. 건축물의 환경 친화 정도를 등급으로 표시
        다. 환경 친화적 시공을 유도하고, 건축물의 가치 제고를 통한 경쟁력 강화
        라. 빠른 시일 내 도입 예정
    2) 건축내용
        가. 환경 친화적 주거 형태 개발
        나. 에너지 절약 System 구축
        다. 환경 친화(부하 저감형) 재료 사용
        라. 폐자재, 해체물 절감
        마. 환경을 고려한 시공

문제) 제로 에미션화에 대하여 설명

1. 개요
    1) 건설생산활동 과정에서 필수적으로 발생할 수밖에 없는 폐자재 등 부산물을 최소화하
       고 자원으로 재활용하여 건설폐기물 제로를 실현하고자 하는 것
    2) 지구환경보존, 부존자원 보존을 통한 지속가능한 개발을 위해 환경오염물질 배출량을
       줄여 친환경적 건설을 목적으로 추진

2. 목적
    1) 폐기물 감소
    2) 폐기물의 재활용
    3) 부존 자원의 보존
    4) 지구 환경 보존
    5) 환경을 고려한 건설, 환경 친화적 건설

3. 건설산업 적용
    1) 자원의 재활용
        가. 폐 콘크리트, 폐벽돌, 폐유리, 강재 등 자원 재활용
            → 시멘트 및 콘크리트를 중심으로 활용 확대
        나. 환경 친화적(ECO) 콘크리트
        다. 리폼(Re-Form) 사업
            → 건설폐자재, 부산물 등을 타 산업 생산에 사용
    2) 환경친화적 건설
        가. 광열비 제로주택
            - 단열, 기밀성 향상 부재 사용을 통한 에너지 사용량 절감
            - 자연 에너지 활용(태양, 풍력, 수력 등)
            - 고 효율 자재 사용
        나. 생태건축
            - 자연에 순응하며 환경파괴를 최소화, 자연 에너지 사용 등을 강조한 건축

4. 확대방안
    1) 재활용에 대한 지원제도 마련 및 적극적 지원
    2) 생산-유통-소비의 전 과정에서 자원 순환형 사회 실현
    3) Re-Duce : 폐기물 발생을 근본적으로 억제
    4) Re-Use : 폐기물 등 자원의 반복적인 재사용
    5) 에너지 저소비형 재활용(Re-Cycle)으로 이어지는 3R

문제) 건설폐기물에 대하여 설명

1. 개요
   1) 건축 폐기물이란 건축, 토목 및 해체 공사에서 배출되는 불요물질
   2) 처리 시설 부족과 처리 비용의 증가에 따른 불법 매립 등이 사회문제화되고 있다.
   3) 폐기물에는 폐 콘크리트, 폐목재, 거푸집조각, 각종 고철류, 토사와 파쇄 암반, 플라스틱류와 스티로폼등이 있고 지정 폐기물인 폐유, 암면, 석면, 페인트가 있으며 일반폐기물인 음식물 쓰레기, 폐가전제품, 가구 등이 있다.
   4) 활용방안에는 완전폐기물은 처리업자에게 위탁처리하고 재활용폐기물은 직접이용하거나 파쇄하여 재생이용

2. 건설폐기물의 종류
   1) 건설폐기물
      가. 건설폐재류
         → 토사, 폐 콘크리트, 폐 아스팔트, 폐벽돌, 타일, 목재, 거푸집, 합성수지, 스티로폼 등
      나. 철재 및 종이류
         → 철근, 전선, 포장재, 벽지, 폐유리
   2) 지정폐기물
      → 폐유, 암면, 석면, 페인트류, 폐안정액
   3) 일반폐기물
      → 음식물 쓰레기와 부산물, 가구류, TV등 가전 제품류

3. 재활용 방안
   1) 재활용 규정

그림

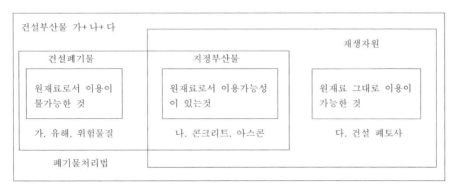

자원절약과 재활용 촉진에 관한 법

2) 폐기물 처리 Flow

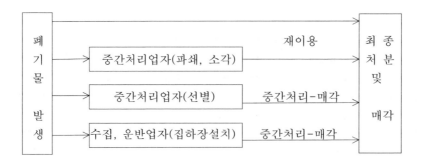

3) 폐기물 처리 방법
   가. 정리, 수집
       - 폐기물과 재사용재 구분 정리
       - 압축, 파쇄, 소각으로 분리
   나. 처리 방법
       - 재활용 - 보관 및 매각
       - 완전 폐기물 - 자체 및 위탁 처리
       - 적재 방법 - 장내 및 장외
   다. 재사용 방법
       - 부재 해체물 → 직접 이용형 : 폐 콘크리트, 벽돌
                    → 가공 이용형 : 철재, 유리
       - 파쇄 해체물 → 재생 이용형 : 플라스틱
                    → 환원형 : 종이, 목재
   라. 위탁처리 시 유의 사항
       - 폐기업 허가 유무 확인
       - 처리장 확보 유무
4) 종류별 재활용 방안
   가. 폐 콘크리트류
       - 콘크리트 쇄석 : 노반재로 이용
       - 철근 : 고철로 재사용
       - 골재 : 매립지 성토재
   나. 폐 아스팔트류
       - 아스팔트 원료로 이용
       - 골재 : 매립처분
   다. 토사류
       - 성토재, 되메움재
       - 매립처분
   라. 벽돌류
       - 도로포장, 지반 개량용
   마. 철재류

　　　　　　　－ 고철로 재활용
　　　　사. 종이류
　　　　　　　－ 재가공
　　　　아. 플라스틱 및 유리류
　　　　　　　－ 파쇄, 용융 후 원료화
　　　　자. 단열재류
　　　　　　　－ 분해 압착 처리 재사용, 경유와 혼합 후 본드로 사용

4. 재활용 촉진방안
　　1) 폐기물 발생 억제
　　　　가. 설계 단계에서부터 조립화 공법 적용
　　　　나. 자재 발생원에서부터 폐기 억제
　　2) 정부 차원 개선 방안
　　　　가. 발주자에게 폐기물 재활용 의무화
　　　　나. 재활용 수준에 맞는 보상
　　　　다. 폐기물 감소 기술 개발 시 보상제도
　　3) 업체 지원 개선 방안
　　　　가. 설계 단계부터 적정 처리
　　　　나. 포장 폐기물 억제
　　　　다. 기술 개발 추진 － 조립화 공법

5. 폐기물 처리 시 문제점
　　1) 배출단계
　　　　가. 현장 : 폐기물 종류별 분리수거 의무
　　　　나. 정부 : 폐기물 처리업자에 대한 관리 소홀
　　2) 수집, 운반단계
　　　　가. 도심 공사 시 분리 작업 곤란
　　　　나. 폐기물 상태별 처리 기준 미흡
　　3) 중간 처리 단계
　　　　가. 골재 반출이 적기에 이루어지지 않음
　　　　나. 폐기물 처리 업체의 영세성
　　4) 재생 골재의 수요 단계
　　　　가. 재생 골재의 수요처 정보 부족
　　　　나. 재생 골재의 처리 기술 미흡

문제) 리스크 관리에 대하여 설명

1. 개요
   1) RM이란 건설 project의 시행 중 발생할 수 있는 손해 또는 손실 가능성이 예상
      되거나 또는 재정적 손실과 인명피해와 같은 불이익을 예방하기 위한 관리
   2) 건설 project는 항상 위험성을 포함하고 있어 위험성이 예상되는 요인, 요소 등을
      발견하여 사전 대비하기 위한 체계적 관리

2. risk 관리의 flow

3. risk 관리방안
   1) risk 파악
      가. 외적 risk
         - 예측 불가능 risk
            → 예측 불가능한 관련법규, 개정
            → 자연재해
            → 폭동, 폐업
            → 민원
            → 공기지연
         - 예측 가능 risk
            → 시장구조 변화
            → 구매조달
            → 사회, 환경영향
            → 환율, 물가상승, 세제
      나. 내적 risk
         - 비기술적 risk
            → 공기지연
            → 공사비 초과
            → 자금수급 중단
         - 기술적 risk
            → 설계오차, 누락, 시방서 미흡
            → 설계와 상이한 현장조건
            → 작업성, 생산성
            → 특수 project 기술 및 경험
         - 법규관련 risk
            → 인, 허가
            → 특허권

     → 계약해지, 중단

     → 소송

     → 불가항력

 2) risk 영향분석

   가. risk 특성

   나. 발생할 가능성

   다. project에 미치는 영향도 - 발생가능성, 손해, 손실, 상해 정도

    - 기술적 영향도

    - 비용에 미치는 영향도

    - 공정에 미치는 영향도

   라. 작업분류 체계 분석

   마. network 분석

   바. LCC 분석

 3) risk 완화

   가. 보험가능 risk

    - 직접 재산손해

    - 간접 연계재산손해

    - 법적 책임

    - 피해범위 및 금액산정

   나. 영향분석

    - 당초계획 변경

    - 계약범위

    - 불확실도

    - 긴급대책 수립

    - project, LCC 변경

 4) 대응관리

   가. 위험도 배분

    - 발주자, 설계자, 시공자에게 할당부담

    - 국제 표준약관 및 보험 등 고려, 공정한 배분

   나. 위험도 보증 및 보험

    - 입찰보증, 계약이행보증

    - 위험도 보험

 5) risk 제어 및 조직관리

   가. 위험도 관리의 자료 문서화

   나. 위험도 소요재원의 재검토

   다. 추후확장, 검색, 수정이 쉽도록 관리

문제) LCC 기법에 대하여 설명

1. 개요
   1) 건축물을 기획, 설계, 시공의 초기 투자 단계를 거쳐 유지관리와 철거로 이어지는데 이런 과정을 건축물의 Life Cycle이라 한다. 이에 필요한 모든 비용을 Life Cycle Cost
   2) LCC 기법은 건설비보다는 완성 후 유지관리와 운영 비용까지를 고려한 Total Cost 를 분석 최소비용을 추구하는 것
   3) 노동력 절감, 건축주의 비용 절감, 입주자의 유지 관리비 절감 등의 효과를 기대

2. LCC 구성과 계획
   1) LCC 구성

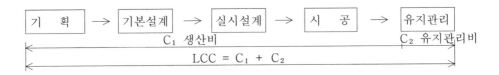

   2) LCC 계획
      가. LCC분석
         - LCC 분석
            → 건물 건축과 사용에 발생하는 실제 비용 계산
            → 유지 관리비와 성능 Data 규명
         - LCC 계획
            → 건물 부위 시공 시 Total Cost 계산
            → 초기 공사비와 유지 관리비는 계산하여 최소 비용안을 결정
         - LCC 관리
            → 유지 관리비 data base화
            → 차기 project 에 반영

3. 문제점과 개선 방안
   1) 문제점
      가. 건설업의 특수성
         - 장기 공사로 반복 생산이 불가능
         - 노동 집약적 산업
         - 공사 금액이 크고 초기 투자비가 높다.
      나. 발주자의 회피 현상
         - 초기 투자비 절감 방향으로 사업을 계획
         - 대규모 자본 조달 어려움

다. 데이터 축적 부족
    - 미래 비용 예측이 불확실
    - 기존 시설물의 시공 데이터 부족

2) 개선 방안
  가. 건설 정보화 촉진
     - CIC와 PMIS 체제 구축
     - 충분한 데이터 확보
  나. 미래 비용 환산 기법 개발
     - 정확한 비용 산정이 가능한 시스템 구축
     - 시뮬레이션 기법 활용
  다. 자금 조달 능력 배양
     - 신용 보증 및 대출 확대
     - 프로젝트 금융에 의한 장기 투자 기법 개발
  라. LCC에 대한 교육 및 홍보
  마. 건설업에 맞는 LCC 체제 확립

■ Polycarboxylate계 사용의 필요성

폴리칼본산계를 사용하여 단위수량 감소와 유동성 개선

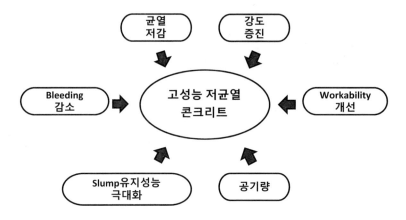

" 마음껏 자신감을 가져라
그래도 될 만큼 너는 가치있다 "

문제) Open System 에 대하여 설명

1. 개요
  1) Open System은 구조물에 사용되는 부재의 호환성을 높이기 위해 설계 단계에서 표준화를 통해 통일된 제품을 생산하고 현장 생산에 적용하기 위한 건축 생산 체계
  2) 자원절감, 공기단축 등 생산의 합리화가 가능하고 구조물간의 호환성과 기계화 시공을 촉진

2. Open System의 구축
  1) 구축 flow

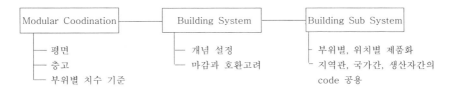

  2) 구축방안
     가. MC화
        - MC(=10cm 기준)의 배수 체계로 표준화
        - 복합 모듈 개발로 다용도 Pattern 개발
     나. 계역 부품이 생산 체계 확립
        - 호환성, 가변성으로 변형 수용
        - 부품 전문 생산 체계의 code 공유
        - 각 계역 부품의 다양한 대체 생산 유도

3. 적용
  1) Building System (건축 systemdm으로서의 체계)
     가. 부품 조립형 공법
     나. Cubicle Unit 공법
     다. Piug-In System

  2) Building Sub System (건축 부품으로서의 호환)
     가. C/W System
     나. PC 부재
     다. 천장재
     라. 자동 칸막이 System
     마. Unit Bath System.

문제) MC화에 대하여 설명

1. 개요
   1) MC화란 건축물에 사용되는 재료 치수, 설계치수, 시공치수 등 생산에 필요한 기준 치수를 정하고
   2) 치수의 통일과 상호 조정을 하는 과정

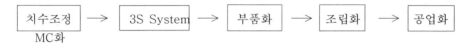

2. 사용 방법
   1) 기본치수
      가. 모든 치수는 10cm의 배수로
      나. 모든 치수는 1m의 배수로 적용
   2) 건물의 높이
      가. 20cm의 배수로
      나. 2m의 배수로 적용
   3) 평면
      가. 30cm의 배수로 설계
      나. 3m의 배수로 설계
   4) 공칭 치수
      가. 모든 치수는 공칭 치수를 기준
   5) 고층 구조물
      가. 층 높이와 기둥 중심 거리가 Module화되도록
      나. 모든 제품에 적용

3. 활성화 방안
   1) 인체 치수 고려
      가. 인체 공학적 설계와 시공
   2) PC화, 표준화
   3) CIC
      가. CAD
      나. CAM
      다. SA를 활용
   4) UBL 체계 이용
   5) ISO Series에 따른 표준 작업화

문제) 건설 표준화에 대하여 설명

1. 개요
1) 표준화란 일정제품의 치수, 규격, 형상, 성능, 절차, 방법 등의 통일화를 말하며 즉 생산 공정상의 일정한 통일을 말한다.
2) 건설업은 옥외 이동생산, 주문생산으로 시공여건과 규모, 특성이 모두 다르며, 습식공법의 한계 등으로 표준화에 어려움이 있다.
3) 건설 표준화를 위해서는 설계단계에서부터 부품생산, 시공조립, 제도 등의 건설 project의 전 작업과정에서 노력이 필요

2. 건설표준화의 필요성
1) 품질향상
2) 원가절감
3) 공기단축
4) 공업화 건축의 실현 - 기계화
5) 건설정보통합의 전산화 구축마련 - CIC , CALS
6) 시공관리 System - CPM, SE, VE, IE, LCC 등
7) 유지관리 System - LCC

3. 건설기술의 단계별 표준화 방법
1) 설계단계에서의 표준화

　가. CAD
　　- 계획 및 설계의 System화, 부품화 설계
　나. 치수의 표준화-MC화(척도조정)
　다. 적산 방식의 표준화
　　- 부위별 적산방식
　　　→ 대상 건축물을 기초, 구체, 외벽, 내벽, 바닥, 설비 등으로 나누어 적산
　　- WBS (Work Breakdown Structure)
　　　→ 작업 체계의 분류에 의한 project 관리

2) 공장생산의 표준화

　가. CAM 도입
　나. 공업화 생산
　　- 규격화 : 단순화, 전문화
　　- 부품화 : PC화
　　- 조립화 : 철골공업화
　다. 자재 조달의 표준화
　　- 적시생산 System
　　　→ 현장 조립공정에 맞춰 공장 생산품을 stock없이 즉시 조립
　　　→ 현장 공정에 맞는 적기 자재 공급 System
　　- 공장제작 System 파악

3) 시공기술의 표준화

　가. 자재의 표준화

　　　- 자재의 규격, 치수, 성능, 절차, 방법

　　　- 표준화 인증기구 - KS, ASTM, JIS

　　　- 재료의 건식화, 조립화

　나. 공법의 표준화

　　　- 복합화 공법

　　　　→ 철근 prefab화 system 거푸집화, 고강도 con'c화

　　　　→ H-PC 공법, RPC 공법, 적층공법

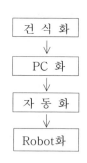

공법의 표준화

　　　- 시공 기술의 자동화

　　　　→ 기계화 시공

　　　　→ robot화 시공

　다. 시공관리의 표준화

　　　- 공정의 표준화

　　　　→ CPM

　　　　→ 최적공기법

　　　- 원가관리의 표준화

　　　　→ VE - 최소 원가절감 기법

　　　　→ 씨스펙 도입 - 시간과 비용의 통합관리 방안

　　　- 품질관리의 표준화

　　　　→ QM, TQM, TQC

　　　　→ ISO 9000 series

　　　- 안전관리의 표준화

　라. 유지관리의 표준화

　　　- 유지관리의 system화

　　　- computer에 의한 통합관리 system

설계, 생산, 시공의 표준화

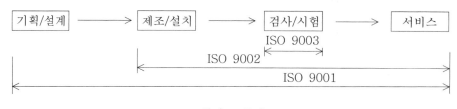

품질 표준화

　마. 사업관리(CM)를 통한 표준화 방안

　　　- 기획, 설계단계에서부터 표준화 후 시공의 표준화

　　　- CM전문가 육성과 제도적 추진

　　　- EC화의 연계적 추진

　　　- CM화를 통한 project의 표준화

5. 건설기술 표준화의 문제점과 대책방안

    1) 표준화의 문제점

        가. 건설업의 특수성 – 주문생산, 옥외 이동생산

        나. 설계자의 표준화 인식부족

        다. 습식공법에 의한 건식화의 한계

        라. 수요자의 인식부족

        마. 공정표, 내역서, 시방서의 내역 체계의 불일치

    2) 대책방안

        가. 신기술의 도입 – EC화, CM화

        나. 통합전산화 system 구축 – CIC , CALS화

        다. EC화의 추진 – project, 공법, 관리의 체계화

문제) 3정5s 에 대하여 설명

1. 3정
   1) 정위치
      가. 각 물건을 두는 위치를 알기 쉽도록 미리 정해 놓는 것
      나. 장소 표시와 번지 표시로 나눈다.

   2) 정품
      가. 정위치에 정품이 놓여 있어야 한다.
      나. 품목표시 : 둔 물건 자체가 무엇인가를 나타낸다.
      다. 품목표시를 떼낼 수 있도록 간판의 기능을 유지
      라. 위치 변경 가능하도록 한다.

   3) 정량
      가. 정위치에 정품이 정량으로 확보되어 있어야 한다.
      나. 적치장과 선반의 크기를 제한한다.
      다. 최대 재고량과 최소 재고량을 확실히 명시한다.
      라. 한눈에 수량을 알 수 있도록 한다.

2. 5s
   1) 정리 : 필요한 것과 필요없는 것을 구별하여 필요없는 것은 없애는 것
   2) 정돈 : 필요한 것을 언제든지 필요한 때에 꺼내어 사용할 수 있도록 해 두는 것
   3) 청소 : 먼지나 쓰레기, 더러움 없는 상태를 만드는 것
   4) 청결 : 정리 정돈의 청소의 상태를 유지하는 것
   5) 습관화 : 결정된 일은 올바르게 지키는 습관을 몸에 붙이는 것

문제) 입회점(witness point)과 정지점(hold point)에 대하여 설명

1. 개요
1) 입회점(withness point)
- 검사자, 감독자가 작업 진행 중 입회하고자 지정한 검사점에서 검사자가 해당 검사점에 입회하지 않을 경우에 검사자의 사전동의 없이 다음 단계의 공정으로 지행 가능한 검사점
2) 정지점(hold point)
- 입회점과는 달리 검사자의 입회 또는 사전 서면 승인 없이는 다음 단계의 공정으로 진행할 수 없는 검사점

2. 입회점과 정지점이 필요성과 관리
1) 필요성
가. 입회점, 정지점은 전체 품질을 관리하는데 필요한 가장 중요한 요소
나. 하자나 결함이 발생될 수 있는 주요 시기와 내용을 확인함으로써 품질 저하를 방지 및 규정된 품질을 확보
다. 입회점과 정지점은 품질에 영향을 미치는 요인을 사전에 확인 및 점검하기 위해 반드시 필요

2) 일괄관리
가. 시공자는 작업공정에 대한 검사 및 시험계획을 작성 후 감독원에게 제출하여 입회점(withness point) 및 정지점(hold point)을 지정받아야 한다.
나. 공사 담당자는 검사 및 시험 계획서(ITP)에서 품질담당 검사자 또는 감독이 지정한 검사점에 해당되는 작업에 대해 최소한 검사예정일 2일 전까지는 구두 또는 검사요청서로 검사를 요청
다. 공사 담당자는 작업준비 일정상 검사자가 지정한 검사일시에 검사를 요청할 수 없는 경우는 반드시 변경된 작업 일정을 검사점 지정자에게 통보하여야 한다.
라. 공사 담당자는 변경된 작업 일정이 원래 제출한 검사 및 시험 계획서상의 작업 일정과 상이한 경우는 재 제출하여야 한다.
마. 검사자가 지정된 검사예정 일시에 입회하지 않을 경우
- 검사점이 입회점(W : withness point)인 경우는 작업을 계속할 수 있다.
- 검사점이 정지점(H : hold point)인 경우는 해당 검사점 지정자의 검사 및 승인을 받지 않으면 계속하여서는 안 된다.

문제) 품질관리가 공사비에 미치는 영향을 설명

1. 개요
    1) 건축물의 초고층화 대형화에 따른 건축물의 복잡, 다양화되고 있어 현장에서 시공 품질을 보증하기 위해서는 설계, 재료, 시공의 작업 과정에서 품질관리가 필요하다.
    2) 철저한 품질관리를 통해 원가절감 및 신뢰도 확보, 기술 능력 확보와 더불어 대외 경쟁력 확보에 우위를 차지해야 한다고 판단

2. 품질관리가 공사비에 미치는 영향
    1) 품질관리는 품질보증을 통해 공사비 절감 및 신뢰도 확보를 수주경쟁력의 우위를 확보할 수 있다.
    2) 품질관리를 통한 원가절감 효과
        가. 소요의 품질확보
        나. 품질개선 및 향상
        다. 균질한 품질생산
            - 공사 중 생기는 결함 사전 방지
            - 공사 중 생기는 문제 발견, 조치 가능
            - 결함 발생 축소로 재시공 및 수리비 등의 비용절감
            - 작업의 표준화에 따른 노무비 절감
            - 시공능률 향상에 따른 공기 단축
            - 안전사고 예방

    3) 품질보증을 통한 업체의 신뢰도 경쟁력 확보
        1) 수요자의 신뢰도, 만족도 극대화
        2) 수주 경쟁력 우위 확보
        3) 대외 경쟁력 향상
        4) 기술 축적에 따른 기술 능력향상
        5) 경영의 안정화

문제) 브레인 스토밍(Brain Storming)에 대하여 설명

1. 개요
   1) Brain Storming이란 한 가지 문제에 대하여 여러 사람이 모여 아이디어를
      수집하여 집단의 효과를 이용하여 아이디어의 연쇄 반응을 일으키는 자유분방한
      아이디어의 창출
   2) 원래 정신병자의 착란상태를 의미
   3) 미국 BBDO 광고회사에서 광고 아이디어를 얻고자 착안된 회의방식에서 비롯

2. 4가지 규칙
   - Brain Storming에는 인식, 문화, 감정을 제거하고 고정 관념에서 탈피하거나 천재적
     특성을 살리기 위한 4가지 규칙이 있다.
   1) 좋다, 나쁘다의 판단을 하지 마라
      가. 아이디어의 수를 많이 창출하기 위함
      나. 아이디어가 타인으로부터 비판을 받으면 아이디어를 만들 수 없고 아이디어 창출
         단계에서는 상식을 벗어난 아이디어라 하더라도 비판 금지

   2) 자유분방한 사고와 아이디어
      가. 문화의 장벽을 벗어나기 위함
      나. 생각, 발상은 틀에 얽매기 마련, 이 틀과 고정 관념으로부터 벗어나 다른 관점에
         서 아이디어를 찾기 위함

   3) 아이디어의 양을 많이
      가. 아이디어의 양이 많으면 많을수록 좋다.
      나. 많은 아이디어 중 선택된 것이 적은 수의 아이디어 중 선택된 것보다 좋은 확률
이 높으므로 다각적 시야에서 나온 다량의 아이디어가 좋다.

   4) 타인의 아이디어에서 개선 결합을 구한다.
      가. 타인의 아이디어에서 다른 아이디어를 발상하여 개선
      나. 초기 단계보다 훨씬 진전된 생각과 아이디어의 양을 늘리는 방법이 되어 대안 모
         색에 중요하게 활용할 수 있다.

문제) 품질비용에 대하여 설명

1. 개요
   1) 품질 비용이란 하자발생으로 인한 처리비용을 포함 하자를 사전에 예방하기 위해
      소요되는 비용과 품질활동에 필요한 모든 비용을 포함한다.
   2) 품질 확보에 대한 인식 제고, 품질경영 활동 강화함으로써 하자 관련 비용을 줄이고
      품질 유지를 할 수 있다.

2. 품질 비용의 종류
   1) 하자 비용
      가. 재시공 비용, 보수 비용
      나. 시공품질의 불량 발생 비용
      다. 안전 사고로 인한 처리 비용
      라. 공기 연장 비용
      마. 손해배상, 소송 비용
      바. 돌관 작업으로 인한 비용

   그림

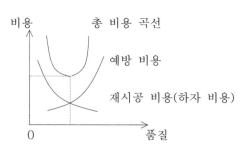

품질 비용에 따른 총 비용

   2) 예방 비용
      가. 자재, 재료에 대한 검사 비용
      나. 품질시험, 검사에 소요되는 비용
      다. 품질교육, 안전교육에 소요되는 비용
      라. 기타 품질 확보를 위한 비용
   3) 무형의 비용
      가. 작업자, 감독자의 근무 의식 고취 비용
      나. 품질인식 제고 비용
      다. 공기 연장, 타공사 수주에 미치는 비용
      라. 기업 이미지 비용

3. 절감 방안

    1) 품질정도 확보

    2) 감리, 감독 철저

    3) 표준화 기준 마련(ISO, MC화)

    4) 기술 능력 향상 : EC화 추진

    5) 시험, 검사실시

    6) QC, QM 활동 강화

    7) 지속적 교육과 인식 제고

문제) KS에 대하여 설명

1. 개요
   - 국가가 제정한 한국산업 표준(KS표준) 수준이상 제품(가공기술포함) 및
     서비스를 지속적, 안정적으로 생산할 수 있는 기업에 대해 엄격히 심사
     KS인증서를 표시할 수 있게 하는 국가 인증제도

2. KS의 효과
   1) 표준화된 제품 및 기술보급, 거래 및 공정의 투명화 촉진
   2) 소비자 보호 공공의 안정성 확보
   3) 국가, 기업 및 공공단체 등 물품 구매 시 별도 품질 확인 절차 생략
      비용 및 시간 절약
   4) 국민 경제 발전에 기여

3. KS인증에 대한 우대 및 혜택
   1) 국가 지방 자치 단체, 정부 투자 기관 및 공공단체 물품 구매에 대한 우선구매
   2) 국가를 당사자로 하는 계약에 대한 입찰 계약 특혜
   3) 안전검사 등 건사, 형식, 승인에 대한 면제

문제) ISO 9000에 대하여 설명

1. 개요
   - ISO 9000은 제삼자가 제품, 서비스, 공급자의 품질 시스템을 평가
     품질 보증 노력을 인증해 주는 제도

2. 도입효과
   1) 고객에 대한 품질 신뢰성 증대
   2) 기업의 경쟁력 확보
   3) 기업 이미지 쇄신
   4) 개별 고객에 대한 중복평가 감소
   5) 하자 예방효과

3. 건설업 적용 시 문제점 및 개선책
   1) 문제점
      가. 제조업 중심 규격
         - 생산 방식에 적용 어려움
         - 표준화 곤란 부분 많음
      나. 인증서류 복잡
      다. 형식적 서류 심사

   2) 개선책
      가. 건설업 중심의 규격 마련
         - 건설 특성에 적합한 규정
         - 각 공정별 표준화 작업
      나. 건설 표준화 작업
         - 정보 표준화
         - 발주, 입찰, 계약 양식 표준화
         - 설계, 시공단계 표준화
      다. 인증절차 간소화
      라. 지속적 유지관리
         - 현장 방문으로 실질적 시행 여부 점검
         - 지속적 관리 필요

문제) 품질 특성에 대하여 설명

1. 요구 품질(목표 품질)
   - 소비자(발주자)가 기대를 가지고 생각하는 품질

2. 설계 품질
   1) 발주자의 요구 품질을 설계하기 위해 project의 특성, 여건 반영 기획
      그 결과를 시방으로 정리, 도면화한 품질
   2) 설계 품질이 시공 품질에 주로 영향

그림

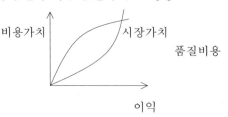

3. 시공 품질
   1) 설계도면 품질기준과 일치되는 시공물을 생산해 내는가 정도
   2) 제조 합치 품질이라 하며 실현되는 품질

4. 자재 품질
   1) 시공품질 구성 요소 중 공사용 재료 자재에 요구되는 품질
   2) 시험 성적서 KS에 따라 지정 품질 시험 실시

5. 감리 품질
   1) 시공 품질이 설계품질과 일치 여부 확인
   2) 시공 정확도, 자재품질 기능 등이 도면 시방서대로 시공되어 요구 품질이
      만들어지도록 하는 일련의 활동

6. 공정 품질
   - 공사의 전반적 운영 면에서 설계 품질이 이루어지도록 공정 전반 관리

■ 시멘트 대체 재료

- 포졸란(플라이애쉬, 규산백토, 실리카폼)
- 고로슬래그 미분말
- 경화과정 중 팽창을 일으키는 것 - 팽창재

포졸란 활성,
잠재수경성을
가지고 있는 것

시멘트
대체재료로서
사용

광물질 미분말

" 성공하려는 본인의 의지가
다른 어떤 것 보다 중요하다 "

문제) Single ppm에 대하여 설명

1. 개요
   1) Single ppm이란 결과적으로 QCT로 고객만족을 추진하는 것
      품질 제고, 비용절감, 사이클 타임 단축
   2) 고객만족으로 재무지표가 향상되는데 전략적 성과 지표로 나타난다.

2. Single ppm 품질 혁신 운동의 특성
   1) 사전준비
   2) 최고 경영자의 강력한 의지
   3) 모두의 적극적 참여
   4) 정확한 평가와 공정한 보상
   5) 기업 문화와 종업원의 성격에 맞는 운동

3. Single ppm의 적용범위의 확대 방안
   1) 단계적으로 추진
   2) 예방품질 관리 활용의 활성화
   3) 공정 불량률의 올바른 산출
      가. 공정능력확보
      나. 전수검사에 의해 보증

4. 맺음말
   1) Single ppm은 기존 통계적 기법의 품질관리에서 진일보하여 새로운 차원으로 활용
   2) 품질경영주도 모기업과 협력 기업의 공동 추진도 중요
   3) 개별 기업의 단독 추진에 한계가 있기 때문에 공동 추진이 요구

문제) 품질관리의 진행절차에 대하여 설명

1. 개요
    1) 품질관리란 수요자 요구에 맞는 품질 제품을 경제적으로 만들어 내기 위한
        수단의 체계
    2) 품질관리는 질, 양, 원가 조화가 중요
        → 종합적 품질관리

2. 품질관리 4단계
    1) Deming cycle

    2) 품질관리의 시행 방법
        가. Plan(계획) : 도면, 시방서 검토, 시공계획, 관리기준설정
        나. Do(실시) : 자재검수, 전문업체 신뢰성 협의
        다. Check(검사) : 계획, 실시여부, Data작성
        라. Action(조치) : 품질 불량조치, 실적, 계획 등으로 feed back

3. 품질관리 목적
    1) 품질확보
    2) 품질 개선
    3) 품질 균일화
    4) 하자빙의
    5) 신뢰성 증대
    6) 원가절감

4. 품질관리 효과
    1) 시공능률 향상
    2) 품질 및 신뢰성 향상
    3) 설계의 합리화
    4) 작업의 표준화

문제) 검사

1. 개요
   1) 검사란 물품을 어떤 방법으로 측정한 결과를 판정기준과 비교하여 개개의 물품에
      양호, 불량, 또는 로트의 합격, 불합격의 판정을 하는 것

2. 검사의 목적
   1) 좋은 로트, 나쁜 로트 구별
   2) 양호품과 불량품 구별
   3) 공정이 변화했는지 어떤지 판단
   4) 공정이 규격 한계에 가까워졌는지 판단
   5) 제품의 결점정도 평가
   6) 측정기기의 정밀도 평가
   7) 검사원의 정확도 평가
   8) 공정능력 측정
   9) 품질정보 제공
   10) 고객에게 품질에 대한 신뢰성제고

3. 검사의 종류
   1) 검사가 행해지는 공정에 의한 분류
      가. 수입검사 : 재료, 반제품 또는 제품을 받아들이는 경우 행하는 검사
      나. 구입검사 : 외부에서 구입 경우 검사
      다. 공정검사와 중간검사 : 제조공정이 끝나고 다음 공정으로 진행시 행해지는 검사
      라. 최종검사 : 최종단계에서 행해지는 검사, 완성품검사
      마. 출하검사 : 제품 출하 시 검사
   2) 검사가 행해지는 장소에 의한 분류
      가. 정위치검사 : 검사에 특수한 장치필요, 특별한 장소에 물품을 운반하여 검사
      나. 순회검사 : 검사원이 적시에 현장을 순회하며 행하는 검사
      다. 출장검사 : 외주업체에 출장하여 행하는 검사
   3) 검사의 성질에 의한 분류
      가. 파괴검사 : 제품을 파괴해서 검사
      나. 비파괴검사 : 제품을 파괴하지 않고 검사
      다. 관능검사 : 인간의 오감에 의한 검사
   4) 판정의 대상에 의한 분류(검사 방법)
      가. 전수검사
         - 개개의 물품에 대하여 그 전체를 검사하는 것으로 샘플링 검사를 하는 것보다
           경제적이거나 전수검사를 하지 않으면 안 되는 인명의 치명상을 방지하기 위한
           검사인 경우에 사용
      나. 샘플링검사
         - 로트별로 시료를 샘플링하고 샘플링한 물품을 조사하여 로트의 합격, 불합격을
           결정하는 검사

다. 관리 샘플링검사
- 체크검사(제조공정관리, 고정검사의 조정, 검사의 체크)
라. 무검사
- 높은 공정능력을 보유한 경우 검사를 생략
마. 자주검사
- 작업자 자신이 스스로 하는 검사
5) 검사항목에 의한 분류
1) 수량검사
2) 외관검사
3) 치수검사
4) 중량검사
5) 성능검사
6) 화학적 특성검사
7) 기계적 특성검사

4. 검사의 기능
검사표준 설정 → 제품의 측정 → 표준과 측정결과의 비교 → 판정 → 처리
→ 품질정보의 제공

5. 검사 계획
1) 검사 대상(제품의 종류 등)
2) 검사 항목(겉모양, 치수 등)
3) 검사 방법(전수, 샘플링, 관리샘플링, 무, 자주 검사)
4) 검사 형식(규준형, 조정형, 선별형, 연속 생산형)
5) 검사 시기(생산 중, 생산 후)
6) 검사 장소(정위치, 순회 등) 등에 관한 검토 및 결정에 대한 사전검토 계획

문제) 산포도(산점도 : scatter diagram)

1. 개요
   대응하는 두 개의 짝으로 된 data를 graph용지 위에 점으로 나타낸 그림으로
   품질특성과 이에 영향을 미치는 두 종류의 상호관계를 파악하는 기법

2. 산포도의 종류
   1) 정상관
      - X가 증가하면 Y도 증가
   2) 부상관
      - X가 증가하면 Y는 감소
   3) 무상관
      - X, Y 상관이 없음

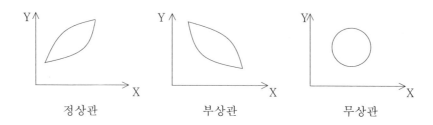

정상관　　　　　　　부상관　　　　　　　무상관

3. 작성 방법
   1) 상관관계를 조사하는 것을 목적으로 대응하는 그 종류의 특성 혹은 원인의
      data(X, Y)를 모은다.
   2) data의 X, Y에 대하여 각각 최대치, 최소치를 구하고 세로축과 가로축의
      간격이 거의 같도록 graph용지에 눈금을 체크, 위로 갈수록 큰값이 되게
   3) 측정치를 graph 위에 점을 찍어 나간다.
   4) data수, 기간, 기록자, 목적 등을 기입

4. 작성 시 유의사항
   1) 좌표측의 눈금을 결정 시 X, Y모두 실측치의 최소, 최대치를 찾아서 결정
   2) 산포도에서 점이 집단에서 떨어져 있으면 반드시 원인을 밝혀야 한다.
   3) 점의 원인을 모를 경우에는 그 점까지 포함시켜서 판단
   4) 산포도에서의 점은 그 꼴을 달리 한다거나 또는 색깔로 구분하고 층별한다.

문제) 품질관리계획 및 품질시험계획의 구분

구분		품질관리계획	품질시험계획
계획 수립	대상	- 전면 책임감리대상 건설공사로서 총 공사비 500억 원 이상인 건설공사 - 다중이용건축물의 건설공사로서 연면적 3만㎡ 이상인 건축공사 - 공사계약에 품질관리계획의 수립이 명시되어 있는 건설공사	- 총 공사비 5억 원 이상인 토목공사 - 연면적 660㎡ 이상인 건축공사 - 총 공사비 2억 원 이상인 전문공사
	작성자	건설업자 또는 주택건설 등록업자	
	내용	현장품질방침 및 품질목표 등 26개 항목	시험계획 횟수, 시험시설, 인력배치 등
확인	시기	연 1회 이상 (준공년에는 준공 2개월 전)	
	확인자	발주자 또는 인허가 행정기관의 장	발주자
	내용	품질관리계획 수립 및 이행여부 확인	품질시험계획 수립 및 이행여부 확인

* 품질관리계획 또는 시험계획을 수립할 필요가 없는 공사
 - 원자력시설공사, 조경식재공사, 가시설설치공사, 철거공사

품질관리(시험)계획의 내용을 변경하는 경우에도 감독, 감리자의 확인을 받아
발주청 또는 인허가 행정기관에 제출, 승인받음

■ 배합설계시 여러요소의 결정방법

⇨ 골재

- 골재: 모래, 자갈 및 부순골재

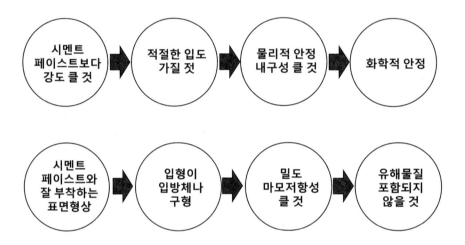

" 성공의 비결은
남들이 잘 때 공부하고
남들이 빈둥거릴 때 일하며
남들이 놀 때 준비하고
그저 바라기만 할 때 꿈을 갖는 것이다 "

문제) 토목품질시험 기술사의 업무영역과 공사 규모별 시험실 설치 기준

1. 개요
   1) 토목품질시험 기술사의 업무영역
      가. 토목품질시험에 관한 전문적 응용 능력을 필요로 하는 사항에 대하여
          계획, 연구, 설계, 분석, 조사, 시험, 시공, 감리, 평가, 진단, 시험운전,
          사업관리, 기술판단(기술감정포함), 기술중재
      나. 또는 이에 관한 기술자문과 기술지도를 그 직무로 한다.

2. 공사 규모별 시험실 설치 기준
   1) 특급품질관리대상 공사
      가. 공사 규모
          - 영 제41조1항1호 및 2호 규정에 의거 품질관리 계획을 수립하는 공사
          - 총 공사비 일천억 원 이상 및 연면적 50,000㎡ 이상인 다중 이용 건축물 공사
      나. 시험실 규모
          - 100㎡ 이상
      다. 품질관리자
          - 특급품질관리원, 중급품질관리원 이상 각 1인 이상
   2) 고급품질관리대상 공사
      가. 공사 규모
          - 총 공사비 500억 원 이상, 연면적 30,000㎡ 이상의 다중이용 건축물 건설공사
          - 계약서상 품질관리계획이 수립 명시되어 있는 공사
      나. 시험실 규모
          - 50㎡ 이상
      다. 품질관리자
          - 고급품질관리원, 중급품질관리원 이상 각 1인 이상
   3) 중급품질관리대상 공사
      가. 공사 규모
          - 총 공사비 100억 원 이상, 연면적 5,000㎡ 이상의 다중이용 건축물 공사
          - 특급 및 고급품질관리대상 공사가 아닌 건설공사
      나. 시험실 규모
          - 30㎡ 이상
      다. 품질관리자
          - 중급품질관리원, 초급품질관리원 이상 각 1인 이상

4) 초급품질관리대상 공사
   가. 공사규모
      - 품질시험계획을 수립하여야 하는 건설공사로서 중급품질관리대상
        공사가 아닌 건설공사
   나. 시험실규모
      - 발주자와 계약한 면적
   다. 품질관리자
      - 초급품질관리자 이상의 품질관리자 1인 이상
5) 시험검사 장비기준
   가. 당해 공사의 설계 및 시공기준에 의하여 또는 건설교통부령이 정하는
      품질시험기준에 의한 시험 및 검사를 실시하는데 필요한 시험, 검사
      장비를 구비 하여야 한다.
   나. 발주청 또는 건설공사의 허가, 인가, 승인 등을 할 수 있는 행정기관의 장이
      특히 필요하다고 인정하는 경우에는 공사종류, 규모 및 현지 실정과
      법 제25조의 규정에 의한 국·공립시험기관 또는 품질검사 전문기관의
      시험, 검사 대행의 정도 등을 감안하여 시험실 규모 또는 품질관리 인력
      규모를 조정할 수 있다.

3. 맺음말
   1) 건기법과 시행령에서는 당해공사 건설업자가 현장에 배치
      기술자의 기준과 시험실 시험 및 검사장비에 관한 기준에 의거 공사의 규모에 따라
      배치하도록 규정
   2) 시행규칙에 의하면 건설업자가 품질시험을 직접 실시 또는 품질검사 전문기관에
      의뢰하여 품질시험을 실시하도록 규정
      품질시험 대상자가 건설업자로부터 품질시험을 의뢰받아 현장에서 품질시험을
      수행하여도 법적이 하자는 없다고 본다.
   3) 현행 품질관리자의 자격인정범위가 일정기간의 건설공사 업무를 수행한 기술자라면
      품질시험에 관한 전문지식이나 숙련이 없는 자도 인정되므로 이들을 고용한 품질대상
      기간이 난접하여 품질시험업무의 주요성을 훼손할 우려가 있다.
   4) 조속히 전문성이 확보된 대행기관에서도 품질시험을 정상적으로 시행하도록 제도 보완
      조치나 정부의 명확한 지침과 해석 및 관리 감독이 필요하다 사료됨

문제) 발췌검사, 전수검사

1. 개요
   1) 검사란 물품의 특성을 표준과 비교하여 양호, 불량을 판단하거나 로트별로
      합격, 불합격 처리하는 것

2. 검사에 따른 종류
   1) 검사 장소에 따른 분류
      - 정위치, 순회검사, 출장검사
   2) 검사 목적에 따른 분류
      - 수입검사, 중간검사, 제품검사, 출하검사
   3) 검사 성질에 따른 분류
      - 비파괴검사, 파괴검사, 관능검사
   4) 검사 방법에 따른 분류
      - 전수검사, 발췌검사, 무검사

3. 발췌검사, 전수검사
   1) 발췌검사
      - 제품의 LOT로부터 몇 개의 시료를 선택 후 측정검사
      - 파괴검사와 같이 전수검사가 불가능한 경우
      - 전수검사가 비경제적인 경우 발췌검사 실시
      - 제품마다 품질을 보증할 수 없지만 LOT마다 품질을 보증
   2) 전수검사
      - 제품 전체를 모두 검사하여 규격과 비교하는 것
      - 제품마다 품질을 보증할 수 있다.
      - 검사비용이 많이 투입된다.

4. 발췌, 전수검사 비교

구　분	발췌검사	전수검사
검사항목	항목이 많고 복잡	검사항목이 적고 간단
LOT의 크기	많을 때	적을 때
결점 있는 것	부적합	적합
불량률 발생	부적합	적합
검사비율	적다	많다
생산자 품질향상	크다	적다

문제) KOLAS 정의 및 목적

1. 정의
   1) 한국교정시험기관 인정기구(KOLAS)는 대한민국 산업 자원부 기술표준원
      산하 정부기구로서 1992년 3월 30일 설립
   2) KOLAS는 교정기관인정, 시험기관인정, 검사기관이니정, 표준물질생산기관
      인정 업무를 수행

2. KOLAS설립 목적
   1) 국가표준제도의 확립 및 산업 표준화 제도운영
   2) 공산품의 안전, 품질 및 계량 측정에 관한 사항
   3) 교정기관, 시험기관 및 검사기관 인정제도의 운영
   4) 표준화 관련 국가간 또는 국제 기구와의 협력 및 교류
   5) 국내 시험기관들의 교육과 훈련업무담당
   6) 국가간 상호인정 협력(MRA)을 통한 국가 경쟁력 제고

3. 공인기관의 특징
   1) 공인기관의 시험 결과에 대한 국제적 공인보장
   2) 시험성적서에 대한 신뢰도 확보로 고객 이미지 향상

4. 공인시험 기관의 체계

   | ILAC |
   ⇓
   - 명칭 : 국제시험소 인정협력체
   - 설립 : 1977 덴마크   본부 : 호주
   - 목적 : 시험소 인정제도에 관한 정보교환
           무역장벽 축소 및 국제무역지원

   | APLAC |
   ⇓
   - 명칭 : 아시아 태평양 시험기관 인정협력체
   - 설립 : 1992 홍콩   본부 : 호주
   - 목적 : 아시아 태평양 지역의 시험소 인정제도의 공유
           다자간 상호 인정협력

   | KOLAS |
   ⇓
   - 명칭 : 한국교정 시험기관 인정기관
   - 설립 : 1992. 3. 30   관련업 : 국가표준법 23조
   - 역할 : 공인시험기관 지정 및 사후관리
           국가간 시험소 상호인정 추진
           국제 협력을 위한 제반활동

   | 서울특별시 품질시험소 |
   - KOLAS(한국교정, 시험기관 인정기구) 인정 공인시험기관

문제) 품질시험과 검사를 위해 측정한 data의 확률분포 대푯값과 분산의 통계적 표현기법에 대하여 설명

1. 개요
   1) 품질관리란 한국산업규격 KSA3001에서 수요자의 요구에 맞는 품질의 제품을 경제적으로 생산하기 위한 모든 수단의 체계라고 규정
   2) 근대적 품질관리에서는 통계적인 수법을 많이 활용하였기 때문에 통계적 품질관리(SQC, QC)라고 한다.

2. 품질관리의 시대적 변천
   1) 품질관리 이론정립
   2) 통계적 품질관리(SQC)
   3) 종합 품질관리(TQC, QC)
   4) 품질경영(QM : Quality Management)

3. 품질관리의 목적
   1) 고객의 요구파악(시장, 요구품질)
   2) 경제적이고 합리적인 생산, 시공(시공품질)
   3) 제품시방이나 품질규격으로 구체화(설계품질)
   4) 고객 만족(서비스품질)
   5) 사내 모든 부문의 종합적 참여

4. 품질관리의 효과
   1) 건설공사 신뢰도 향상 및 이용자 편익증대
   2) 결함의 감소 및 하자 발생요인 감소
   3) 자재 낭비 감소 및 기술향상으로 원가절감
   4) 고객만족을 통한 기업의 영속적 발전가능
   5) 기업 경쟁력 강화

5. 품질관리의 진행절차(PDCA : Deming Cycle)
   1) 계획(plan) : 설계도서검토, 품질계획서 작성 → 품질관리계획서, 품질시험계획서
   2) 실행(do) : 품질관리 계획서, 품질시험 계획서 이행
   3) 검사(check) : 품질보증, 시험계획의 비교 평가
   4) 조치(action) : 이상원인 배제 및 조치

6. 통계적 기법에 의한 품질관리 방법
   1) 관리도
   2) 품질관리 7가지 도구
   3) 정규분포 : 3δ관리, 6δ관리

7. 관리도의 7가지 도구

  1) Histogram : Data분포 상태 파악

  2) Pareto : 집중관리 항목설정(20:80법칙)

  3) 특성요인도 : 문제점의 해결방안모색

  4) 산점도 : 양상관, 음상관, 무상관

  5) 층별 : 어떤 특정에 따라 몇 개의 집단으로 구별

  6) 체크시트

  7) 각종 그래프

문제) Pareto 분석

1. 개요
   불량 등 발생건수를 분류 항복별로 나누어 크기 순서대로 나열해 놓은 그림으로
   중점적으로 처리해야 할 대상 선정 시 유효한 기법

2. 분석의 필요성
   1) 품질확보
   2) 품질개선
   3) 품질균일
   4) 하자방지
   5) 신뢰성 증가
   6) 원가절감

3. Pareto Diagram 대상
   1) 시간 : 공정별, 단위 작업별 등 작업소요시간
   2) 품질 : 불량품의 발생 수, 소비자의 claim수 등의 발생건수 항복
   3) 원가 : 인건비, 요소별 단가
   4) 안전 : 재해건수

4. 작성순서
   1) Data(불량건수, 손실금액)의 분류항목을 정한다.
   2) 기간을 정해서 Data수집
   3) 분류 항목별 Data집계
   4) Data 큰 순서대로 막대 그래프 그린다.
   5) Data의 누적 돗수를 꺾은선으로 그린다.
   6) Data의 기간, 기록자, 목적 등을 기입하여 완성

문제) 계량값 관리도와 계수값 관리도의 종류

1. 개요
    1) 관리도(control chart)란 품질의 산포를 관리하기 위하여 정한선
       즉 관리한계선이 있는 그래프를 말한다.
    2) 관리도 작성하는 목적
        가. 공정에 관한 Data관리
        나. 정보수집
        다. 정보에 의해 공정의 산포를 효율적으로 관리

2. 관리도의 종류
    1) 계량형 관리도(control charts)
        가. 평균 관리도(X-Bar chart)
        나. 범위 관리도(R-chart)
        다. 개개의 측정값관리도(X chart)
        라. 중앙값 관리도 (X- filde chart)
        마. 표준편차 관리도(S-chart)
        바. 절대값 최소값 관리도(S2-chart)
    2) 계수형관리도(control chart)
        가. 불량률 관리도(P-chart)
        나. 불량개수 관리도(NP-chart)
        다. 결점수 관리도(C-chart)
        라. 단위당 결점수 관리도 (U-chart)

3. 관리도 작성
    1) Data수집
    2) 관리한계선 기입
    3) 관리도 작성 상태조사

문제) 단순회귀분석과 중회귀 분석에 대하여 설명

1. 개요
   1) 단순회귀분석은 독립변수가 하나일 때 독립변수와 종속변수 간에 선형관계에
      관한 분석을 말한다.
   2) 중회귀분석은 종속변수에 영향을 미치는 변수가 여러 개일 때 이들 독립변수들과
      종속변수간의 선형관계에 관한 분석을 말한다.

2. 단순회귀 분석과 중회귀분석

구 분	단순회귀분석	중회귀분석
독립변수	1개	2개 이상
산출과정	단순	복잡

3. 회귀분석의 변수구분
   1) 독립변수(independent Variable)
      → 다른 변수에 영향을 주는 변수(원인변수)
   2) 종속변수(Dependent Variable)
      → 다른 변수에 영향을 받는 변수

4. 회귀분석의 활용
   1) 시험 Data값의 경향분석 : 공기량, 콘크리트 압축강도와의 관계
   2) 재료특성에 대한 단순화 작업

문제) 건설자재 및 부재의 품질확보를 위해서 KS 여부에도 불구하고 품질시험을 실시해야 할 자재 및 부재

1. 개요
   1) 건설자재 및 부재의 품질확보를 위해 국토교통부 고시에 따라 일부자재 및 부재는 KS자재나 국토교통부 장관이 적합하다고 인정하는 자재 및 부재를 사용하여야 함

2. KS인증 제품도 품질시험을 해야 하는 자재 및 부재
   1) 레미콘 : 품질변동 요인이 많음
   2) 아스콘 : 품질변동 요인이 많음
   3) 잔골재(해사) : 염화물 체크
   4) 부순골재 : 입형, 미분, 알칼리반응(AAR)
   5) 순환골재 : 품질기준 확인
   6) 철근
   7) 단열재 : 품질변화 우려

3. 품질관리
   1) KS자재 제품 사용
   2) 국토교통부 장관이 인정한 제품

문제) 품질경영(QM : Quality management)

1. 개요
    1) 품질경영은 ISO 9001품질 system을 적용하여 최고 경영자가 품질방침을 수립하고 최고 경영진을 포함한 모든 종업원들의 전사적으로 참여하는 품질향상을 위해 활동하는 것을 말한다.

2. 품질경영구성

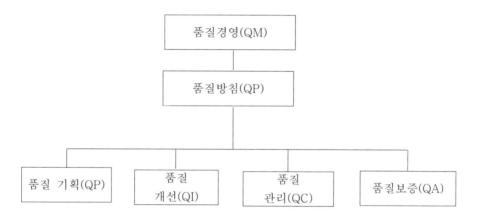

3. 건설업의 QC특수성
    1) 수주생산체계
    2) 설계, 시공, 유지관리 단계가 기업적으로 분리되어 상호무관
    3) 공정별 분화에 의한 systeam
    4) 품질경영에 시간소요와 평가기준이 불명확

4. 품질경영의 단계
    1) QC : 품질관리
        가. 도면, 시방서 기준에 의한 품질관리 활동
        나. 현장 실무자에 의해 실시
        다. 품질조직, 품질관리 도구 등을 활용한 실질적 활동

    2) QA : 품질보증
        가. 품질관리가 규정에 맞게 실시여부 확인
        나. 품질관리자, 감독자에 의한 확인
        다. 문제점 제기 및 차후 계획이 반영

3) QC(quality certification) : 품질인증

    가. 제3자에 의한 객관적인 품질확인업무

    나. ISO국제규격 등에 의한 실시

5. 품질경영의 문제점과 개선방향

  1) 문제점

    가. 표준화 미비

    나. 현실적 상황을 반영하지 못함(형식적인 제도)

    다. 경영자, 구성원의 의지부족

  2) 개선방향

    가. 표준화 추진 : 서류, 설계, 공법

    나. 경영자의 추진의지 고취

    다. 품질system 구축

    라. 품질교육 및 인식 제고

문제) 콘크리트 품질관리를 위한 관리도

1. 개요
   콘크리트의 품질관리란 설계서 및 시방서 규격에 만족하는 품질의 콘크리트를 경제
   적으로 제조하기 위해 공사 전 단계에 걸쳐 통계적 방법을 활용해 system을 관리하
   는 것

2. 목적
   1) 공사의 품질확보 및 경제적인 시공유도
   2) 표준화 유지 및 결점방지
   3) 문제점을 조기 발견, 그 원인을 규명함으로서 공사의 원활한 추진

3. 품질관리의 진행순서
   1) plan : 계획, 설계에 관한 것으로 품질표준, 작업표준 등 설정단계
   2) Do : 작업관계자에게 표준교육 훈련 후 표준에 따라 시공
   3) chack : 공정 및 시공이 작업표준에 따라 정상적 상태 여부 확인
   4) Action : 검사 결과에 따라 조치를 취하는 것

4. 콘크리트 품질
   1) 배합강도
   2) w/c
   3) 콘크리트의 품질목표

5. 관리도 Data정리 방법
   1) 도수분포법
   2) 그림으로 나타내는 법
   3) 통계량으로 나타내는 법